Ernst Pöppel
Anna-Lydia Edingshaus

Geheimnisvoller Kosmos Gehirn

Ernst Pöppel
Anna-Lydia Edingshaus

Geheimnisvoller Kosmos Gehirn

Nach einer Idee von
Horst Günter Koch

C. Bertelsmann

Für Jürgen von Danwitz,
den wunderbaren Ratgeber

A.-L. E.

Nihil est sine rationibus

E. P.

Dieses Buch entstand in Zusammenarbeit mit der TR-Verlagsunion GmbH, München.

Umwelthinweis:
Dieses Buch und sein Schutzumschlag wurden auf chlorfrei gebleichtem Papier gedruckt. Die vor Verschmutzung schützende Einschrumpffolie ist aus umweltschonender und recyclingfähiger PE-Folie.

1. Auflage

Umschlaggestaltung: Evelyn Schick unter Verwendung eines Fotos von Atelier H. G. Koch KG
Abbildungen: Atelier H. G. Koch KG
Satz: Uhl + Massopust, Aalen
Druck und Bindung: Wiener Verlag
Printed in Austria · ISBN 3-570-12063-5

Inhalt

Vorwort

Die letzten zehn Jahre dieses Jahrhunderts sind zur »Dekade des Gehirns« ausgerufen worden. Das Gehirn ist in unserem Körper jener Teil, über dessen Funktionsweise bisher am wenigsten bekannt ist, so daß es auf der Landkarte des Unentdeckten den größten Raum einnimmt. In der Aufbruchstimmung an der Jahrtausendwende interessieren sich plötzlich Forscher aller Fachrichtungen für das Gehirn. Gelingt es uns, das Gehirn besser zu verstehen, dann werden wir auch uns selbst besser verstehen. Die Hinwendung zur Hirnforschung kennzeichnet einen Umschwung forschenden Interesses; wir wollen nicht nur die Natur *um uns,* sondern auch die Natur *in uns* verstehen.

In welche verschiedenen Gebiete unseres Lebens die Hirnforschung hineinreicht, versuchen wir hier deutlich zu machen. Wir schildern, wie das Gehirn im Laufe der Evolution entstanden ist, wie wir Menschen also selbst entstanden sind, und wir berichten, wie das Gehirn aufgebaut ist und wie es funktioniert.

Natürlich gibt es auch Störungen in Gehirnen, und beim Menschen zeigen sie sich in den vielen neurologischen und psychiatrischen Erkrankungen; wir gehen ein auf die Epilepsie, die Depression, die Schizophrenie, die Alzheimersche und Parkinsonsche Erkrankung, auf den Schlaganfall und manch andere Erkrankung des Gehirns. Die verschiedenen Hirnerkrankungen werden auf der Grundlage eines allgemeinen Konzepts erläutert, das neu ist und eine leichtere Orientierung erlaubt.

Aufgrund der Veränderungen in unserer Gesellschaft – wir werden immer älter – nehmen auch Erkrankungen des Gehirns zu. Um so dringender ist Forschung mit dem Ziel, Vorgänge im Gehirn besser verstehen zu lernen, um dann Therapien für Patienten entwickeln zu können. Auf einige moderne Therapien weisen wir hin.

Enge Beziehungen der Hirnforschung gibt es naturgemäß zur Psychologie, und wir gehen insbesondere auf die Frage ein, was eigentlich »Bewußtsein« bedeutet.

Für die Informatik oder ganz allgemein die Computerwissenschaften wird die Hirnforschung immer interessanter. Viele fragen sich, ob man aus der Hirnforschung etwas für technische Anwendungen lernen könne, z. B. wie autonom sich bewegende Roboter zu bauen sind, und auch darauf gehen wir ein.

Es gibt zwei Bereiche, an die man vielleicht nicht gleich denkt, wenn man von Hirnforschung hört: Es handelt sich um die Kunst und die Philosophie. Wir zeigen, daß die verschiedenen Künste in ganz natürlicher Weise an Prozesse unseres Gehirns angekoppelt sind, und wir werben mit unseren Argumenten für ein erweitertes Verständnis ästhetischer Prinzipien.

Hirnforschung bringt es mit sich, die menschlichen »Denkwerkzeuge« zu untersuchen – und damit sind wir mitten in der Philosophie. Grundlegende Prinzipien der Philosophie muß man auch hirnwissenschaftlich durchleuchten. Und wir sind der Meinung, daß das, was man üblicherweise als »Weltbild« bezeichnet, seine Wurzel in vorgegebenen Prozessen des Gehirns hat.

Dieser Band ist ein begleitendes Buch zur Fernsehserie »Geheimnisvoller Kosmos Gehirn«, und die Serie hat ihm auch den Titel gegeben. Der Anstoß dazu ging von Horst Günter Koch aus; ohne ihn wären beide Projekte – Fernsehserie und Buch – nicht entstanden. Da wir mit dem Buch wie mit der Serie nicht ein Fachpublikum, sondern den aufgeschlossenen Laien erreichen wollen, der sich für Hirnforschung interessiert, ist bewußt bei der Darstellung vereinfacht worden. Wenn dies nicht immer gelungen ist, trifft die Autoren die Verantwortung; wir bitten den Leser um Vergebung, falls er sich über uns ärgern sollte. Dies mag auch dann der Fall sein, wenn wir etwas zu stark vereinfacht oder Offensichtliches zu sehr betont haben. Wir haben im übrigen darauf geachtet, daß jedes Kapitel unabhängig von den anderen für sich allein gelesen werden kann.

Wir haben in diesem Buch die Gelegenheit genutzt, in spekulativer Weise über neurowissenschaftliche Beobachtungen hinauszugehen, um auf die Bedeutung der Hirnforschung in einem breiteren, auch gesellschaftlichen Kontext hinzuweisen. Es liegt in der Natur der Sache, daß manches, was hier berichtet wird, schon an anderer Stelle beschrieben wurde. Wir verweisen insbesondere auf die Bücher »Grenzen des Bewußtseins« und »Lust und Schmerz« von E. P.; aber viele der hier vorgetragenen Überlegungen sind neu oder waren uns selbst noch nicht bekannt, als wir dieses Buch begannen.

Bei dem langen Gang hin zu einem endgültigen Buchmanuskript haben uns viele geholfen. Manchmal waren es stundenlange Diskussionen, manchmal beiläufige Anmerkungen, manchmal nur ein Wort, das uns voran-, aber manchmal auch ins Stocken brachte. Besonderer Dank gilt Kerstin Schill, mit der auch die Fachberatung für den Fernsehfilm »Konkurrent Computer?« geteilt wurde, Gisela Schmitt, die zur Schmerzforschung Anregungen gab, und Nicole von Steinbüchel, die immer wieder auf Ungereimtheiten in den verschiedensten Bereichen, insbesondere in der Neuropsychologie, hinwies. Ihr sei vor allem auch für neue Einblicke in die Welt der Künste gedankt.

Entscheidend war aber auch die technische Hilfe, die uns in verschiedenen Phasen zuteil wurde. Für all diese Unterstützung sei gedankt: Ulrike Adomeit, Anneliese Conrad-Wienands, Brigitte Drautmann, Elisabeth Koehl, Marianne Krumm und Rita Stracke.

Für den Hinweis auf ein einziges Wort, das sich nun nicht

mehr im Text findet, sei Joachim Treusch gedankt. Der aufmerksame Leser kann dieses Wort im übrigen dennoch erraten.

Johanna Koch und Horst Günter Koch drängten immer wieder dazu, komplizierte Sachverhalte der Hirnforschung in einfache Worte zu fassen, so daß der Wissenschaftler schließlich aufstöhnte: »Ein bißchen richtig muß es aber auch sein.« Ihnen sei für die dadurch besonders interessante Zusammenarbeit bei der Abfassung der Drehbücher gedankt.

Ein derartiges Buchprojekt ist nur mit liebevoller Unterstützung aus dem Verlag zu Ende zu führen. Susanne Korell danken wir für den sanften Druck, besonders aber für das Verständnis, das wir Autoren in schwierigen Arbeitssituationen brauchten.

Wenn man, wie einer von uns (E. P.), das Glück hat und hatte, in wissenschaftlichen Institutionen zu arbeiten, die die Freiheit des Forschens gewährleisten, so muß man dies in einer Zeit, in der immerzu nach möglichen Anwendungen der Grundlagenforschung gerufen wird, besonders hervorheben. Nur das ungebundene Nachdenken ermöglicht neue Erkenntnisse; der Rahmen des Nachdenkens ist implizit sowieso immer vorgegeben – ein zentrales Thema dieses Buches. Langfristig kommen die bedeutendsten anwendbaren Entdeckungen immer aus der Grundlagenforschung. Dies heißt nicht, daß jede zweckfreie Entdeckung gleich die Welt verändert – das wäre kaum wünschenswert und natürlich auch nicht realistisch. Es heißt aber, daß von den Verantwortlichen der Boden bereitet werden muß, damit vor allem junge Wissenschaftler sich entfalten können. Wenn dann etwas entdeckt wird, bedingt durch die individuelle Befriedigung der Neugier, dann erst kann – dann muß aber auch – gefragt werden, welchen Nutzen oder welche Gefahr die Entdeckung bergen könnte.

Anna-Lydia Edingshaus — Ernst Pöppel
Bonn/Dresden — Jülich

im September 1994

Kapitel 1

Evolution: Wie das Gehirn menschlich wurde

Als das Leben erfunden wurde, war der Tod nicht dabei. Für die ersten Lebewesen war Unsterblichkeit ein wesentliches Kennzeichen ihrer Existenz. Der individuelle Tod kam viel später hinzu; Tod ist erst möglich geworden durch die sexuelle Fortpflanzung. Sterben kann immer nur der einzelne, das Individuum, und das Individuum bestimmt sich aus seinem Werden. Sexuelle Fortpflanzung führt zu Individuen, die sterben können und auch müssen, Zellteilung hingegen, wie sie als Weise der Fortpflanzung für die ersten Lebewesen, die Bakterien, typisch ist, führt zu identischen Kopien des Vorgängers: Es gibt keine Individualität und damit auch keinen individuellen Tod.

Für uns als individuelle Menschen sind Sexualität und Tod aber nicht nur biologische Rahmenbedingungen, die Anfang und Ende eines Lebens bestimmen, sondern diese zeitlichen Rahmenbedingungen unseres Lebens sind selber zu einem für uns existentiellen Thema geworden. Dies wird uns vor allem in der Kunst vor Augen geführt (vgl. Kap. 13): Künstler, am deutlichsten vielleicht Maler und Dichter, zeigen uns den Zauber der Liebe und den Schrecken des Todes und manchmal auch das Grauen vor dem Nichts.

Wie hat alles begonnen? Am Anfang gab es nur Bakterien. Aus uralten Felsbrocken läßt sich ablesen, wie die ältesten Lebensformen wohl aussahen, und wir vermuten, daß Bakterien schon vor dreieinhalb Milliarden Jahren die Welt bevölkerten. Diese Lebensform mag zwar als primitiv erscheinen, sie war jedoch unerhört erfolgreich. Mikroorganismen, wie sie vor so langer Zeit existierten, gedeihen auch heute noch. In gewisser Weise beherrschen sie immer noch die Welt.

Es wird vermutet, daß die ersten Lebensformen durch spontane chemische Reaktionen entstanden, wobei die Teile, aus denen das Leben hervorging, selber nicht belebt waren. Eines der vielen Rätsel der Lebenswissenschaften lautet: Wie kann aus Unbelebtem Belebtes entstehen? Es gibt die Auffassung, daß das Leben nicht auf der Erde selbst entstanden, sondern von anderen Planeten oder gar von anderen Sternensystemen importiert worden ist. Die Mehrzahl der Wissenschaftler ist jedoch der Meinung, daß das Leben, so wie wir es kennen, seinen Ursprung hier auf unserem Planeten hat.

Was kennzeichnet überhaupt Leben? Wir orientieren uns hier an dem amerikanischen Biochemiker Albert Lehninger. Ihm zufolge ist eine wesentliche Eigenschaft lebender Organismen, daß sie hochgradig organisiert sind. Lebewesen sind aus komplexen chemischen Bausteinen zusammengesetzt. Im Vergleich dazu ist die unbelebte Materie, also Steine oder Wasser oder Luft, sehr viel weniger strukturiert, und sie besteht aus einer vergleichsweise geringen Anzahl einfacher chemischer Bausteine.

Jeder Baustein einer lebenden Zelle, jedes Molekül erfüllt eine Funktion, und bei jedem Molekül eines Organismus kann man fragen, welchem Zweck es dient. Es macht hingegen wenig Sinn, solche Fragen bei der unbelebten Materie zu stellen, z. B. welchen Zweck ein Stein hat. (Das schließt nicht aus, daß wir als Lebewesen einem Stein einen Zweck geben können, indem wir ihn als Werkzeug verwenden, um eine Nuß aufzuschlagen; dieser Verwendungszweck wird aber sozusagen von außen an den Stein herangetragen.)

Ein weiteres Kennzeichen des Lebens ist, daß Organismen die Fähigkeit haben, Energie aus der Umwelt aufzunehmen und diese zum Erhalt der Lebensfunktionen zu verwenden.

Die wesentlichste Eigenschaft des Lebens ist aber wohl, sich reproduzieren, sich aus sich selbst heraus erneuern zu können.

Diese Möglichkeit der Reproduktion, der Selbstreplikation, sich selber kopieren zu können, scheint bei der unbelebten Natur nicht gegeben zu sein.

Wie ist es aber möglich – wir wiederholen diese Frage –, daß etwas Lebendes aus Unbelebtem entsteht? Warum ist die lebende Zelle mehr als die Summe ihrer unbelebten Teile, der chemischen Bausteine? Wenn man einer solchen Frage gegenübersteht und nicht sofort eine Antwort geben kann, so mag man dazu verführt werden, eine von außen wirkende Kraft anzunehmen, die der unbelebten Materie quasi das Leben einhaucht. Im Mittelalter meinte man, daß es eine solche unabhängige Lebenskraft gibt. Auch heute noch glauben viele, daß es eine geheimnisvolle Energie gibt, die Leben in das unbelebte Miteinander der komplexen Biomoleküle hineinträgt. Die meisten Naturforscher versuchen allerdings, den Rekurs auf eine mysteriöse und nicht faßbare Energie zur Erklärung des Lebens zu vermeiden und eine solche dualistische Denkweise zu überwinden; man versucht vielmehr, die Regeln zu finden, die das qualitativ Neue, das Leben, ermöglichen. Man sucht nach der molekularen Logik des Lebens.

Diese molekulare Logik ist die Voraussetzung für die Selbstverständlichkeiten unseres Lebens. Daß wir morgens aufstehen, frühstücken, spazierengehen, zur Arbeit fahren, uns miteinander unterhalten, einander zuhören und uns dabei anschauen, daß wir weinen und lachen, lieben und hassen – alles dies ist nur möglich, weil die Milliarden und Milliarden von Zellen in unserem Körper sinnvoll und geregelt miteinander interagieren, weil die Aberbillionen chemischer Bausteine (mit üblichen Zahlbegriffen läßt sich ihre Anzahl nicht richtig einfangen) aufeinander abgestimmt ihre Funktionen entfalten – und weil wir mit einem Gehirn ausgestattet sind.

Die Entwicklung des Gehirns ist eines der großen Ereignisse in der Evolution. Von einfachen Systemen ausgehend, schritt die Entwicklung zu immer komplexeren Gehirnen fort, bis schließlich das menschliche Gehirn entstand, das nicht nur unser Verhalten und Erleben in wohlgeordneter Weise gestaltet, sondern auch weiß, daß es in der Welt ist; es bildete sich ein Gehirn heraus, das Selbsterkenntnis ermöglicht, das die Ursachen seiner eigenen Existenz bedenken kann. Die evolutionäre Anpassung schließt also das mit ein, was wir als Seele bezeichnen. Die Seele ist ein Teil des Lebens; sie wurde nicht von außen in die im Laufe der Evolution entstandenen Gehirnfunktionen eingehaucht, sondern sie ist mit dem Gehirn geworden.

Damit sind wir mit einem zweiten Rätsel konfrontiert. Nicht nur ist rätselhaft, wie aus unbelebten Biomolekülen Leben entstand; rätselhaft ist auch, wie mit den Hirnfunktionen Geist, Psyche, Bewußtsein, Seele entstanden. Als Naturforscher gehen wir, wie gesagt, davon aus, daß der Geist nicht von außen herangetragen, sondern eine natürliche Funktion unseres Gehirns ist. Diese Auffassung ist mit religiösen Überzeugungen durchaus vereinbar: Man kann gleichzeitig gläubig sein und nach den Regeln suchen, die in der Natur Leben und Erleben entstehen ließen.

Schauen wir noch einmal zurück in die Anfänge allen Geschehens. Der Beginn der Welt wird vor vielen Milliarden Jahren angenommen. Der Urknall, der »Big Bang«, ereignete sich vor vielleicht 16 bis 18 Milliarden Jahren; die Angaben hierüber schwanken. Sehr viel später, vor ungefähr sechs Milliarden Jahren, entstand unser Planetensystem, und eine Milliarde Jahr darauf begann auf der Erde die chemische Evolution.

Vor etwa drei bis vier Milliarden Jahren wurde auf der Erde eine völlig neue Domäne geschaffen. Es entstanden Moleküle, die in der Lage waren, Informationen zu speichern. Das heißt, daß in einer molekularen Struktur Zustände der Welt, Ereignisse, festgehalten werden konnten. Durch die Speicherung von Informationen aus der Umwelt wurde es möglich, etwas von früher für später aufzubewahren. Diese molekularen Verbindungen haben gleichsam die Zeit eingefroren, denn sie haben sich aufgrund der Speicherung der Information unabhängig gemacht vom Zerfall, der für Unbelebtes typisch ist. Das Einfrieren von Ereignissen in diesen DNA genannten

Molekülen und das Festhalten für die Zukunft wurde möglich durch die Entwicklung der Zellmembran, die die chemischen Verbindungen nach außen abgrenzt und zugleich als Vermittler zwischen der Zelle und ihrer Umwelt fungiert. Ohne Zellmembran könnte die Zeit in den Erinnerungsmolekülen, der DNA, nicht eingefroren werden. Was wird nun in der DNA gespeichert? Es sind Befehle für den Bau von Strukturen, aus denen lebende Zellen und mehrzellige Organismen aufgebaut sind. Das Faszinierende an dieser Wechselwirkung ist u. a., daß aus der sequentiellen Struktur der DNA Befehle für den Aufbau wohlgeordneter dreidimensionaler Moleküle gegeben werden. Die gespeicherte Information bestimmt, wie aus den Aminosäuren Proteine, wie also aus einfachen Bausteinen komplexe Strukturen aufgebaut werden, so daß eine Fliege wie eine Fliege und ein Mensch wie ein Mensch aussieht.

Der zelluläre Lebensraum ist jedoch nicht wie die Monaden, die der Philosoph Gottfried Wilhelm Leibniz angenommen hat, »ohne Fenster«, also nur für sich, sondern über die schon erwähnte Zellmembran findet ein stofflicher und informationeller Austausch mit der unbelebten Umgebung statt. Schon die ersten Zellen hatten Rezeptoren, also Antennen, die in die Welt ragen, Veränderungen in der Umwelt messen, diese intrazellulär verarbeiten, bewerten und daraus Konsequenzen ziehen konnten, indem sie sich – angetrieben wie durch einen Motor – woanders hinbewegten.

Unser heutiges Denken über das Leben und darüber, wie es entstanden ist, wurde entscheidend geprägt durch einen genialen Biologen des letzten Jahrhunderts, Charles Darwin. Mit dem Werk von Darwin ist nicht nur ein neues Denken in der Biologie wirksam geworden; der »Mythos« Entwicklung beherrscht seitdem unsere Vorstellungen in vielen anderen Bereichen. Das Weltbild des modernen Menschen ist nicht länger statisch, sondern dynamisch. Seit Darwin gehen wir davon aus, daß Mutation und Selektion die entscheidenden Bedingungen der Evolution sind, und neuerdings wissen wir, wie bedeutsam die Rolle des Zufalls dabei ist. Zufällige Veränderungen in der DNA führen bei geeigneten Umweltbedingungen zu organismischen Veränderungen. So entstehen neue Arten, wobei der Prozeß der Artenentfaltung solange recht langsam ablief, solange Zellteilung die übliche Weise der Fortpflanzung war. Erst mit der Entdeckung der sexuellen Fortpflanzung wurde nicht nur der Tod in das Leben geholt, sondern aufgrund der Kombination des Erbgutes von jeweils zwei Individuen – den Eltern – konnte die evolutionäre Entwicklung, also die Anpassung an jeweils neue Umgebungsbedingungen, erheblich beschleunigt werden. Sexuelle Fortpflanzung erhöht die Vielfalt individueller Ausprägungen und stellt damit mehr Auswahlmaterial für Selektionsprozesse bereit. Sterbensfähigkeit ist also auch ein Gewinn.

Vor etwa 600 bis 700 Millionen Jahren geschah wieder etwas Erstaunliches in der Erdgeschichte, denn einzelne Zellen schlossen sich zu mehrzelligen Organismen zusammen; es fand geradezu eine Explosion in der Evolution statt, wobei viele verschiedene Organismen entwickelt wurden. Mehrzellige, sich bewegende Organismen haben ein logistisches Problem. Wenn sie sich als Ganzes bewegen wollen, benötigen sie zwischen den einzelnen Zellen ein Informationssystem. Dieses Informationssystem hat sich erstaunlich schnell entwickelt; es wurde möglicherweise mehrfach parallel erfunden. Wir sprechen vom Nervensystem bzw. dem Gehirn.

Alle Gehirne, gleichgültig welcher Tierart, sind durch das gleiche Funktionsprinzip gekennzeichnet. Sinneszellen nehmen Informationen von außen auf; motorische Nervenzellen setzen die Informationen um, indem Effektoren wie etwa die Muskeln aktiviert werden. Zwischen Sinneszellen und motorischen Nervenzellen liegt das Gehirn, das Informationen bearbeitet, bewertet und speichert.

Springen wir zum Menschen, der sich nach erdgeschichtlichen Maßstäben erst vor kurzem entwickelt hat: Einige hundert Millonen Sinneszellen informieren das menschliche Gehirn über die Welt, einige Millionen motorische Nervenzellen steuern Muskulatur und Organe, und etwa eine Billion Nervenzellen besorgen die zentrale Informationsverarbeitung. Ein wesentlicher Unterschied zu Artefakten, die Informationsverarbeitung besorgen, also Computern, ist die massivste Parallelität der Informationsverarbeitung, die das Gehirn kennzeichnet (vgl. Kap. 11). Jede Zelle ist von jeder anderen maximal vier Zwischenschritte entfernt. Trotz der riesigen Zahl von Neuronen, von einzelnen Schaltelementen, besteht also eine erstaunliche funktionelle Nähe.

Kein Geschehen im Organismus kann daher durch singuläre, isolierte Prozesse erklärt werden. Aufgrund der starken Vernetzung sind Wahrnehmungen nicht unabhängig von Bewertungen im Hinblick auf die Nützlichkeit aufgenommener Informationen, und sie sind auch nicht unabhängig von bereits im Gehirn gespeicherten Inhalten. Im Gegenteil, man muß sogar annehmen, daß die Interaktion der funktional nahen Gehirnbereiche konstitutiv ist für jedes Verhalten oder Erleben eines Organismus, also auch für uns.

Die Evolution des menschlichen Gehirns, die gekennzeichnet ist durch eine an biologischen Maßstäben gemessen sehr hohe Geschwindigkeit, hat also zu einem außerordentlich komplexen System geführt. Insbesondere die Entstehung der Sprache ist eine evolutionäre Neuentwicklung, die ihresgleichen bei anderen Lebewesen nicht findet. Werfen wir einen kurzen Blick auf die makroskopische Struktur des menschlichen Gehirns.

Öffnet man den Schädel und schaut auf die Oberfläche des Gehirns, fällt die starke Durchfurchung auf. Diese Durchfurchung dient dem Zweck, möglichst viele Nervenzellen in den Schädel hineinzupacken. Die wesentliche Informationsverarbeitung, insbesondere jene, die mit bewußter Repräsentation zusammenhängt, findet in einer zwei bis drei Millimeter dicken Nervenzellschicht statt, die wir als Cortex bezeichnen. Diese Schicht können wir uns als eine große Fläche vorstellen; damit sie aber gut verpackt werden kann, wird sie zusammengepreßt, so wie man ein Blatt Papier zusammenknüllt. Dadurch entstehen notgedrungen Furchen.

Wir unterscheiden auf dieser Cortexoberfläche vier große Bereiche, die zuständig sind für unterschiedliche Funktionen. Im Hinterhauptbereich werden Sehinformationen verarbeitet; die Verarbeitung dieser Information zieht sich aber auch nach vorne, so daß in direkter und indirekter Weise die Hälfte des ganzen Gehirns sich mit dem Sehen befaßt. Im Schläfenlappen des Gehirns werden akustische Informationen verarbeitet, und in der linken Gehirnhälfte ist bei den meisten Menschen die Sprache beheimatet. Im Scheitellappen ist die Körperoberfläche repräsentiert, d. h. die Informationen von den Händen, den Beinen oder auch dem Gesicht. Eng benachbart zu diesem Bereich, aber etwas weiter vorne, liegt jene Struktur, die unsere Bewegungen steuert. Der vordere Bereich des Gehirns, den wir als Frontallappen bezeichnen und der etwa 40 Prozent des ganzen Gehirns ausmacht, ist jene Struktur, die für die typisch menschlichen Eigenschaften verantwortlich ist.

Hier stellt sich natürlich die Frage, was typisch menschliche Eigenschaften eigentlich sind. Man erfährt einiges über die Funktion des Frontallappens wie auch über die anderen Strukturen, wenn man Patienten mit Störungen des Gehirns untersucht. Liegt ein Ausfall im hinteren Bereich des Gehirns vor, kann ein Patient nicht mehr sehen. Bei anderen Ausfällen kommt es zum Verlust des Hörens, des Sprechens oder des Sichbewegens, bei solchen auf der Innenseite des Schläfenlappens, dem Hippocampus, zu Gedächtnisstörungen.

Ausfälle des frontalen Gehirns gehen mit deutlichen Veränderungen der Persönlichkeit einher. Ein solcher Patient ist gleichsam sich selber ausgeliefert, indem er seine Antriebe nicht mehr so gut kontrollieren kann, er verliert die Möglichkeit, zwischen Alternativen zu wählen, Entscheidungen zu treffen, eine Pause einzulegen zwischen dem Auftreten von Bedürfnissen und ihrer Befriedigung; d. h., er fällt auch sozial aus dem Rahmen. Man könnte die wohl typisch menschliche Fähigkeit, die ihm fehlt, auch als das Wartenkönnen bezeichnen.

Was sind andere Merkmale unseres Erlebens, die uns auszeichnen, die uns zu Menschen machen? Menschliches Erleben ist dadurch gekennzeichnet, daß es immer das des einzelnen ist. Es ist also die Subjektivität, die uns in einer gewissen Weise in uns einschließt – manchen Menschen erscheint dies als eine Eigenschaft mit qualvollen Konsequenzen. Nur in der tiefen Lust oder in tiefem Schmerz können manchmal diese Ich-Grenzen überschritten werden; man hat dann den Eindruck, aus seiner Subjektivität heraustreten zu können.

Ein anderes Merkmal des Erlebens ist das Bewußtsein (vgl. Kap. 10). Weiter ist unser Erleben dadurch gekennzeichnet, daß wir mit unserer Subjektivität auf die objektive Welt einwirken können, d. h., es besteht eine kausale Brücke zwischen der Welt des Psychischen und der des Physischen, so wie auch umgekehrt die physische Welt auf unser Bewußtsein einwirkt. Hinter dieser Wechselwirkung verbirgt sich eines der Grundprobleme der abendländischen Geistesgeschichte. Wie sind Geist und Körper miteinander verbunden? Wir vertreten im Hinblick auf dieses Leib-Seele-Problem eine monistische Auffassung, indem wir unser Erleben, das Psychische, als eine Funktion des Gehirns ansehen.

Ein weiteres Merkmal unseres Erlebens ist, daß es von vornherein auf Kommunikation hin orientiert ist. Trotz aller Subjektivität sind wir immer bezogen auf den anderen. Unser Erleben ist also in einer sehr elementaren Weise sozial.

Schließlich ist es ein Kennzeichen unseres Erlebens, daß es eingebettet ist in psychische Bezugssysteme, die Voraussetzung sind für die Bewertung aller aufgenommenen Information. Hier verbirgt sich das sogenannte Ökonomieprinzip des Wahrnehmens und Denkens (vgl. Kap. 4). Bewertungen sind der Kristallisationspunkt, an dem sich die Bedürfnisbefriedigung orientiert. Jeder Organismus, so schon der Einzeller, hat letzten Endes nur ein Interesse: zu überleben und dadurch seine in der DNA gespeicherte Information weitergeben zu können. Damit der Organismus überleben kann, müssen seine Lebensfunktionen so reguliert werden, daß sie mit möglichst wenig Aufwand erhalten bleiben können.

Es geht also bei Lebewesen mit oder ohne Nervensystem um

die Einhaltung eines gewissen Gleichgewichts. Bei höheren Lebewesen, so auch bei uns, melden sich Bedürfnisse, wenn dieses Gleichgewicht gefährdet ist. Hunger und Durst sind solche primären Bedürfnisse, die uns melden, daß etwas getan werden muß, um nicht aus dem Gleichgewicht zu geraten. Aber auch andere Bedürfnisse dienen letzten Endes dem Zweck, das Lebensgleichgewicht zu erhalten. Selbst die Aggression ist manchmal nützlich, und offenkundig sind es die Sexualität und das Brutpflegeverhalten, die dem Erhalt der Art dienen. Alle diese primären Bedürfnisse – beim Menschen kommt noch die Neugier hinzu –, bestimmen unsere Bewertungssysteme, geben vor, was wir für gut und was wir für schlecht halten. Und letzten Endes ist auch unser Weltbild (vgl. Kap. 5) von unseren ursprünglichen Bedürfnissen abhängig. Wir tragen mit diesen Bedürfnissen ein evolutionäres Erbe in uns, und es wäre töricht zu meinen, daß wir uns hiervon befreien könnten.

Es kann nicht ausbleiben, daß bei einem derart komplizierten System wie dem menschlichen Gehirn Fehler auftreten. Die in der Erbsubstanz der DNA gespeicherte Information kann Fehler aufweisen, die sich dann in Störungen der Hirnfunktionen äußern. Eine dieser Erkrankungen, die auf einem genetischen Defekt beruht, ist die Chorea Huntington. Bei dieser Erkrankung kommt es mehr oder weniger ausgeprägt zu Bewegungsstörungen; im Volksmund wird sie als Veitstanz bezeichnet. Interessant hierbei ist, daß der genetische Fehler sich nicht sofort äußert, sondern erst bei einem Lebensalter zwischen 30 und 50 Jahren wirksam wird. In seltenen Fällen kann ein Patient erst im Alter von 60 Jahren vom Ausbruch der Erkrankung überrascht werden. Für zahlreiche andere Erkrankungen des zentralen Nervensystems ist ebenfalls eine genetische Ursache nachgewiesen. Dies betrifft z. B. die Schizophrenie oder die endogene Depression, und manche Fälle der Alzheimerschen Erkrankung sind ebenfalls genetisch bedingt. Dies muß nun nicht bedeuten, daß bei einer entsprechenden Veranlagung unweigerlich mit dem Ausbruch der jeweiligen Krankheit zu rechnen ist. Bei diesen Erkrankungen müssen mehrere Faktoren zusammenkommen, damit sie zum Ausbruch kommt, wie überhaupt nahezu alle Erkrankungen, mit denen man in der Medizin zu tun hat, üblicherweise nicht nur eine, sondern mehrere Ursachen haben. Für die meisten jener Erkrankungen, für die eine genetische Veranlagung nachgewiesen ist, bedeutet das nur, daß die Wahrscheinlichkeit für den Ausbruch der Erkrankung erhöht ist.

Die besondere Entwicklung des menschlichen Gehirns und die Ausprägung neuer Funktionen, insbesondere der Sprachfunktion, bedingt, daß es auch typisch menschliche Erkrankungen gibt. Solche sind die Schizophrenie und die Epilepsie. Mit der Entwicklung der Sprache verbunden ist die Ausprägung bestimmter neuronaler Prozesse vor allem im Schläfenlappen. Und gerade im Schläfenlappen treten manchmal neuronale Störungen auf, die zu Epilepsien führen. Bedingt sind diese Störungen dadurch, daß Erregung und Hemmung nicht richtig ausbalanciert sind. Daß die Schizophrenie eine typisch menschliche Erkrankung ist, wird gestützt durch die Beobachtung, daß viele Schizophrene Stimmen hören. Jene Funktion, die typisch für die Menschen ist, nämlich die Sprache, ist bei ihnen von anderen Funktionen abgekoppelt und führt ohne Kontrolle ein Eigenleben.

Trotz der vielen neuen Erkenntnisse, die vor allem in den letzten zehn Jahren in der Hirnforschung erarbeitet wurden, wissen wir immer noch nicht, wie die Informationsverarbeitung im Gehirn im einzelnen vor sich geht. Wir wissen aber, daß Gehirne etwas können, was bisher noch kein Computer kann (vgl. Kap. 11): Sie verarbeiten Information sowohl parallel als auch sequentiell. Der Eingang in das System, z. B. über das Auge, ist parallel; Millionen von Sinneszellen werden gleichzeitig gereizt. An einer bestimmten Stufe der Informationsverarbeitung erfolgt jedoch der Schritt zur Sequentialität: Ein Wort folgt auf ein anderes, ein Bild dem nächsten, ein kategoriales Objekt löst ein anderes ab. Grundlegend für unser bewußtes Erleben ist die zeitliche Folge verschiedener mentaler Objekte.

Wir kommen nun zu einigen Konsequenzen, die sich für unser Denken über die Welt aus unserer Entstehungsgeschichte in der Welt ergeben; die Art und Weise, wie wir über die Welt nachdenken, ist eine Konsequenz der Evolution. Wir wollen deshalb einmal – mit einem Umweg über die Philosophie – unsere »Denkwerkzeuge« analysieren.

Erinnern wir uns an einige Grundsätze der Philosophie, z. B. den Satz der Identität: A = A; eine Sache ist mit sich selbst identisch. Daß dieser Satz für manche seine Gültigkeit verlieren kann, wissen wir von Patienten mit Schizophrenie oder mit Hirnverletzungen (vgl. Kap. 3). Etwas kann für sie seine erlebte Identität verlieren, im nächsten Augenblick etwas anderes sein; auch die eigene Identität kann verlorengehen, oder Teile des Organismus können als nicht zum Ich gehörig angesehen werden. Schlußfolgerung: Da das Erlebnis der Identität verlorengehen kann, muß es im Gehirn etwas geben, das dieses Erlebnis sichert. Das Gehirn muß also die entsprechenden Mechanismen bereitstellen, damit dieser Grundsatz der Philosophie überhaupt gelten kann.

Betrachten wir einen anderen Satz, den Satz vom Grund: *Nihil est sine ratione* – nichts ist ohne Grund. Dieser Satz wird nicht nur in seiner allgemeinen Aussage begriffen, sondern häufig in seiner konkreten Form mißverstanden – dem Sinne nach: Nichts ist ohne *einen* Grund. Hier versteckt sich also monokausales Denken. Wir wissen ja eigentlich – trauen uns nur nicht immer, es zu sagen: *Nihil est sine rationibus* – nichts ist ohne *Gründe*. Psychische Phänomene, biologische Sachverhalte, auch Erkrankungen sind meist multikausal bestimmt.

Hier spielt ein dritter Satz der Philosophie hinein, der ebenfalls selbstverständlich erscheint, der vom ausgeschlossenen Dritten, *tertium non datur:* Eine Sache ist wahr oder falsch, dazwischen gibt es nichts. Auf einer bestimmten Diskursebene ist dies selbstverständlich, aber dieser Satz verstellt das kreative Denken, wenn er wortwörtlich genommen wird: Auf einer kategorialen Ebene stimmt das *tertium non datur,* doch es gibt für viele Sachverhalte – eigentlich für alle – eine Grundlage, die nicht nach dem Prinzip »schwarz oder weiß« funktioniert. Ein Mensch ist nicht »gut oder böse«, eine Frau ist nicht »hübsch oder häßlich«, ein Land ist nicht »konservativ oder sozialistisch«; mit unseren Begriffen formen wir erst sich ausschließende Kategorien. Die Sprache spiegelt uns etwas vor, was nicht der Wirklichkeit entspricht. Wenn wir uns nur an der Sprache orientieren, vergessen wir, daß es für das meiste eine nicht so eindeutige Grundlage gibt; meist gilt, daß etwas mehr oder weniger zutrifft. Diese Denkweise spielt im übrigen in der modernen Informatik eine zunehmende Rolle, z. B. in der sogenannten Fuzzy-Set-Theorie.

Wie ist es dazu gekommen, daß die Grundsätze des Denkens, die auf einer kategorialen Diskursebene selbstverständlich sind, auch beherrschend für das praktische Umgehen mit Sachverhalten sind? Nach unserer Einschätzung liegt dies am Erbe – und am Erfolg – des Rationalismus und vielleicht auch an einem für uns metaphysischen Prinzip, das mit Wilhelm von Occam in Zusammenhang gebracht wird (bekannt als Occamsches Rasiermesser, Occam's razor): *Entia praeter necessitatem non sunt multiplicanda.* Man soll Sachverhalte nicht über das Notwendigste hinaus zu erklären suchen; das Einfachste gilt.

Wenn das Occamsche Rasiermesser und der erwähnte Satz vom zureichenden Grunde *(Omnis ens habet rationem)* eine psychologische Ehe eingehen, dann entsteht ein Paradigma im Sinne von Thomas Kuhn – und für die Forschung eine Denkbehinderung: Sachverhalte sind dann gut erklärt, wenn sie einfach erklärt sind, und am einfachsten sind sie natürlich monokausal erklärt. Und das ist für die meisten Lebensprozesse und psychischen Vorgänge ersichtlich falsch.

Auch Descartes, dem »Vater« des Rationalismus, geht es um die Analyse der Denkwerkzeuge. Er formuliert vier Regeln des Denkens, die unser intellektuelles Leben noch heute bestimmen. Die erste Regel besagt, ohne Vorurteile (und ohne Hast) Probleme zu behandeln; die zweite Regel – und diese ist in unserem Kontext die wichtigste –, ein Problem in seine Teile zu zerlegen; die dritte, vom Einfachen zum Schwierigen fortzuschreiten; und schließlich die Forderung nach der Vollständigkeit, also nichts zu vergessen!

Aus dieser Aufführung wird einiges deutlich: z. B. daß man dies alles auch tatsächlich tun kann: ohne Vorurteile handeln, Probleme aufteilen, nichts vergessen. Mit anderen Worten: Probleme können, wenn man es nur richtig macht, durch eine rationale Analyse vollständig gelöst werden. Richtig macht man es z. B., wenn man reduktionistisch vorgeht, also das Problem in seine Teile zerlegt.

Eine Grundthese des Rationalismus ist also, daß Sachverhalte sich explizit darstellen und erklären lassen. Klar und deutlich – *clare et distincte* – sind Probleme zu formulieren; die Beschäftigung mit ihnen führt zu durchschaubaren und nachvollziehbaren Lösungen. Idealbild dieser Denkweise ist, daß Probleme formal, also in mathematischer Sprache, beschrieben und gelöst werden können. Vorausgesetzt wird, daß mentale Kategorien gebildet werden können, die eindeutig bestimmt *(tertium non datur)* und also auch formal darstellbar sind. Zur Lösung von Problemen lassen sich dann Algorithmen angeben.

Die Algorithmisierung des Mentalen – unserer Denkwerkzeuge – als die letzte Konsequenz des Rationalismus steht in einem interessanten Bezug zur »künstlichen Intelligenzforschung« (KI) unseres Jahrhunderts (vgl. Kap. 11). Eine grundlegende Idee der klassischen KI ist die Annahme von *physical symbol systems,* d. h. der eindeutigen Charakterisierbarkeit mentaler Operationen. *Physical symbols,* die für Kategorien des Mentalen stehen, sollen die Algorithmisierung bewußter Abläufe erlauben. Entsprechende Versuche der klassischen KI sind jedoch gescheitert. Man gelangte zu der Erkenntnis, daß mentale Prozesse sich nicht durch Datenverarbeitungsvorgänge klassischer Provenienz simulieren lassen, indem sequentielle Operationen mit Symbolen – ähnlich wie sie in einem Rechner ablaufen – ausgeführt werden. Daß man überhaupt auf die Idee kam, menschliche Denkprozesse wie in Computern implementierte Algorithmen anzusehen, belegt die Wirkung des Rationalismus als Paradigma in allen Denkbereichen: Alles kann klar und explizit benannt werden; Probleme sind rational lösbar, insbesondere, wenn man reduktionistisch vorgeht.

Es soll nun nicht behauptet werden, daß alles falsch ist, was diesem Paradigma folgt, nur der Anspruch, daß man mit diesem Paradigma die Gesamtheit psychischer Prozesse erfassen und alles damit lösen kann, ist verfehlt. Es ist ein Vorurteil zu meinen, alles mentale Geschehen müsse bewußt, explizit und direkt sprachlich verfügbar sein. Daß dies nicht so sein kann, ergibt sich, wenn wir die Evolution berücksichtigen.

Wir sind immer noch bei der Analyse der Denkwerkzeuge, und wir wollen nun aufgrund der Beobachtungen, die sich aus der Evolution des Gehirns ergeben, eine These wiederholen: Daß nämlich mentale Prozesse nicht alle explizit sein können. Gleichzeitig mit dem expliziten mentalen Geschehen laufen vielmehr unzählige Hirnprozesse ab, die uns nicht explizit zugänglich sind. Insbesondere die Bewertungsprozesse entziehen sich der expliziten Repräsentation. Gefühlsmäßige Wertungen bleiben implizit.

Wir sollten uns deshalb auch aufgrund der Konstruktion unseres Gehirns und seiner Funktionsprinzipien von einem naiven Rationalismus verabschieden. Das bedeutet jedoch nicht, daß wir auf die naturwissenschaftliche Analyse unserer Denkprozesse verzichten wollen; sie muß nur unter einem anderen Vorzeichen stehen, mit einem anderen Anspruch erfolgen. Wir müssen uns klar sein, daß wir nicht alles durchdringen können, und hoffen, daß wir dennoch unser Wissen erweitern.

Was bei diesen Ausführungen durchschimmern soll, ist das Problem der Systemebenen in der Psychologie, in den Lebenswissenschaften allgemein. Nehmen wir das Beispiel eines einfachen Wahrnehmungsaktes im Bereich des visuellen Systems: Um diese Zeilen lesen zu können, muß visuelle Information aufgenommen werden. Um zu verstehen, wie dies geschieht, ist es erforderlich, die Transduktionsprozesse der Retina aufzuklären, also zu verstehen, wie aus elektromagnetischen Veränderungen in der Umwelt gleichsam Hirnsprache wird. Die entstehenden Reaktionsunterschiede erklären aber nicht, warum die rezeptiven Felder der Ganglienzellen die Form haben, die sie nun einmal haben, d. h. radiär-symmetrisch organisiert sind (vgl. Kap. 4). Um den radiär-symmetrischen Aufbau zu verstehen, muß ich ihn erst einmal kennen, d. h., vor der Analyse kommt die Deskription. Probleme können nicht gelöst werden, bevor sie nicht entdeckt sind. Die Analyse der Struktur der radiären Symmetrie darf nicht nur reduktionistisch sein, sie muß auch teleonom sein; d. h., der Biologe fragt, was der funktionelle Sinn der spezifischen Struktur ist. In diesem Fall ist es vielleicht die Kontrastverstärkung optischer Information. Und so können wir bei der Analyse des einfachen Leseprozesses immer weiter gehen. Auf einer weiteren Ebene fragen wir, wie es neuronal möglich ist, ein gesehenes Objekt vom Hintergrund zu trennen – das Problem der Bindung von räumlich verteilten Informationen. Schließlich kann man sich auf einer weiteren Diskursebene fragen, wie Bedeutung des Gelesenen generiert wird.

Dies alles soll deutlich machen, daß es offenbar unabhängige Diskursebenen gibt: Wenn man nur die Bausteine hat (z. B. die Moleküle), dann kann man nicht voraussagen, was sie zusammengefügt ergeben werden. Erst ein Plan bestimmt die Gestalt. Die Gestalt, das Zusammengefügte – man verwendet auch den Begriff »das Molare« – ist in den Einzelteilen nicht erkennbar. Hieraus folgt ein wissenschaftliches Prinzip, das beherrschend für die Psychologie und die Medizin ist. Ein reiner Reduktionismus kann nicht zum Ziel führen, wenn er zum Programm erhebt, von der molaren zur molekularen Ebene zu schreiten und nur noch diese zu untersuchen.

Richtig verstandene Analyse sollte daher so vorgehen, wie es u. a. durch die psychologische Forschung nahegelegt wird. Entscheidend, aber bestimmt nicht einfach, ist die Definition von Systemebenen, von kategorialen Ebenen, um den Organismus zu untersuchen. Dies mögen Prozesse in der Membran sein, oder es können Aktivitäten in Zellverbänden sein. Wenn man die kategoriale Ebene gefunden hat, dann erst kann man reduktionistisch vorgehen, aber dieses in zwei Richtungen. Zum einen kann man zum Molekularen, zu den Bausteinen gehen; der Reduktionismus sollte aber auch in die andere Richtung gehen: Wozu ist eine Funktion da, welchem Zweck dient sie? Und hier kommen wir dann zu einer der kardinalen Fragen der Lebenswissenschaften: Wie entstehen im biologischen System die einzelnen Systemebenen; wie geht etwas Höheres aus einer niederen Ebene hervor?

Die Ausführungen sollen deutlich machen, daß monokausales und nur intradisziplinäres Forschen über Lebensprozesse den Phänomenen nicht gerecht wird, die von der Natur im Lauf der Evolution entwickelt wurden. Aufgrund unserer ökonomisch orientierten Denkweise streben wir zwar zum Monokausalismus, wir sind fasziniert von einfachen, ästhetisch befriedigenden Lösungen. Dies entspräche jedoch einer Orientierung unserer Forschung über das Gehirn an der klassischen Physik und wäre ein falsch verstandener Reduktionismus. Es ist überhaupt nichts gegen ein reduktionistisches Vorgehen zu sagen, wenn es gepaart ist mit einem systemischen Ansatz. Um nur die Hirnprozesse zu verstehen, die Verhaltensabläufe steuern, damit man eine gezielte Handbewegung ausführen kann, muß Wissen, muß Technik verschiedener Bereiche zusammenkommen. Man muß Anatom, Physiologe und Informatiker sein, und Psychologe obendrein.

Die Partikularisierung der wissenschaftlichen Welt hat unsere geistige Landschaft zerbrochen. Wir müssen zu den Problemen zurückfinden und die Techniken in den Dienst der Problemlösungen stellen. Wie sieht es häufig aus? Die neuen Techniken bestimmen, was getan wird, und nicht das, was aus dem Problem heraus interessieren könnte. Die derzeitige Hektik in der Wissenschaft ist bedingt durch immer neue Verfahren – es fehlt die Muße, ein Problem mit verfügbaren Verfahren längerfristig zu untersuchen.

Man stelle sich den Bereich des Nicht-Wissens wie eine große Gummiwand vor, in die wir Wissensbeulen hineindrükken. Wo wir die Beulen hineindrücken, hängt von vielem ab – falsch wäre es, sich dabei nur von verfügbaren Techniken leiten zu lassen. Aber falsch wäre es auch, Wissensbeulen immer dort hineinzudrücken, wo man eine sofortige Anwendung erhofft, wo Fragen schon gestellt sind. Wir brauchen andere Zeitkonstanten; sicher gibt es anwendungsrelevante Fragen, aber so, wie die Evolution ein Zufallsspiel ist, ist kreative Forschung auch ein Zufallsspiel. Damit dieses Spiel gespielt werden kann – interdisziplinär und vor allem von jungen Menschen –, müssen wir die Strukturen bereitstellen und nicht immer morgen eine Antwort haben wollen.

Wir hatten eingangs darauf hingewiesen, daß der Tod erst in der Evolution entdeckt werden mußte. Kommen wir zum Schluß dieses Kapitels noch einmal zum Tod, diesmal zum Tod verschiedener Arten, insbesondere unserer Art. Der Mensch betrachtet sich allzu häufig als die Krone der Schöpfung und begreift sich als Endglied der Evolution. Dabei übersieht er freilich, daß *alle* existierenden Lebewesen gegenwärtig das »Ende« der Evolution sind. Von allen je entwickelten Lebensformen auf dieser Erde sind bereits 99,9 Prozent wieder ausgestorben. Man muß davon ausgehen, daß die durchschnittliche Lebenserwartung von Arten in der Größenordnung von einigen Millionen Jahren liegt.

Der Mensch existiert als »Art« bereits zwischen ein und zwei Millionen Jahren. Würde er sich selbst auslöschen, wäre das unter dem Gesichtspunkt von Ewigkeit oder Evolution kein Problem, denn wir haben als Art eine normale Lebenserwartung schon erreicht. Als intelligente Art versuchen wir, unser Leben »festzuhalten«, indem wir z. B. unsere Umwelt so gestalten, daß wir noch ein bißchen länger darin leben können. Es kann sein, daß wir uns auf diese Weise vielleicht noch zehntausend Jahre über die Runden bringen. Doch das wäre schon viel. Aber selbst wenn wir in hundert oder tausend Jahren als Art aussterben sollten, wäre dies, evolutionär gesehen, nichts Besonderes.

Der Mensch hat den Lebensraum anderer Arten so stark eingeschränkt, daß viele von ihnen keine Lebensmöglichkeiten mehr haben. Deshalb sterben jährlich einige tausend Arten aus. Die sogenannte Biodiversität nimmt derzeit stetig ab. Wird dadurch schließlich etwas eintreten, was vor 65 Millionen Jahren schon einmal geschah? Damals führte nach weitverbreiteter These ein Meteoriteneinschlag zu einer Vernichtung vieler Lebewesen, so daß der Lebensraum für neue Arten freigeräumt wurde. Der Mensch wäre aus der Sicht der Evolution also kreativ, so pervers der Gedanke erscheinen mag. Er schafft Lebensräume für neue Selektionsmöglichkeiten und damit für die Entstehung neuer Arten. Dies ist nicht nur eine theoretische Möglichkeit, sondern in der Welt der Mikroorganismen bereits eingetreten; es gibt inzwischen Lebewesen auf dieser Erde, die es ohne den Menschen nicht gegeben hätte.

Kapitel 2

Aufbau und Arbeitsweise: Das Gehirn – ein Organ mit Sonderstellung?

Als das Leben erfunden wurde, war die Erde also etwa eine Milliarde Jahre alt. Aber es mußten, wie schon erwähnt, noch einige weitere Milliarden Jahre vergehen, bis sich aus einfachsten Lebewesen der Mensch entwickelte – und mit ihm sein einmaliges Gehirn. Nachdem sich Einzeller vor 600 bis 700 Millionen Jahren zu mehrzelligen Organismen zusammengeschlossen hatten, kam es zur Ausbildung von Zellen mit Reizaufnahme und Reizleitung. Es entstanden Nervenzellen. Die Schwämme, die den niedrigsten Stamm vielzelliger Organismen bilden, besitzen noch keine Nervenzellen. Erst der nächst höhere Stamm der Hohltiere, zu denen Quallen und Korallen gehören, verfügt über ein einfaches Nervensystem. Im Tierreich ist die niedrigste mit Gehirn ausgestattete Art die der Würmer. So haben Plattwürmer bereits ein raffiniert angelegtes Nervensystem, das wie das des Menschen symmetrisch gebaut ist, d. h. eine rechte und eine linke Hälfte besitzt, von der jede das Spiegelbild der anderen ist.

Eine auffällige Entwicklung des Gehirns setzte jedoch erst bei den Wirbeltieren ein, die ihren Namen wegen der Wirbel tragen, die Hauptnervenstrang und Rückenmark schützend umgeben. Beim Gehirn primitiver Wirbeltiere unterscheidet man bereits drei Teile: Hinterhirn, Mittelhirn und Vorderhirn. Alle drei gleichen bläschenförmigen Schwellungen. Im Laufe der Zeit entwickelten sich dann weitere Gehirnteile: So entstand aus dem Hinterhirn das Kleinhirn, und aus dem Vorderhirn entwickelten sich Zwischen- und Großhirn.

In der Evolution nehmen die Säugetiere eine besondere Stellung ein. Die Gehirne wurden geräumiger. Man kann dies vielleicht darauf zurückführen, daß der Aufenthalt in der Höhe den Gehirnen eine präzisere Koordination der Körperbewegungen abverlangte, als dies für das Leben auf dem Erdboden notwendig war. Die zum Greifen ausgebildeten Gliedmaßen gaben vielleicht den entscheidenden Anstoß zur Ausbildung leistungsfähigerer Gehirne.

Nach diesem qualitativen Sprung verlief die Weiterentwicklung des Gehirns relativ schnell. Das Volumen eines Gorillagehirns beträgt rund 500, das des Vormenschen Homo erectus etwa 900 Kubikzentimeter. Die ältesten Überreste dieser Vormenschen sind rund eine Million, die jüngsten 500 000 Jahre alt. Seither machte das Gehirn des Menschen eine enorme Entwicklung durch. Heute beträgt seine Größe im Durchschnitt 1400 Kubikzentimeter. Aber es bleibt ein Rätsel, wie auf dem Weg vom Primaten- zum Menschengehirn die geistigen und seelischen Eigenschaften entstanden sind.

Der Londoner Anatom J. Z. Young erdachte sich ein Beispiel, um die komplizierte Welt im hochentwickelten menschlichen Gehirn plastisch darzustellen: »Versuchen Sie sich ein Büro vorzustellen, in dem zehn bis fünfzehn Milliarden Sekretärinnen sitzen und telefonieren.« (Abgesehen davon, daß es so viele Menschen gar nicht gibt, ist diese Zahl jenseits unseres Vorstellungsvermögens.) In diesem Büro ist nach Youngs Bild an jedem der zehn bis fünfzehn Milliarden Plätze eine Telefonzentrale installiert. Sie ermöglicht es, in Bruchteilen einer Sekunde die Verbindung nach draußen oder zu anderen Abteilungen des Büros herzustellen. Jede der zehn bis fünfzehn Milliarden Nervenzellen des Gehirns (neue Schätzungen lassen vermuten, daß das Gehirn sogar eine Billion Nervenzellen hat) ist mit Tausenden anderer Nervenzellen zu einem unübersehbaren Netzwerk verknüpft, durch das ständig kreuz und quer Nachrichtenströme pulsieren.

Die zwei Händevoll weicher Masse im Menschenschädel faszinieren Forscher weltweit. Möglicherweise liegt es daran, daß das menschliche Gehirn wohl das komplexeste System ist, das die Evolution hervorgebracht hat. Derzeit arbeiten weltweit schätzungsweise 50 000 Wissenschaftler daran, seinen geheimnisvollen Bauplan zu entschlüsseln, und manche unter ihnen haben sogar die kühne Idee, es nachzubauen.

In der Hirnforschung wird mit Methoden aus nahezu allen naturwissenschaftlichen Disziplinen gearbeitet. Dazu gehören molekularbiologische Verfahren ebenso wie Computerwissenschaften. Das Gehirn wurde zum interdisziplinären Forschungsgegenstand, bei dem Biologie, Physik und Ingenieurwissenschaften zusammenwirken.

Es wurde inzwischen auch zum Thema internationaler Politik. So bezeichnete der ehemalige amerikanische Präsident George Bush am 25. Juli 1989 mit der Resolution 174 das letzte Jahrzehnt dieses Jahrtausends als »Jahrzehnt des Gehirns« *(the decade of the brain)*. Er konfrontierte damit die Wissenschaftler mit der zwingenden Forderung nach einer umfassenden Hirnstudie, da allein in den USA jährlich viele Millionen Menschen Hirnerkrankungen oder -verletzungen erleiden und der weitverbreitete Drogenmißbrauch zu erheblichen neurologischen Defekten führen kann. Zudem verwies Bush darauf, daß heute Menschen – und mit ihnen ihre Gehirne – älter würden als jemals zuvor in der Geschichte der Menschheit, die Leistungsfähigkeit des Gehirns jedoch ständig nachlasse und Degenerationsprozesse einsetzten. Hinzu kommt, daß im höheren Alter neurologische und psychiatrische Erkrankungen zunehmen – ein insgesamt sprunghaft ansteigendes Problem, das Amerika jedes Jahr etwa 300 Milliarden Dollar kostet.

Der australische Neurophysiologe Sir John Eccles bezeichnet denn auch die Gehirnforschung als »das elementare Problem, dem sich der Mensch gegenübergestellt sieht«. Eccles erhielt für seine Forschungsarbeiten 1963 den Nobelpreis für Medizin. Er begründet seine Ansicht folgendermaßen: »Seitdem der Mensch erkannt hat, daß er ein denkendes Wesen ist, hat er zu verstehen versucht, was er eigentlich ist. Das ist ein noch viel größeres Problem als der Versuch, herauszufinden, wie das Weltall entstand. Der springende Punkt ist, daß es ohne das menschliche Gehirn kein anderes Problem geben würde. Ohne es würde sich das ganze Drama des Kosmos vor leeren Sitzen abspielen. Von nichts wäre bekannt, daß es überhaupt existiert, denn keinerlei Beobachtung wäre möglich. So wird ein besseres Verständnis des Gehirns den Menschen wahrscheinlich zu einem besseren Verständnis seiner selbst wie auch der Welt, in der er lebt, führen.«

Das Gehirn wurde erstmals in einem altägyptischen Papyrus erwähnt, den Medizinhistoriker inzwischen als ältestes Chirurgiebuch der Welt bezeichnen. Diese etwa fünf Meter lange Papyrusrolle kaufte der amerikanische Antiquitätensammler Edwin Smith 1862 in Luxor. Etwa 50 Jahre später gelang es James Breasted, dem damaligen Direktor des Fachbereichs Orientalistik an der Universität von Chicago, das Manuskript zu entziffern. Er fand heraus, daß es sich um ein medizinisches Schriftstück handelt, das in 17 Spalten Bruchstücke eines chirurgischen Lehrbuches enthält. In ihm wird das Gehirn zum erstenmal in der Geschichte namentlich beschrieben.

Anhand der Schreibweise der Hieroglyphen läßt sich der Papyrus auf das 17. Jahrhundert vor unserer Zeitrechnung datieren. Aber wahrscheinlich ist es die Abschrift eines noch früheren Textes aus dem Alten Reich, der um das Jahr 3000 v. Chr. abgefaßt worden sein dürfte. Denn in dem Papyrus kommen ägyptische Wörter vor, die im Alten Reich verwendet wurden, um 1700 v. Chr. aber nicht mehr gebräuchlich waren. Damals war es die Hauptaufgabe der ägyptischen Chirurgen, die Verletzungen nach großen Kämpfen zu behandeln sowie die Wunden, die sich die Sklaven bei der schweren Arbeit an den Pyramiden zuzogen. Der Papyrus, der später den Namen seines Käufers Edwin Smith erhielt, beschreibt ausführlich 28 Fälle von Kopfverletzungen. In einer Anweisung zur Behandlung eines komplizierten Schädelbruchs heißt es: »Wenn du einen Mann mit einer klaffenden Kopfwunde untersuchst, die bis auf den Knochen reicht und bei dem der Schädel zertrümmert und das Gehirn im Schädel bloßgelegt ist, dann solltest du seine Wunde betasten. Dabei findest du, daß die zertrümmerte Masse des Schädels aussieht wie die Unebenheit von geschmolzenem Kupfer, daß etwas darin pocht und unter deinen Fingern flattert wie jene weiche Stelle oben am kindlichen Schädel, bevor er geschlossen ist...«

Der Autor des Papyrus Smith beschreibt ebenfalls, daß Gewalteinwirkungen auf den Schädel auch ohne sichtbare äußere Verletzungen schlimme Folgen haben können, wie etwa das Nachschleifen eines Beines oder die Lähmung des Gesichtsnervs. Es wird allerdings angenommen, daß die Ägypter sich nicht über die weitreichende Bedeutung ihrer Beobachtungen im klaren waren, weil sie – wie die Mesopotamier, die Hebräer und selbst Homer – nicht das Encephalon, das Gehirn, für den Sitz von Intelligenz und Gefühl hielten, sondern das Herz.

Als der griechische Naturforscher und Philosoph Aristoteles 322 v. Chr. starb, hatte noch kein Forscher ein menschliches Gehirn untersucht. Dies taten erstmals die griechischen Ärzte Herophilos (335–285 v. Chr.) und Erasistratos (310–250 v. Chr.), die nach Alexandria gekommen waren, dem damals führenden Handels- und Kulturzentrum des hellenistischen Ostens. König Ptolemaios I. hatte Herophilos um das Jahr 300 als Leibarzt nach Alexandria berufen. Der betrieb dort neben seiner ärztlichen Praxis als erster ausgedehnte anatomische Studien. Der König befürwortete diese Forschungen, die bis dahin undenkbar gewesen waren. Der erste Anatom und sein jüngerer Mitarbeiter Erasistratos interessierten sich vor allem für das Gehirn. Herophilos beschrieb Groß- und Kleinhirn, die Hirnhäute, die Hirnhöhlen. Er erkannte, daß die Nerven mit dem Gehirn und dem Rückenmark zusammenhängen. Und er verlegte den Sitz der Seele in die Gehirnhöhlen. Der Grieche studierte die Nerven des Gehirns und unterschied dabei bereits zwischen Empfindungs- und Bewegungsnerven.

Die von der Hirnforschung ausgehende Faszination beruht

auch auf der Hoffnung des Menschen zu erkennen, wer er eigentlich ist, und auf dem Bestreben, die Möglichkeiten seiner Existenz tiefer zu ergründen. Ohne Gehirn gäbe es kein Bewußtsein und damit auch keine Verbindung zur Welt und zu anderen Menschen. Persönlichkeit, Erleben und Bewußtsein sind ohne funktionsfähiges Nervensystem nicht vorstellbar. Jeder Mensch hat seinen einzigartigen kleinen geheimnisvollen Kosmos im Kopf, komplex, undurchschaubar, aber gut strukturiert und von physikalischen Naturgesetzen in Ordnung gehalten. Alles, was in ihm passiert, hat kosmische Ausmaße. In seinen Billionen Nervenzellen laufen phantastische Prozesse ab, die über Leitungsbahnen von einer Million Kilometer miteinander verknüpft sind. Vielleicht ist es vermessen, das Gehirn mit dem Weltall zu vergleichen. Doch so unendlich das Universum ist, so undurchschaubar ist auch das Gehirn wegen der gigantischen Anzahl seiner Zellen und deren Verbindungen.

Dieser Kosmos Gehirn ist Grundlage aller Leistungen des Menschen. Die künstlerischen, kulturellen und technischen Höchstleistungen bis hin zur extremen Veränderung der Umwelt verleihen dem Menschen im guten und schlechten Sinn eine Sonderstellung in der Natur. Denken, Sprache, Wahrnehmung, Intelligenz und Bewußtsein sind die vielbewunderten Leistungen des Gehirns. Aber Erfinderkraft und Macht des Menschengehirns führen auch zu unfaßbaren Grausamkeiten.

Wer die Entwicklung des menschlichen Gehirns wirklich verstehen möchte, sollte sich auch vergegenwärtigen, daß das Gehirn letztlich dafür geschaffen wurde, den menschlichen Körper zu steuern. Während seiner Entwicklung im Embryo bilden sich im heranwachsenden Gehirn in jeder Minute Hunderttausende von Nervenzellen. Allerdings ist noch weitgehend unbekannt, wie die Nervenfasern ihre Wege finden und die weitreichenden Verbindungen im Gehirn schließlich zustande kommen. Bereits in der vierten Woche ist beim Gehirn des Embryos eine Zellschicht aus einer Lage zu sehen. Sie wird allmählich dicker, bis sie wie eine Platte aussieht. Es ist die

Neuralplatte, aus der sich dann das Gehirn entwickelt. Beim Menschen wächst das Gehirn nach der Geburt um das Vierfache, während beispielsweise bei den Schimpansen, wenn sie auf die Welt kommen, bereits 65 Prozent des Gehirnvolumens vorhanden sind.

Das menschliche Gehirn ist schon bei der Geburt eng verdrahtet und vernetzt sich während der ersten Lebensjahre zu einem dichten Geflecht. Deshalb sind diese Jahre für einen Menschen von grundsätzlicher Bedeutung und ausschlaggebend für sein späteres Erleben und Verhalten. Nach der Geburt entwickeln sich im menschlichen Gehirn aber keine neuen Nervenzellen mehr. Allerdings kann das Gehirn ein Leben lang trainiert werden, so daß sich vermutlich neue Verbindungsstellen, neue Synapsen zwischen den Nervenzellen entwickeln. Mit den Verbindungen werden Schaltkreise und Vernetzungen im Gehirn geschaffen. Zwar liegen die wichtigsten schon zum Zeitpunkt der Geburt vor, doch ihre Feinabstimmungen entwickeln sich während des ganzen Lebens. Erfahrung kann neue Synapsen entstehen lassen. Erfahrungen formen also das Gehirn.

Die elementaren Bausteine des Nervensystems sind die Nervenzellen, die Neuronen, die untereinander mit Nervenfasern verbunden sind. Dieses Informationsverarbeitungssystem ist in ein Stütz- und Nährgewebe eingebettet, das aus Gliazellen besteht. Jedes Neuron besitzt einen Zellkörper, das Soma. Es hat zudem mehrere Zellfortsätze, die Dendriten, und eine Nervenfaser, das Axon.

Die Informationsverarbeitung zwischen Zellen funktioniert (vereinfacht) folgendermaßen: An der Zelloberfläche, den Dendriten und dem Soma, enden die Axone anderer Nervenzellen. Sie bilden dort Synapsen, von denen es einen erregenden und einen hemmenden Typ gibt. Die Aktivierung einer Synapse führt über die Freisetzung einer chemischen Überträgersubstanz, des Transmitters, zum Fluß von Ionen durch die Zellmembran. Auf diese Weise wird das elektrische Potential der Zelle verändert. Ist die Veränderung groß, kommt es zum

»Feuern« der Zelle, es wird ein Aktionspotential (ein Impuls) ausgelöst, das entlang des Axons zu anderen Zellen läuft und dann diese beeinflußt.

Auf welche Weise vermitteln die Nervenzellen Informationen? Die Stärke eines Reizes übt direkten Einfluß auf die Häufigkeit, die Frequenz der Impulse einer Nervenzelle aus. Je stärker der Reiz, um so schneller kommen die Signale. Dies gilt universell für alle Reize, also ebenso für Licht, Schall, Kälte, Wärme wie bei anderen Erregungen.

Es war Glisson, der die Empfindungsfähigkeit der Nerven entdeckte. Andere Wissenschaftler wiesen für das periphere Nervensystem sowie für die Großhirnrinde nach, daß die Empfindungsfähigkeit der physikalischen Fähigkeit entsprach, auf eine elektrische Entladung zu reagieren. Dann zeigte zunächst Matteucci, danach Du Bois-Reymond zwischen 1848 und 1849, daß die Reaktion selbst eine elektrische Ladung darstellt. Nerven und Nervenzellen besitzen also die doppelte Eigenschaft, auf Elektrizität zu reagieren und Elektrizität zu erzeugen, d. h. als Sender und Empfänger in einem elektrischen Kommunikationssystem zu reagieren.

Das Nervensignal läßt sich wie ein elektrisches Ereignis aufzeichnen, aber es breitet sich nicht wie Strom im Kupferkabel aus. Nach den Worten von Du Bois-Reymond handelt es sich um eine Negativitätswelle, die im Soma des Neurons entsteht und mit gleichbleibender Amplitude durch die Nervenfaser der Zelle wandert, wobei sie langsamer als der Schall ist. Die Dauer dieses Impulses, dieser Nervenerregung, beschränkt sich an jeder Stelle auf etwa eine Millisekunde.

Der Holländer Leeuwenhoek war der erste, der das Nervengewebe unter dem Mikroskop betrachtete und beschrieb. 1718 hielt er fest: »Häufig fand ich großes Vergnügen daran, die Struktur des Nervengewebes zu betrachten. Dieses Geflecht aus sehr kleinen Gefäßen von unvorstellbarer Feinheit, die, nebeneinander verlaufend, einen Nerv bilden.« Van Leeuwenhoek, so wird überliefert, benutzte ein ziemlich unvollkommenes, nur mit einer Linse ausgestattetes Mikroskop.

Erst zu Anfang dieses Jahrhunderts wurde die Form der Nervenzellen sichtbar gemacht. Dies gelang dem Italiener Camillo Golgi mit einer neuen Färbetechnik. Die eingefärbte Zelle konnte unter dem Lichtmikroskop betrachtet werden. Diese sogenannte Golgitechnik führte der Spanier Santiago Ramón y Cajal zur Meisterschaft. Ihm gelang die erste Darstellung von Nervenzellen, und begeistert schrieb er über sie: »Sie sind der Aristokrat unter den Strukturen des Körpers, mit riesigen Armen, die wie Fangarme eines Tintenfisches ausgestreckt sind und die bis an die ersten Abschnitte der Außenwelt heranreichen und dort nach all den Farben sehen, die uns die physikalischen und chemischen Kräfte stellen.« Ramón y Cajal bekam 1906 für seine Leistungen den Nobelpreis, er stellte zusammen, wie ein Gehirn aufgrund der physikalischen Erscheinung der Neuronen organisiert ist. Er beschrieb ein eindrucksvoll verzweigtes Gebilde, das mit fortlaufender Entwicklung immer dichter zusammenhielt.

Heute werden diese neuroanatomischen Verfahren, die selbst erheblich verfeinert worden sind, durch bildgebende Verfahren ergänzt. Eines dieser Verfahren ist die Positronen-Emissions-Tomographie (PET). Damit gibt es ein neues Fenster, um in das Gehirn zu schauen. PET zeigt, wie die funktionierenden Regionen im Gehirn aussehen, und stellt dar, was sie tun. Konkret macht PET physiologische oder biochemische Aktivitäten im Gehirn sichtbar. Während der Untersuchung liegt der Patient in der Öffnung des Geräts. Über eine Infusionslösung wird ihm eine schwach radioaktive Substanz zugeführt, die über die Blutbahn in den Hirnstoffwechsel gelangt. Beim radioaktiven Zerfall werden Positronen frei, die mit Elektronen kollidieren. Die entstehenden Strahlen registriert der Detektorring, dessen Signale der Computer zu farbigen Schnittbildern verarbeitet. Hochleistungscomputer machen auf dem Bildschirm so verschiedene Schichten des Gehirns sichtbar.

Außer der PET gibt es die NMR (Nuclear Magnetic Resonance), die Kernspin-Tomographie. Deren Aufnahmen machen im Detail die Strukturen des Gehirns sichtbar. Eine Erweiterung dieses Verfahrens erlaubt neuerdings auch, Funktionen des Gehirns, speziell des Blutflusses im Gehirn, zu messen.

Ein weiteres modernes Verfahren ist die Magnetenzephalographie (MEG). Mit diesem Verfahren kann man feststellen, wo im Gehirn neuronale Aktivitäten auftreten. Besonders empfindlich ist dieses Verfahren für die Gehirnoberfläche. Man erhofft sich, in Zukunft durch die Kombination der drei Verfahren PET, NMR und MEG erheblich mehr zu lernen über die Funktion des Gehirns bei Gesunden und Kranken.

Aktivität im Gehirn wird auch von den Gliazellen beeinflußt. Sie versorgen das zentrale Nervensystem mit Nahrung und stützen dessen zartes Netzwerk, indem sie den Raum zwischen den Nervenzellen ausfüllen. Nach neuesten Erkenntnissen beeinflussen die Gliazellen möglicherweise auch die Informationsverarbeitung der Nervenzellen, die durch ihre raffinierte Verschaltung die Basis für die vielseitigen Fähigkeiten des Gehirns bilden.

Die Grenze zwischen dem Versorgungssystem und dem informationsverarbeitenden System der Nervenzellen wird durch die sogenannte Bluthirnschranke gebildet. Die Ernährung von Neuronen erfolgt auf eine ganz besondere Weise: Spezialzellen entnehmen Nährstoffe aus den Sauerstoff und Nahrung transportierenden Blutgefäßen. Von dort aus werden sie in besonderen Zellen für den weiteren Verbrauch in der Nervenzelle vorbereitet. Aus ihnen wird dann die Energie entnommen. Die Abbauprodukte bringen die Nervenzellen wieder zu den Spezialzellen zurück. Diese schaffen dann sozusagen wie Bedienstete den Abfall weg. Dadurch bleibt die Nervenzelle stets in einem wohlregulierten Ernährungszustand.

Die Nervenzelle ist der Baustein des Nervensystems und damit des Gehirns. Sie besitzt dieselben Gene, ist nach demselben Prinzip gebaut und lebt mit denselben biochemischen Prozessen wie andere Zellen. Sie unterscheidet sich von ihnen jedoch in Zellform, Zellmembran und in der Fähigkeit, Signale zu erzeugen.

Die Aufklärung der molekularen Vorgänge in der Zelle ist die überragende Leistung der Neurobiologie der vergangenen 25 Jahre. Wesentlich dazu beigetragen haben die Untersuchungen über Struktur und Funktion der Zellmembranen. Danach ist die Hülle einer Zelle kein starres Gebilde, sondern vielmehr ein sich ständig bewegendes flüssiges Mosaik, in dem je nach Erfordernis neue Bilder entstehen können. Eine Membran dient aber nicht nur zur Verpackung, sondern sie ist Tor zur Welt. Die kompliziert gestreckte Form des Neurons sorgt dafür, daß die Oberfläche besonders groß ist. Dieses Gebilde hat also eine dynamische Außenseite. Solch eine Konstruktion ist von vornherein beeinflußbar und veränderbar. Die Plastizität, also die Modellierfähigkeit einer Membran, spiegelt sich auf einer anderen Ebene in der Lernfähigkeit des Gehirns.

Das Wissen über die Funktionsweise unseres Nervensystems hat sich in den letzten Jahren enorm vergrößert. Der Neurobiologe Jean-Pierre Changeux aus Frankreich vergleicht diese Tatsache mit der Entwicklung der Physik zu Beginn des Jahrhunderts und derjenigen der Molekularbiologie in den fünfziger Jahren: »Die Entdeckung der Synapse und ihrer Funktionen ist so folgenreich wie die Entdeckung des Atoms oder der DNA. Trotzdem steht die Forschung noch am Anfang.«

Die entscheidenden Wechselwirkungen zwischen den Nervenzellen vollziehen sich an den Synapsen, den funktionalen Verknüpfungen. Es heißt, daß die Neuronen miteinander »sprechen«, indem sie an den Synapsen bestimmte Moleküle freisetzen. Das sind die bereits erwähnten Neurotransmitter, die chemischen Botenstoffe des Gehirns. Sie besitzen eine charakteristische äußere Form und passen ins Rezeptormolekül wie ein Schlüssel ins Schloß. Noch vor einigen Jahren ging man davon aus, daß es nur wenige Transmitter gäbe, aber inzwischen nimmt man eine Zahl von über 100 an. Die Wirkung vieler Medikamente und Nervengifte liegt darin, daß sie die chemische Übertragung der Nervensignale unterbrechen, verändern oder auch nachahmen. Inzwischen nimmt man an, daß auch Geisteskrankheiten auf Defekten in der Funktion von chemischen Überträgerstoffen des Gehirns beruhen (vgl. Kap. 3).

Im Zwischenhirn, dem Hypothalamus und der Hypophyse genannten Hirnanhangdrüse, spielt sich die unmittelbare Wechselwirkung zwischen Nerven und Hormonsystem ab. Wenn also beispielsweise eine Mutter ihr Kind streichelt, löst dies in dessen Körper chemische Vorgänge aus, die außerdem die Basis für die Prägung von Gefühlen bilden. Die Freude auslösenden körpereigenen Substanzen sind dabei allerdings nur ein Faktor unter vielen.

Erleben und Verhalten wird also von den chemischen Überträgerstoffen im Gehirn gesteuert. Sie regulieren die Informationsverarbeitung zwischen den Nervenzellen. Es ist aber nun nicht so, daß jeweils ein Überträgerstoff ein bestimmtes Verhalten hervorruft, sondern es ist das Zusammenspiel der verschiedenen Transmitter, die beispielsweise Freude oder Schmerz bedingen. Die Entdeckung zahlreicher unterschiedlicher Überträgerstoffe eröffnet neue Möglichkeiten für den Einsatz von Arzneimitteln, um Störungen im Erleben und Verhalten zu beeinflussen.

Wenn man sich mit der Hirnforschung befaßt, dann möchte man auch etwas darüber erfahren, ob die Unterschiede zwischen Menschen, z. B. zwischen Männern und Frauen, sich durch unterschiedliche Hirnmechanismen erklären lassen. Manchmal wird danach gefragt, ob sich die Intelligenz bei Männern und Frauen unterscheide. Die Frage sollte besser anders formuliert werden: Unterscheiden sich die Gehirne von Männern und Frauen? Dies wird zur Zeit zwar sehr kontrovers diskutiert, es sind aber hinreichend Kenntnisse darüber vorhanden, daß tatsächlich wesentliche Unterschiede zwischen den Gehirnen von Männern und Frauen bestehen. Man konnte beispielsweise zeigen, daß die Bahnen, die die beiden Gehirnhälften miteinander verbinden, bei Frauen intensiver ausgeprägt sind als bei Männern. Das hat z. B. Konsequenzen nach

Erkrankungen. Bei einem Schlaganfall erleiden Frauen meist weniger Funktionseinbußen als Männer. Durch die stärkere Vernetzung der Gehirnhälften sind Funktionen vielleicht auch stärker in beiden repräsentiert, so daß der Ausfall einer Hälfte durch den Einsatz der anderen ausgeglichen werden kann.

Im wesentlichen sind es drei Bereiche, in denen sich Männer und Frauen hinsichtlich »intelligenter« Leistungen unterscheiden. Das räumliche Vorstellungsvermögen ist wie die mathematischen Fähigkeiten beim Mann stärker ausgeprägt. Dagegen ist die sprachliche Kompetenz, die Wortflüssigkeit, bei Frauen stärker ausgeprägt. Es handelt sich dabei aber um statistische Aussagen. Im Individualfall ist es nicht möglich, eine »typische« Frau mit einem »typischen« Mann zu vergleichen.

Direkte Erkenntnisse über die Aufgaben bestimmter Gehirnzonen und deren Bedeutung gewinnt man nicht nur bei Störungen oder Verletzungen des Gehirns, sondern auch bei unvermeidlichen Operationen. So läßt beispielsweise ein Gehirntumor, der dem Patienten die Sprache geraubt hat, den Schluß zu, daß in der entsprechenden Gehirnregion das Sprachzentrum verletzt sein muß. Es war übrigens die Sprache, die die Hirnforschung als erstes lokalisieren konnte. Der französische Arzt Paul Broca war der erste Wissenschaftler, der 1865 einen Patienten beschrieb, der zwar Sprache verstehen, aber nicht richtig sprechen konnte. Nach dessen Tod sezierte er das Gehirn und fand dabei in der linken Hemisphäre einen bestimmten Abschnitt zerstört. Broca untersuchte in den folgenden Jahren noch weitere Patienten mit ähnlichen Sprachstörungen und konnte feststellen, daß deren Gehirne im gleichen Bereich verletzt waren. Dies erlaubte ihm, ein wichtiges Prinzip zu formulieren: Wir sprechen mit links.

Die entsprechende Region im linken Schläfenlappen wird nach seinem Entdecker »Brocasches Sprachzentrum« genannt. Broca, der 1880 starb, hatte also herausgefunden, daß spezifischen Gehirnfunktionen ein bestimmter Ort im Gehirn zuzuordnen ist und daß zwischen Anatomie und Tätigkeit des

Gehirns eine Verbindung besteht. Er ist damit der Begründer der sogenannten Lokalisationslehre psychischer Funktionen im Gehirn. Die Gehirne für seine Studien, und offenbar auch sein eigenes, sind bis heute im »Musée de l'Homme« in Paris aufbewahrt.

Kapitel 3

Krankheiten: Folgenschwere Störfälle

Um Erkrankungen des Gehirns leichter verständlich zu machen, ist es sinnvoll, den Aufbau und die Funktionsweise des Gehirns kurz zu beschreiben. Wenn man sich die einzelnen Komponenten des Gehirns und die Wechselwirkungen zwischen ihnen verdeutlicht, dann kann man besser verstehen, welche Störungen überhaupt auftreten können.

Alle Gehirne, die auf diesem Globus im Laufe der Evolution entstanden sind, bestehen aus drei verschiedenen Typen von Nervenzellen (Neuronen). Da gibt es zum einen die Sinneszellen (sensorische Nervenzellen oder auch Rezeptoren), die wie Antennen in die Welt hineinragen und Informationen aufnehmen. Jedes Sinnessystem ist durch ganz bestimmte Sinneszellen gekennzeichnet, und die Sinneszellen der verschiedenen Systeme funktionieren in prinzipiell unterschiedlicher Weise. Um zu verstehen, wie Information aus der Umwelt aufgenommen wird, müssen wir wissen, wie die Sinneszellen in der Netzhaut des Auges, also der Retina, die olfaktorischen Rezeptoren, also die Sinneszellen der Nase, die Rezeptoren im Ohr, die sensorischen Nervenzellen auf der Zunge und die, die über die ganze Körperoberfläche verteilt sind, funktionieren.

Die Anzahl der Sinneszellen in den verschiedenen Wahrnehmungssystemen ist außerordentlich verschieden. Beide Augen zusammen haben etwa 200 bis 300 Millionen Rezeptoren, und eine ähnliche Zahl von Rezeptoren gibt es auch im Riechsystem. Die Körperoberfläche umfaßt dagegen nur etwa 300 000 Rezeptoren, die Berührungen, Druck, Wärme, Kälte oder

Schmerz melden. Das Ohr mit seinen etwa 30 000 sogenannten Haarzellen im Cortischen Organ ist noch bescheidener ausgestattet, und auf der Zunge sind etwa 3000 Sensoren dafür verantwortlich, uns die Geschmacksqualitäten süß, sauer, salzig oder bitter zu melden.

Eine zweite Klasse von Nervenzellen bei allen höherentwikkelten Lebewesen sind die motorischen Nervenzellen. Das sind jene Nervenzellen, die die Informationen, die aus dem Gehirn kommen, auf sogenannte Effektoren übertragen. Diese Effektoren sind unsere Muskulatur und vor allem die inneren Organe wie Herz oder Magen. Die motorischen Nervenzellen tragen Informationen aus dem Gehirn nach außen; sie ermöglichen Bewegungen, und sie steuern die einzelnen Körpersysteme. Verglichen mit den Rezeptoren ist die Anzahl der motorischen Nervenzellen eher gering; der Mensch etwa hat nur zwei Millionen motorische Nervenzellen.

Den dritten Typ von Nervenzellen hat ein bedeutender Anatom einmal als das große intermediäre Netz bezeichnet. Das sind jene Nervenzellen, die zwischen den Rezeptoren, also den Antennen, die uns über die Welt informieren, und den motorischen Nervenzellen, die etwas bewirken, vermitteln. Der Umfang dieses großen intermediären oder neuronalen Netzes ist davon abhängig, auf welcher Stufe der Evolution ein Lebewesen sich befindet. Es besteht ein gewisser Entwicklungsdrang über die vielen Millionen Jahre hinweg, daß dieses Netz zwischen Rezeptoren und motorischen Nervenzellen immer größer wird. Die Schätzungen über die Anzahl dieser Zellen beim Menschen gehen weit auseinander. Früher ging man davon aus, daß es etwa zehn Milliarden Nervenzellen gebe; neuere Schätzungen legen nahe, daß das Gehirn des Menschen, das wir mit diesem neuronalen Netz ansprechen, etwa eine Billion Nervenzellen umfaßt.

Lebewesen, die auf einer frühen Entwicklungsstufe stehen, besorgen die Informationsverarbeitung nur durch sensorische und motorische Nervenzellen. Es gibt sogar ganz frühe Entwicklungsstufen, wo ein und dieselbe Nervenzelle sowohl als Signalaufnehmer als auch als Steuerorgan für Bewegungen verwendet wird. Je einfacher diese Nervensysteme sind, um so geringer sind die Möglichkeiten der Informationsverarbeitung. Wenn die Informationsverarbeitung eingeschränkt ist, dann ist auch die Verhaltenssteuerung dieser Lebewesen einfach und damit vorhersehbar. Nicht vorhersehbares Verhalten zu produzieren bietet aber einen großen Vorteil möglichen Feinden gegenüber. Wenn jemand immer dasselbe macht, dann kann der andere sich darauf einstellen. Lebewesen, die unvorhergesehenes Verhalten generieren können, sind also höher entwickelt. Die Erfindung des dritten Typs der Nervenzellen, des großen intermediären Netzes, also des Gehirns, hat zu dem hochkomplexen Verhalten geführt, das insbesondere uns Menschen auszeichnet. (Trotz aller Hochentwicklung unseres Gehirns ist aber menschliches Verhalten glücklicherweise so vorhersehbar, daß wir uns immer noch miteinander abstimmen können).

Wie läuft nun innerhalb des Nervensystems die Informationsverarbeitung ab? Die Übertragung zwischen den einzelnen Elementen des Gehirns geschieht, wie erwähnt, über chemische Botenstoffe, sogenannte Transmitter. Eine der unerhörtesten Erfindungen in der Evolution war es, prinzipiell zwei verschiedene Arten von Transmittern verfügbar zu machen. Es gibt erstens solche chemischen Botenstoffe, die bewirken, daß die Informationsübertragung von einer Nervenzelle zur nächsten darin besteht, daß Erregung weitergegeben wird. Und dann gibt es die andere Art der chemischen Botenstoffe, die bewirkt, daß die Erregung einer Nervenzelle zur Hemmung der nächsten führt. Mit diesen chemischen Botenstoffen hat das Gehirn zu seiner Informationsverarbeitung gleichsam einen Schalter mit einem positiven und negativen Vorzeichen zur Verfügung.

Ein Beispiel für einen Transmitter ist etwa das Glutamat, das im Cortex besonders häufig vorkommt und erregend wirkt. Ein hemmender Botenstoff ist beispielsweise GABA (Gamma-Amino-Buttersäure).

Die Information zwischen Nervenzellen wird entlang von Kabeln transportiert, den Axonen. Ein Anliegen der Natur ist es offenbar, daß Information möglichst zügig verarbeitet wird; Zeitgewinn ist immer ein Vorteil. Für die Beschleunigung der Informationsverarbeitung entlang dieser Kabel wurden Myelinscheiden entwickelt, die die Axone einschließen und die Weiterleitung von Impulsen verbessern.

Bisher haben wir das Nervensystem allein in seinen Elementen, den Neuronen, und den Verbindungen, die zwischen ihnen bestehen, beschrieben. Ein wesentliches Merkmal des Nervensystems ist jedoch, daß Nervenzellen sich zu Verbänden zusammenschließen, um gemeinsam elementare Funktionen zu erfüllen (vgl. Kap. 1). Einzelne Nervenzellen in Gehirnen höherer Lebewesen können wenig bewirken; nur in gemeinsamer Aktion können sie ihre Leistungen bereitstellen.

Es lassen sich vier Domänen unterscheiden, die für die Inhalte des Psychischen verantwortlich sind, und diese Domänen sind jeweils durch unterschiedliche Populationen von Nervenzellen im Gehirn repräsentiert. Als erstes sei die Domäne der Wahrnehmung genannt. Hiermit sind nicht die Rezeptoren gemeint, die über die Außenwelt informieren, sondern weiterverarbeitende Strukturen im Gehirn, die sich speziell mit der Analyse der von den Sinnesorganen bereitgestellten Information befassen. Allen Sinnessystemen sind im Gehirn solche Analyseeinheiten zugeordnet. Ein wesentliches Merkmal dieser Strukturen ist, daß elementare Leistungen in sogenannten Modulen repräsentiert sind.

Betrachten wir z. B. das visuelle System. Ein bestimmtes Modul, d. h. eine Population sehr vieler Nervenzellen im Gehirn, befaßt sich mit der Analyse von Farben, ein anderes, das an einer anderen Stelle des Gehirns liegt, mit der von Bewegungen. Dieses moduläre Prinzip gilt für alle Sinnessysteme, d. h. unterschiedliche Qualitäten, die sich in unserem wahrnehmenden Erleben abbilden, sind in voneinander unterschiedenen Modulen repräsentiert (vgl. Kap. 4).

Eine weitere Domäne psychischer Funktionen mit eigenen

neuronalen Mechanismen ist das Gedächtnis mit seinen verschiedenen Ausprägungen. Auch für die Speicherung der Erinnerungen im Gedächtnis gilt das moduläre Prinzip; einzelne Gedächtnisformen und qualitativ verschiedene Gedächtnisinhalte werden durch unterschiedliche neuronale Programme repräsentiert (vgl. Kap. 6).

Der dritte Bereich, der in qualitativ anderer Weise die Inhalte unseres Erlebens bestimmt, ist jener der Bewertungen. Hiermit sind die Gefühle angesprochen. Was immer im Bewußtsein repräsentiert ist, wird daraufhin überprüft, ob es eine Bedeutung für den Organismus hat. Auch für die emotionalen Bewertungen gilt das Prinzip der Modularität; unterschiedliche Emotionen sind durch unterschiedliche neuronale Programme im Gehirn verankert. Es ist im übrigen ein Irrtum zu meinen, es gäbe einen von Emotionen freien Bewußtseinszustand. In jedem Zustand des Bewußtseins (vgl. Kap. 10) ist zumindest implizit immer eine emotionale Bewertung enthalten.

Außer durch Wahrnehmungen, Erinnerungen und Bewertungen werden die Inhalte des Psychischen schließlich durch Handlungen bestimmt, die sich als willentliche Entscheidungen in unserem Bewußtsein repräsentieren. Ein typisches Beispiel für diese Domäne ist die Sprache (vgl. Kap. 12), und wie für die anderen Domänen gilt auch für diese die moduläre Repräsentation der Teilfunktionen im Gehirn.

Auch wenn diese funktionellen Domänen kategorial verschieden sind, so ist damit nicht gesagt, daß sie im Gehirn getrennt voneinander operieren. Das Gegenteil ist der Fall. Wie der bedeutende Anatom Walle Nauta aus Cambridge/Massachusetts immer wieder betont hat, gibt es zwischen den Nervenzellen des Gehirns eine unerhörte strukturelle Nähe. Bei der Kontaktaufnahme einer Nervenzelle mit irgendeiner anderen im Gehirn müssen – wie bereits erwähnt – maximal vier Zwischenstufen bewältigt werden, d. h. nur höchstens vier andere Nervenzellen sind zwischen beliebigen Nervenzellen des Gehirns zwischengeschaltet.

Diese strukturelle Nähe bedeutet auch eine hochgradige funktionelle Nähe. Die Informationsverarbeitung in der Domäne der Wahrnehmung ist beim normalen Wahrnehmungsakt z. B. von vornherein eingebettet in Erinnerungen, in eine emotionale Bewertung und in Handlungsoptionen. Man muß sich dieses Prinzip der Nähe stets vor Augen halten, um nicht durch kategoriale Begriffe wie Wahrnehmung, Gefühl oder Wille zu der irrigen Vorstellung zu gelangen, daß die ihnen zugrundeliegenden neuronalen Programme völlig isoliert voneinander ablaufen.

Anhand dieser Darstellung des Aufbaus und der Funktionsweise des Gehirns läßt sich nun verdeutlichen, welche Erkrankungen im Prinzip möglich sind. Störungen können auftreten bei der Informationsaufnahme in den verschiedenen Sinnessystemen oder auch bei der Umsetzung der im Gehirn verarbeiteten Information; im letzteren Fall können die Effektoren, also die Muskulatur oder die inneren Organe, nicht mehr erreicht werden. Und es kann zu Störungen im großen intermediären Netz selber kommen, indem die Fortleitung zwischen den Nervenzellen eingeschränkt oder die Übertragung mit Hilfe der chemischen Botenstoffe gestört ist. Ein besonderes Phänomen tritt dann auf, wenn die Balance zwischen den erregenden und den hemmenden Transmittern nicht mehr stimmt. Des weiteren können Störungen natürlich auch dadurch bedingt sein, daß die einzelnen Nervenzellen in ihrer Funktion teilweise oder ganz eingeschränkt sind.

Diese Mechanismen möglicher Ausfälle beziehen sich im wesentlichen auf die einzelnen Elemente, d. h. auf die Nervenzellen selbst, und ihre Verbindungen. Da Funktionen aber auch durch die beschriebenen Module repräsentiert sind, ergibt sich hier ein weiteres Repertoire an Störungsmöglichkeiten. Wenn die modulären Bereiche entkoppelt sind, kommt es zu einer bestimmten Form von Ausfällen; wenn die zeitliche Synchronisation der verschiedenen Module nicht mehr gewährleistet ist, treten weitere Störungen auf. Schließlich ist das Gehirn wie jedes andere System auf eine »Stromversorgung«

angewiesen. Auch im Bereich der im Hirnstamm verankerten Aktivationsmechanismen, die diese energetische Versorgung gewährleisten, kann es zu Ausfällen kommen.

Aus diesen möglichen Störungen und Ausfällen im Nervensystem leiten sich die therapeutischen Prinzipien ab, an denen wir uns orientieren, wenn wir Patienten helfen wollen. Diese therapeutischen Prinzipien lassen sich gut mit der Bezeichnung eines ehemaligen Senders merken: RIAS; R steht für Restitution, I für Integration, A für Aktivation und S für Substitution. Bevor wir aber zur Therapie kommen, wollen wir auf die verschiedenen Erkrankungen eingehen, die sich aus dem beschriebenen Bau- und Funktionsplan des Nervensystems ergeben.

Fangen wir mit etwas sehr Einfachem an. Wenn die Antennen fehlen, wenn also bestimmte Sinneszellen nicht vorhanden sind, dann fehlt ein bestimmter Ausblick in die Welt, und jene Hirnmechanismen, die für die Verarbeitung der Information vorgesehen sind, die von diesen Antennen kommen, liegen brach. Wenn also aufgrund eines genetischen oder angeborenen Problems ein Mensch nicht sehen oder hören kann, bleibt ihm der unmittelbare Ausblick in die Welt über diesen Sinneskanal verschlossen. Wir müssen annehmen, daß auch sein Weltbild (vgl. Kap. 5), das von der sinnlichen Funktion abhängig ist, zumindest teilweise anders aussieht als das des Gesunden.

Die größte persönliche Katastrophe unter den Sinnesausfällen ist wohl – und das mag manchen überraschen – die angeborene Schmerzblindheit (vgl. Kap. 7). Man möchte zunächst meinen, daß jemand glücklich darüber sein müßte, keine Schmerzen zu fühlen, doch vergißt man dabei, daß der Schmerz für den einzelnen eine funktionelle Bedeutung hat. Wer keine Schmerzsensoren hat, besitzt keine Information darüber, was wo weh tun könnte. Was ist der funktionelle Sinn vom Schmerz? Häufig hört man z. B., Schmerz diene dem Zwecke, sich nach einer Verletzung ruhigzustellen, damit der Heilungsprozeß in Gang gesetzt werden könne. Eine andere

Bedeutung des Schmerzes scheint darin zu liegen, Überlastungen der Gelenke zu verhindern. Wer keine Schmerzrezeptoren hat, nimmt keine Körperverlagerungen vor, die notwendig sind, um eine zu starke Belastung der Gelenke zu vermeiden. Schmerzblinde Patienten haben nur eine sehr eingeschränkte Lebenserwartung; sie sterben an chronischen Entzündungen ihrer Gelenke. Glücklicherweise kommt Schmerzblindheit aber sehr selten vor.

Kommen wir nun zu den Erkrankungen, die sich aus der eingeschränkten Übertragung von Informationen vom Nervensystem auf die Effektoren ergeben. Es kann vorkommen, daß die chemischen Botenstoffe nicht in ausreichendem Maße produziert werden, um die neuronale Information aus dem Gehirn auf die Muskulatur zu übertragen. Wenn eine Störung des Transmitters Acetylcholin vorliegt, dann kommt es zum Krankheitsbild Myasthenia gravis, einer Muskelerkrankung, bei der bestimmte Muskeln außergewöhnlich rasch ermüden oder völlig versagen.

Bei anderen Erkrankungen funktioniert zwar die Übertragung auf die Effektoren, doch die motorischen Nervenzellen selber, die die Informationen zu den Muskeln bringen, sind gestört, oder jene Nervenzellen, die diese motorischen Nervenzellen steuern, fallen aus. Liegt eine solche Störung vor, dann haben wir das Krankheitsbild der amyotrophischen Lateralsklerose, kurz ALS. Es gibt jährlich einige tausend Patienten in Deutschland, die von dieser Erkrankung, die sich in fortschreitenden Lähmungen äußert, betroffen sind. Leider gibt es bisher keine therapeutischen Möglichkeiten bei ALS, man kann nur versuchen, den Verlauf der Krankheit und die Lebensqualität der Patienten einigermaßen stabil zu halten. Als erstes Anzeichen dieser Erkrankung tritt manchmal eine etwas undeutliche Artikulation auf, so daß solchen Patienten gelegentlich unterstellt wird, sie tränken zuviel Alkohol. Es wird weltweit intensiv an Therapien für ALS gearbeitet, um diese Erkrankung, die heute noch innerhalb weniger Jahre zum Tode führt, zu beherrschen.

Wenn die Informationsverarbeitung zwischen Nervenzellen nicht mehr funktioniert, weil die Myelinscheiden der Axone degenerieren, dann tritt das Krankheitsbild der Multiplen Sklerose (MS) auf. Der Ausfall der Myelinscheiden bewirkt, daß die Fortleitung zwischen Nervenzellen verlangsamt wird. Damit gelangt die Information aus verschiedenen Zentren des Gehirns nicht mehr rechtzeitig dorthin, wo sie für die Kontrolle von Funktionen benötigt wird. Besonders katastrophal ist dies für die Organisation von Bewegungen. Ein koordinierter Ablauf von Bewegungen ist aufgrund der veränderten zeitlichen Verarbeitung der Information nicht mehr möglich.

Die Erkrankung betrifft aber nicht nur jene Bereiche des Gehirns, die für die Bewegungskoordination zuständig sind, sondern z. B. auch die Wahrnehmungssysteme. Häufig deutet sich eine MS dadurch an, daß Patienten an Sehstörungen leiden. Das liegt dann daran, daß die zügige Fortleitung der Information aus der Netzhaut ins Gehirn über die normalerweise myelinisierten Fasern des optischen Nervs eingeschränkt ist. Neue Medikamente, die mit gentechnischen Methoden hergestellt werden, z. B. das Interferon Beta Ib oder Immunsuppressiva, scheinen den Krankheitsverlauf wesentlich zu verlangsamen. Obwohl es sich hierbei nicht um eine kausale, sondern um eine symptomatische Therapie handelt, kann vielen Patienten damit wesentlich geholfen werden.

Kommen wir nun zu einigen Erkrankungen oder Problemen, mit denen ein Patient sich auseinandersetzen muß, wenn Nervenzellen selber betroffen sind. Es gibt manche Hinweise darauf, daß Nervenzellen spontan zugrunde gehen, d. h. mit zunehmendem Alter stehen immer weniger Nervenzellen für die Bereitstellung einzelner Funktionen zur Verfügung. Da Nervenzellen – anders als die meisten anderen Zellen des Körpers – sich nicht teilen können, ist ein Ende des individuellen Lebens also von vornherein vorgezeichnet. Manche Hirnforscher gehen davon aus, daß eine Lebenserwartung von über 140 Jahren prinzipiell nicht möglich ist, es sei denn, man entwickelt Verfahren, die das Absterben der Nervenzellen verhindern bzw.

die eine Erneuerung von Nervenzellen ermöglichen. Ob solche Projekte erfolgreich sein können – und ob sie überhaupt wünschenswert sind –, ist fraglich. Der vorgezeichnete Verlust von Nervenzellen führt dazu, daß ältere Menschen Funktionseinbußen erleiden. Erst wenn eine gewisse Grenze überschritten wird und auch die Denkprozesse betroffen sind, ist der Verlust von Nervenzellen mit einem Krankheitswert verbunden; wir sprechen dann von einer Demenz.

Der Verlust der Nervenzellen führt aber auch dazu, daß alle Prozesse beim älter werdenden Menschen etwas langsamer ablaufen (in diesem Sinn ist ein 40jähriger schon ein älterer Mensch, bleibt er doch bei sportlichen Leistungen wie dem 100-m-Lauf oder dem Tennisspiel hinter dem jüngeren zurück). Diese mit einem generellen Nervenzellverlust verbundene Verlangsamung hat aber selbstverständlich keinen Krankheitswert.

Kommt es zu einem beschleunigten Abbau der Nervenzellen und damit zu einer Einschränkung mentaler Leistungsfähigkeit in einem Lebensalter, in dem man normalerweise noch voll funktionsfähig sein sollte, dann kann z. B. die Alzheimersche Erkrankung vorliegen. Die Krankheit führt dazu, daß in weiten Bereichen der Gehirnoberfläche, u. a. in Scheitel- und Schläfenlappen (vgl. Kap. 2), Nervenzellen degenerieren. Die Innenseite des Schläfenlappens, der Hippocampus, ist besonders betroffen. Patienten mit der Alzheimerschen Erkrankung haben viele Probleme im Bereich der mentalen Kompetenz, wobei insbesondere Gedächtnisstörungen auffällig sind. Im Sprachbereich leiden solche Patienten an Wortfindungsproblemen. Auch bei der Alzheimerschen Erkrankung ist bisher noch nicht im Detail bekannt, welche Faktoren sie auslösen. Bei manchen Patienten liegt eine genetische Ursache nahe, doch bei weitem nicht bei allen.

Allerdings haben Wissenschaftler kürzlich herausgefunden, warum Nervenzellen degenerieren. Interessanterweise ist dieser Mechanismus der Zellzerstörung bei Morbus Alzheimer ähnlich wie bei der Epilepsie und dem Schlaganfall: Es kommt zu einer vermehrten Produktion des erregenden Transmitters Glutamat; vermehrte Glutamatausschüttung bewirkt einen übermäßigen Einstrom von Calcium-Ionen in die Zellen, und dieser unkontrollierte Einstrom zerstört dann die Nervenzellen. Ein therapeutischer Ansatz bei den verschiedenen Erkrankungen besteht deshalb darin, die Glutamatproduktion zu reduzieren bzw. die Rezeptoren für Glutamat gleichsam unempfindlich zu machen, indem sie durch andere chemische Verbindungen besetzt werden.

Die Zerstörung von Nervenzellen ist auch für zwei weitere Erkrankungen typisch, nämlich für den schweren Alkoholismus und für AIDS. Auch wenn Alkohol in Maßen genossen für die Gesundheit durchaus zuträglich ist (er hat eine kardioprotektive Funktion, wirkt er bei übermäßigem Genuß als Zellgift, das die Zerstörung von Nervenzellen vorantreibt. Aufgrund des Verlustes von Nervenzellen kann es beim Alkoholismus zur Demenz kommen, die nicht reparaturfähig ist, denn Nervenzellen können sich wie gesagt nicht regenerieren.

Das Gehirn ist auch der erste Angriffsort des AIDS-Virus. Es versteckt sich in Nervenzellen, schränkt ihre Funktion ein und zerstört sie schließlich. Eine Auswirkung von AIDS ist, daß es zu einer Verlangsamung der neuronalen Vorgänge im Gehirn kommt, und zwar schon in jener Phase, wenn der Patient HIV-positiv ist, aber noch nicht unter den Symptomen von AIDS leidet. Insbesondere die Kontrolle der Bewegungen scheint eingeschränkt zu sein. Da Bewegungen das Zusammenspiel vieler Areale im Gehirn benötigen (vgl. Kap. 8), kann es hier sehr leicht zu Problemen kommen, etwa wenn an einer Stelle des Gehirns eine Störung vorliegt oder auch, wenn die zeitliche Informationsverarbeitung generell reduziert ist, sei es aufgrund des Absterbens von Nervenzellen oder eines Verlustes der Verbindung zwischen Nervenzellen.

Wir haben bisher ausgeführt, daß die Informationsaufnahme, die Funktionskontrolle, die Wechselwirkung zwischen Nervenzellen oder die Nervenzelle selbst gestört oder zerstört sein kann. Wir haben eingangs betont, daß auch Fehler bei der synaptischen Übertragung auftreten können, und zwar in dem Sinne, daß Erregung und Hemmung zwischen Nervenzellen in ein Ungleichgewicht geraten. Dies kann dann geschehen, wenn ein bestimmter Bereich des Gehirns nicht mehr ausreichend Transmitter produziert und diesen wie üblich an einer anderen Stelle im Gehirn abliefert. Es kommt dann am Zielort zu einem Ungleichgewicht – es liegt dort zuviel Erregung oder Hemmung vor –, und das Gesamtsystem gerät aus den Fugen. Dies ist beispielsweise bei der Parkinsonschen Erkrankung, der Schüttellähmung, der Fall. Sie beruht darauf, daß an einer bestimmten Stelle in der Tiefe des Gehirns, in den sogenannten Basalganglien, zu wenig vom chemischen Botenstoff Dopamin ausgeschüttet wird.

Ein Patient mit Morbus Parkinson ist dadurch gekennzeichnet, daß er neben seinem augenfälligen Muskelzittern Bewegungen nicht mehr beginnen kann. Normalerweise ist es so, daß in unserem Gehirn verschiedene Bewegungsprogramme gespeichert sind. Damit sie nicht unkontrolliert ablaufen, werden sie von hemmenden Transmittern in Schach gehalten. Damit nun ein bestimmtes Bewegungsprogramm in Gang gesetzt werden kann, muß diese Hemmung gehemmt werden; dann kann es zu einer geordneten Bewegung kommen. Wenn das Dopamin fehlt, ist die Hemmung der Hemmung und damit der Start einer Bewegung unmöglich. So wie in der Mathematik minus mal minus plus ergibt, entspricht die Hemmung einer Hemmung einer Erregung.

Bei der Therapie von Parkinson-Patienten werden verschiedene Wege beschritten, wobei bei vielen Patienten die medikamentöse Therapie für längere Zeit erfolgreich ist. Diese Medikamente heilen aber nicht die Krankheit selber, sondern bewirken nur die Beseitigung der Symptome. Daher sucht man seit langem nach den eigentlichen Ursachen der Erkrankung. Unabhängig davon werden alternative Therapien entwickelt, um Parkinson-Patienten zu helfen. Mancherorts wird bei diesen Patienten embryonales Gewebe in das Gehirn implantiert, so daß die jungen Nervenzellen das fehlende Dopamin dort produzieren können, wo es im Gehirn benötigt wird. Es ist fraglich, ob diese Therapie eine Zukunft haben kann, denn es stellen sich erhebliche ethische Probleme: Wo kommt das embryonale Gewebe her, das den Patienten implantiert wird? Es müssen wohl zunächst Verfahren entwickelt werden, die die problemlose Bereitstellung von solchem Gewebe erlauben, will man diesen Ansatz weiterverfolgen. Das eigentliche wissenschaftliche Anliegen muß jedoch sein, die Ursachen dieser Erkrankung zu erkennen, um den Patienten kausal und nicht nur symptomatisch zu helfen. Mit Deprenyl scheint neuerdings ein Medikament zur Verfügung zu stehen, das ein Fortschritt gegenüber anderen Medikationen bedeutet. Doch auf diesem Gebiet ist die Entwicklung in vollem Gange, und bezüglich der Medikamentenwirkung bestehen zwischen den verschiedenen Wissenschaftlern und naturgemäß zwischen Vertretern verschiedener pharmazeutischer Konzerne unterschiedliche Auffassungen.

Eine andere Erkrankung, bei der das Gleichgewicht zwischen Erregung und Hemmung der verschiedenen chemischen Botenstoffe gestört ist, ist die Epilepsie. Der Grund für eine Epilepsie liegt darin, daß es aufgrund der Transmitterstörung zu einer unkontrollierten Ausbreitung neuronaler Erregungen im Gehirn kommt, da in einem bestimmten Bereich des Gehirns, vorzugsweise im Schläfenlappen oder Hippocampus, zu wenig Hemmung oder zu viel Erregung vorhanden ist.

Bei etwa 80 Prozent aller Patienten mit Epilepsie führt eine medikamentöse Behandlung dazu, daß sie anfallsfrei sind oder sich ihr Zustand zumindest wesentlich bessert. In Studien mit dem Medikament Carbamazepin, die von Nicole von Steinbüchel und Mitarbeitern durchgeführt wurden, ist festgestellt worden, daß bei damit behandelten Patienten die Lebensqualität und die geistige Leistungsfähigkeit erhalten blieben. Vielversprechende neue Medikamente sind beispielsweise auch Vigabatrin und Lamotrigin. Sie sollen die Ausbreitung der epileptischen Aktivität verhindern.

Ein besonderes Problem bei Patienten mit Epilepsie ist, daß

sich neue Herde an anderen Stellen des Gehirns bilden, so daß es sich gleichsam selbst vergiftet. Der Grund für diese positive Verstärkung epileptischer Aktivität liegt an einem strukturellen Merkmal des Gehirns. Die beiden Gehirnhälften sind spiegelsymmetrisch miteinander verbunden. Die Verbindungsstruktur wird als Balken oder als Corpus callosum bezeichnet. Liegt an einer Seite des Gehirns ein epileptischer Herd (Focus) vor, so hat dieser die Tendenz, auf der spiegelsymmetrischen Seite des Gehirns ein Pendant auszubilden.

Neben der medikamentösen Behandlung, die weltweit energisch fortentwickelt wird, ist bei einer relativ großen Zahl der Patienten, nämlich etwa 20 Prozent, eine medikamentöse Therapie bisher nicht möglich oder unzureichend. Bei ihnen versucht man neue Wege zu gehen, etwa durch die Anwendung von Biofeedback-Verfahren (vgl. Kap. 6) oder durch chirurgische Eingriffe. Bei der Epilepsiechirurgie versucht man, den epileptischen Focus zu identifizieren, um ihn dann abzutragen bzw. die Verbindung zu anderen Arealen des Gehirns zu unterbrechen. Für die Diagnose des epileptischen Focus spielt das Elektroenzephalogramm (EEG) eine maßgebliche Rolle. Man kann es neuerdings sogar im Gehirn selbst ableiten, wobei ein führendes Zentrum in Deutschland die Klinik für Epileptologie in Bonn unter der Leitung von Christian Elger ist.

Vor einigen Jahrzehnten hat man bei manchen Patienten das Corpus callosum durchtrennt, um eine Ausbreitung der epileptischen Aktivität auf die andere Gehirnhälfte zu unterbinden. Diese Operationen haben dazu geführt, daß nicht nur die epileptische Aktivität auf eine Gehirnhälfte beschränkt blieb, sondern daß der gesamte Informationsaustausch unterbrochen wurde. An Patienten, bei denen die beiden Gehirnhälften aus therapeutischen Gründen voneinander getrennt wurden, konnten daher viele neuropsychologische Untersuchungen durchgeführt werden, die über die Funktionsweise der einzelnen Gehirnhälften Aufschluß gaben (vgl. Kap. 12). Verbunden sind diese Untersuchungen mit dem Namen Roger Sperry, der

u. a. für seine Untersuchungen an solchen Patienten 1981 mit dem Nobelpreis ausgezeichnet wurde.

Anhand dieses Beispiels läßt sich verdeutlichen, wie in der Hirnforschung Therapie, Diagnostik und wissenschaftliche Forschung oft miteinander verkettet sind. Zwar wurden die Operationen aus therapeutischen Gründen durchgeführt, doch die Patienten, deren Gehirnhälften man voneinander getrennt hatte, waren danach hochinteressant für wissenschaftliche Untersuchungen, die uns wesentliche Erkenntnisse über die Funktionsweise des Gehirns gebracht haben.

Man sollte in diesem Zusammenhang aber nicht nur die Erfolge oder wissenschaftlichen Nebeneffekte der Epilepsie-Chirurgie melden. Als man mit der operativen Behandlung dieser Krankheit begann, hat man bei einem Patienten die beiden Innenseiten der Schläfenlappen abgetragen. Die Operation führte dazu, daß der Patient seitdem kaum noch epileptische Anfälle hat. Ein Nebeneffekt der Operation war jedoch, daß dieser Patient, Henry M., der inzwischen aufgrund seiner operativ bedingten Probleme sehr bekanntgeworden ist, kein Gedächtnis mehr besitzt. Er kann sich seit der Operation nur an Ereignisse erinnern, die vor der Operation lagen; seit der Operation, die etwa 40 Jahre zurückliegt, lebt er in immerwährender Gegenwart.

Wir kommen nun zu Störungen, die auf einer höheren Systemebene angesiedelt sind. Dazu wollen wir uns noch einmal daran erinnern, wie eigentlich die Funktionsweise unseres Erlebens aussieht. Wir haben darauf hingewiesen, daß jeder mentale Akt durch Wahrnehmung gekennzeichnet ist; es gibt keinen mentalen Akt, der nicht einen Wahrnehmungsbezug enthält, in dem also Gesehenes und Gehörtes oder Gespürtes repräsentiert ist. Zweitens gibt es keinen Bewußtseinsinhalt, der nicht auf eine Handlung bezogen ist; was immer wir im Bewußtsein haben, hat einen Bezug auf etwas Beabsichtigtes oder Gewolltes, beispielsweise, anderen etwas mitzuteilen. Es kommt überhaupt nichts ins Bewußtsein, was nicht etwas Mitteilenswertes an sich hat. Drittens ist in jedem Bewußtseinsinhalt ein Bezug zur Erinnerung gegeben. Wir können nichts repräsentieren, wenn nicht unser Gedächtnis angezapft wird und wir dadurch eine Verbindung zu früherer Erfahrung herstellen. Hierbei spielen verschiedene Gedächtnisformen eine Rolle, und es muß nicht immer explizit bewußt sein, daß das Gedächtnis am mentalen Akt beteiligt ist. Doch ohne Einschränkung gilt: Ohne eine vorausgehende Wissensrepräsentation kann ein Bewußtseinsinhalt nicht konstituiert werden. Viertens, und das muß besonders hervorgehoben werden, ist in jedem Bewußtseinsakt eine gefühlsmäßige Bewertung enthalten. Die Bewertung erfolgt in ihrer Grundtönung jeweils danach, was in einem gegebenen Augenblick gut oder schlecht für den einzelnen ist. Alle diese vier Funktionsdomänen stellen elementare Bausteine für Bewußtseinsakte zur Verfügung. Damit sich ein Bewußtsein überhaupt repräsentieren kann, müssen diese Domänen miteinander in Verbindung gebracht werden.

Elementare Funktionen dieser Domänen sind, wie erwähnt, in Form von neuronalen Modulen im Gehirn repräsentiert. Aus dieser Bautechnik lassen sich nun Störungsmuster ableiten, die wir in verschiedenen Hirnerkrankungen auch tatsächlich beobachten können. Einzelne Module können ausfallen, so daß bestimmte Funktionen einem Patienten nicht mehr verfügbar sind, oder die Wechselwirkungen zwischen Modulen und den verschiedenen Domänen des Psychischen können gestört sein. Sprechen wir kurz die Störungen der modulären Interaktion an, wie sie sich herleitet aus den Bewertungen, Erinnerungen und Wahrnehmungen, die Bewußtseinsinhalte kennzeichnen.

Im Krankheitsbild der Schizophrenie kommt es offenbar zu einer Entkopplung der Bewertungen von den Wahrnehmungen und Erinnerungen. Der schizophrene Patient ist dadurch auffällig, daß er emotional inadäquat, also einer Situation nicht angemessen reagiert. Dies ist für andere Menschen eine außerordentliche Belastung, zu spüren, daß kein emotionaler Bezug mehr gegeben ist. Das Denken, Wahrnehmen und Handeln des Schizophrenen scheint nicht in die normale emotionale Bewertung eingebettet zu sein. Es fehlt offenbar der neuronale Klebstoff, der die verschiedenen modulären Bereiche zusammenheftet. Der Grund hierfür ist, daß bestimmte chemische Botenstoffe, die normalerweise für dieses Verkleben verantwortlich sind, dem schizophrenen Patienten nicht in ausreichendem Maße zur Verfügung stehen. Ziel der Schizophrenieforschung, wie sie sich vor allem in der sogenannten biologischen Psychiatrie entwickelt hat, ist es, Ersatzstoffe für die fehlenden chemischen Botenstoffe bereitzustellen, damit die normalen Funktionen wiederhergestellt werden können.

Eine andere Erkrankung, die wie die Schizophrenie zu den psychiatrischen Störungen gehört, ist die endogene Depression. Auch bei der Depression fehlen bestimmte chemische Botenstoffe, die zur Steuerung der Stimmung und des Antriebs notwendig sind. Wie jedes System, so benötigt auch das Gehirn eine Art von Stromversorgung; wir sprechen hier von der Aktivation. Die normale Aktivation der Module des Gehirns sorgt dafür, daß diese funktionsfähig sind. Aktivation garantiert ein mittleres Niveau von Zelltätigkeit, so daß Informationen wirkungsvoll in diesen Modulen verarbeitet werden können. Fehlt die Aktivation, dann sind auch die Modulationsmöglichkeiten der neuronalen Aktivität eingeschränkt. Die Wahrnehmungsprozesse laufen verlangsamt ab, die Erinnerungen werden blasser, die Gefühle verstummen, und Bewegungen können nur mühsam in Gang gesetzt werden. Es sind also alle Domänen betroffen, die Bewußtseinsinhalte bestimmen. Subjektive Konsequenz der Depression ist unter anderem, daß Patienten in einen Zustand der Teilnahmslosigkeit verfallen. Es fällt ihnen schwer, Erlebnisse nach den Grunddimensionen der elementaren Bedürfnisbefriedigung zu bewerten. Was gut oder schlecht für ihn ist, ist für den Depressiven also nicht mehr fühlbar. Am meisten leiden depressive Patienten am Versiegen ihrer Lust und an der tödlichen Gleichgültigkeit – daran, daß sie von nichts mehr betroffen sind.

Auch wenn es bei vielen Patienten eine genetische Veranlagung zur Depression gibt, so spielt im täglichen Leben die Erschöpfungsdepression eine außerordentlich wichtige Rolle. Die genetische Komponente für eine zentralnervöse Erkrankung (wie sie ja bereits auch für die Schizophrenie festgestellt wurde) bedeutet im übrigen, wie bereits dargestellt, nicht, daß der Patient automatisch erkrankt. Bezüglich der Erkrankung ist nur die Wahrscheinlichkeit erhöht, depressiv bzw. schizophren zu werden.

Bei einer Erschöpfungsdepression muß gar keine genetische Ursache vorliegen; aufgrund zu intensiver Arbeit wird gleichsam das Reservoir der Aktivation so ausgeschöpft, daß die »Stromversorgung« für alle psychischen Funktionen reduziert wird.

Es ist auffällig, daß Erschöpfungsdepressionen relativ häufig bei Künstlern, Wissenschaftlern und anderen intensiv geistig arbeitenden Menschen auftreten. Sie können durch ihre Tätigkeit in einen intellektuellen oder kreativen Rausch hineingeraten, da es bei diesen Arbeiten offenbar keinen Mechanismus der Sättigung gibt. Wenn wir dagegen der primären Bedürfnisbefriedigung des Essens nachgehen, dann gibt es eine derartige Sättigung (zumindest beim Gesunden), und Gleiches gibt es für das Trinken, die Sexualität und offenbar auch für die Aggression. Anders ist es hingegen bei geistiger Tätigkeit – z. B. auch bei der Befriedigung der Neugier.

Damit der geistig Arbeitende nicht in eine Erschöpfungsdepression hineingerät, sind bestimmte Lebenstechniken erforderlich. Man muß sich quasi dazu zwingen, eine Arbeit vorübergehend zu beenden. Wer verinnerlicht hat, daß die Arbeit nur ein bestimmtes Zeitsegment des Tages einnehmen darf, hat es leichter. Allgemein gilt, daß geistige Arbeit zeitlich strukturiert werden muß, um einer Erschöpfungsdepression vorzubeugen.

Auch für jene depressiven Patienten, bei denen aus genetischen Gründen die Funktionsfähigkeit des Gehirns so verändert ist, daß die Aktivation der einzelnen neuronalen Module des Gehirns nicht mehr ausreicht, kann die Einhaltung einer bestimmten Lebenstechnik Erleichterung bringen. Bei diesen Patienten mit endogenen Depressionen ist allerdings auch eine medikamentöse Behandlung notwendig. Es ist eine der großartigen Leistungen der Medizin dieses Jahrhunderts, chemische Verbindungen entwickelt zu haben, die vielen dieser Patienten in bedeutender Weise helfen.

Wir haben mehrfach darauf hingewiesen, daß elementare Funktionen des Psychischen in Modulen repräsentiert sind, die sich an verschiedenen Stellen im Gehirn befinden. Gehen diese Module verloren, dann fallen auch die von ihnen getragenen psychischen Funktionen aus. Solche Störungen können vor allem beim Schlaganfall beobachtet werden, aber sie sind auch Folge einer Gehirnverletzung oder von Tumoren des Gehirns. Allgemein bekannt ist, daß viele Patienten nach einem Schlaganfall Bewegungsstörungen haben oder nicht mehr sprechen können. Aber es gibt sehr viel mehr Ausfälle als jene äußerlich sichtbaren. Aufgrund von Durchblutungsstörungen des Gehirns oder von äußerlichen Hirnverletzungen können Störungen beim Sehen, beim Sicherinnern, beim Fühlen oder beim Denken auftreten. Hirnverletzungen durch Verkehrsunfälle führen z. B. häufig zu Störungen des Frontalhirns (vgl. Kap. 2). Solche Patienten leiden dann daran, daß sie ihre Gefühle nicht mehr richtig einsetzen können, daß sie z. B. Schwierigkeiten haben, Lebenssituationen richtig zu bewerten, daß sie bestimmte Regungen nicht mehr unterdrücken können, daß sie sich nicht mehr entscheiden können, daß sie Bedürfnisse nicht mehr aufschieben können, daß sie irgendwie sich selbst ausgeliefert sind. In jedem Jahr gibt es allein in Deutschland etwa 100 000 neue Patienten mit Schädigungen des Gehirns. Ihre neuropsychologische Rehabilitation ist eine große Herausforderung der modernen Medizin. Neben der medikamentösen Behandlung sind Trainingsverfahren entwickelt worden, doch insgesamt geschieht auf dem Sektor der Rehabilitation solcher Patienten bisher viel zu wenig.

Kommen wir nun zu den Prinzipien der Therapie, die sich aus der Funktionsweise des Gehirns, insbesondere aus seiner modulären Struktur, ergeben: Restitution, Integration, Aktivation und Substitution (RIAS).

Fällt ein Bereich des Gehirns, der eine Funktion repräsentiert, nicht vollständig aus, sondern sind noch Restfunktionen vorhanden, so wird eine Restitution der Funktionen als therapeutisches Prinzip eingesetzt. Man versucht, die Effizienz der Nervenzellen in dem teilgeschädigten Gebiet zu verbessern. Bei Patienten, die nach einem Schlaganfall ihre Sprache zum Teil verloren haben, versucht man z. B. durch therapeutische Maßnahmen, die noch vorhandenen Sprachfunktionen zu verbessern.

Fallen Bereiche des Gehirns, in denen elementare Funktionen repräsentiert sind, vollständig aus, dann wird ein anderes therapeutisches Prinzip wirksam, nämlich das der Substitution der Funktion. Bei einem Patienten mit einer großen Hirnschädigung, die zu einem Totalausfall der Sprache geführt hat (wir sprechen hier von einer globalen Aphasie), helfen Bemühungen, ihm wieder die Sprache beizubringen, oft nicht weiter. Ein solcher Patient muß lernen, über andere Kanäle zu kommunizieren, d. h. die Sprache zu substituieren. Die technische Entwicklung, vor allem der Einsatz der Computertechnologie, gibt vielen Patienten hier neue Möglichkeiten. Auch Patienten, die taub sind, weil sie ihre Rezeptoren im Ohr verloren haben (vgl. Kap. 12), kann durch Substitution geholfen werden, indem man ihnen Elektroden in die Hörschnecke implantiert, über die die Nervenzellen direkt gereizt werden.

Ein weiteres therapeutisches Prinzip ist die Integration von Funktionen, auf die wir bereits bei den schizophrenen Patienten hingewiesen haben. Wenn die Interaktion verschiedener Module des Gehirns gekappt ist, wenn verschiedene Bereiche nicht mehr miteinander verkoppelt werden können, kommt es zu typischen Ausfällen, die man durch die Integration von Funktionen zu verbessern versucht. Ein Beispiel hierfür ist neben der Schizophrenie im Bereich der Sprachstörungen zu beobachten (vgl. Kap. 6). Aufgrund einer Hirnverletzung kann es geschehen, daß das Gedachte im Bewußtsein des Patienten nicht mehr an die Wörter, die man sprechen möchte, angekoppelt werden kann (man spricht hierbei vom sogenannten Diskonnektionssyndrom). Therapeutisch muß versucht werden, die neuronalen Verbindungsstraßen wieder herzustellen.

Das vierte therapeutische Prinzip ist das der Aktivation: Ist die für alle Hirnfunktionen notwendige »Stromversorgung« nicht ausreichend, dann muß ein Ausgleich geschaffen werden. Bei Patienten, die im Koma liegen, ist die Aktivation derart eingeschränkt, daß eine Bewußtseinstätigkeit nicht mehr möglich ist. Der Patient befindet sich in dem für einen Gesunden nicht vorstellbaren Zustand, der sich vielleicht als absolute Stille umschreiben läßt.

Kapitel 4

Sehen: Trau deinen Augen nicht

Von René Descartes, dem großen Philosophen des 17. Jahrhunderts, stammt bekanntlich der berühmte Satz: »*Cogito ergo sum*« (Ich denke, also bin ich), und wenn man den Namen Descartes hört, denkt man meist an diesen Satz. Descartes ist aber auch einer der Begründer der modernen Naturwissenschaft. Die von ihm entwickelte Analytische Geometrie ist aus dem naturwissenschaftlichen Arbeiten nicht fortzudenken, und Descartes hat auch die Hirnforschung und die Psychologie wesentlich geprägt.

In einer auf Descartes zurückgehenden Denkweise, die uns im ersten Augenblick als völlig selbstverständlich erscheinen mag, wird angenommen, daß definierte Reize aus der Umwelt auf Sinnesorgane wirken, daß nach deren Verarbeitung eine Reaktion erfolgt und im Bewußtsein eine Repräsentation der Welt entsteht. Reaktion, Repräsentation und Reflexion über das, was aus der Umwelt aufgenommen wurde, werden als eindeutig von Reizen abhängige Funktionen begriffen. Wir sehen das Rot einer Blume oder das Blau eines Papageis, weil von der Blume mehr langwelliges Licht oder vom Papagei mehr kurzwelliges Licht reflektiert wird.

Bei dieser Vorstellung darüber, wie wir die Welt wahrnehmen, geht man vom sogenannten Bottom-up-Prinzip aus. Danach sind wir passive Rezipienten von Geschehnissen in der Welt. Was wir sehen, hören oder fühlen ist eindeutig durch das bestimmt, was die Reize an Informationen in sich tragen. Durch die Sinnesorgane aufgenommene Reize werden vom

Gehirn automatisch in Reaktionen umgesetzt und bewirken die Repräsentation der Welt in unseren Köpfen. In der modernen Forschung über unsere Sinneswahrnehmungen haben sich nun viele Hinweise gefunden, daß diese auf Descartes zurückgehende Denkweise geändert werden muß, und auch unsere Alltagserfahrung legt dies nahe.

Aus der Umwelt aufgenommene Reize werden zunächst einmal bewertet, bevor es zu einer erkennbaren Reaktion des Organismus kommt. Damit sich das Gehirn ein Bild von der Welt machen kann, damit etwas in unseren Köpfen repräsentiert ist, wird eine Vorauswahl getroffen, die darüber entscheidet, was überhaupt zur bewußten Repräsentation zugelassen wird. Das Gehirn nimmt nur jene Reize zur Kenntnis, die für den einzelnen in einem gegebenen Augenblick wichtig sind. Wenn wir lesen, kann alles andere um uns herum verlorengehen. Wenn wir Auto fahren, dann ist für die Steuerung nur eine kleine Auswahl von Reizen relevant, und auf diese wird geachtet; das heißt nicht, daß wir beim Autofahren nicht manchmal auch unsere Gedanken wandern lassen können, aber wir sind nicht in der Lage, das ganze visuelle Geschehen um uns herum mit gleicher Konzentration zu registrieren. Auf mögliches Handeln bezogene Reize, also solche, die für das Autofahren wichtig sind, erhalten Vortritt.

Wir nehmen also aktiv wahr, und durch aktive Wahrnehmung gestalten wir unsere Welt. Wir funktionieren nicht wie eine einfache Maschine, indem wir alles aufnehmen, was sich gerade ereignet, es verarbeiten und darauf reagieren. Damit wir etwas bemerken, muß es für uns etwas bedeuten. In jedem Augenblick haben wir eine Hypothese im Kopf über das, was für uns interessant sein könnte, und entsprechend dieser Hypothese richtet sich unsere Aufmerksamkeit nur auf ganz bestimmte Sachverhalte. Ereignisse, die nicht an eine solche Hypothese angekoppelt werden können, stoßen ins Leere. Dieses Prinzip der hypothesengeleiteten Wahrnehmung wird auch als Top-down-Prinzip bezeichnet.

Daß wir einer Reizkonfiguration nicht automatisch ausgeliefert sind, sondern daß Wahrnehmung durch aktive Mechanismen und auch durch zeitliche Dynamik gekennzeichnet ist, kann recht gut an doppeldeutigen Bildern klargemacht werden (Abb. 9). Der abgebildete Doppelwürfel hat die Eigenart, daß er in mehreren Perspektiven gesehen werden kann. Konzentrieren wir uns zunächst nur auf einen Würfel, z. B. den auf der rechten Seite. Manchmal erscheint das Quadrat »rechts unten« als vorne, oder – und die meisten können dies willentlich herbeiführen – das Quadrat »links oben« ist vorne. Man bezeichnet diesen Würfel auch als Necker-Würfel, da ein Wissenschaftler dieses Namens erstmals auf das Kippen der Perspektiven bei diesem Würfel hingewiesen hat. Wenn man sich nun auf beide Würfel konzentriert, dann stellt man fest, daß vier verschiedene räumliche Perspektiven willentlich herbeigeführt werden können oder spontan auftauchen, entweder die Quadrate links unten und rechts unten erscheinen »vorne«, oder sie erscheinen »hinten«, oder das Quadrat links unten ist »vorne« und das rechts unten ist »hinten« bzw. das Quadrat links unten ist »hinten« und das rechts unten ist »vorne«. Entscheidend für diesen Perspektivenwechsel ist, daß man stets »Würfel« im Bewußtsein hat. Es gibt aber mindestens noch zwei weitere Blickweisen: Man kann die Figur auch als »flach« empfinden, oder man schaut auf die räumliche Struktur eines Daches. Dieses einfache geometrische Muster erlaubt also mindestens sechs Sichtweisen.

Die mit diesem Experiment gemachte Erfahrung weist darauf hin, daß das, was wir sehen, nicht allein von dem bestimmt ist, was uns vor Augen liegt, sondern daß unser Gehirn offenbar etwas dazutut. Im übrigen: Wenn es einem gelingt, sich verschiedene Blickweisen bewußt zu machen, dann kann man nicht über längere Zeit hinweg nur eine Perspektive durchhalten. Automatisch kommt nach wenigen Sekunden eine neue Perspektive ins Bewußtsein – ein Ausdruck der zeitlichen Dynamik unseres Schauens (vgl. Kap. 9).

Was sich hinter den vielfältigen Wahrnehmungsmöglichkeiten, die vom Top-down-Prinzip diktiert werden, verbirgt, steht mit dem Ökonomiegesetz des Wahrnehmens, Denkens und Handelns in Beziehung. Alle Organismen, so auch der Mensch, haben neuronale Mechanismen entwickelt, um mit möglichst wenig Aufwand möglichst viel zu erreichen. Verlangt wird ein ökonomischer Einsatz der Mittel. Unter normalen Bedingungen ändert sich die Welt um uns herum nur unwesentlich; fast alles bleibt meist beim alten. Ist dies nicht so, kommt es also zu einer unvorhergesehenen, plötzlichen Änderung, wird dies oft als Störung, in schwerwiegenden Fällen als Katastrophe empfunden. Da die Welt aber meist gleichbleibt (man spricht auch von Hystereseeffekten), sind für die Wahrnehmung Mechanismen entwickelt worden, die der Kontinuität des Geschehens Rechnung tragen: Man sieht nur das, was immer schon da war und was man immer wieder zu sehen bekommt. Reize der Welt dienen dem Zweck der Bestätigung von vorgefertigten Hypothesen. Effiziente Bezugssysteme sorgen dafür, das jeweils Erwartete kurz zu überprüfen, um sich dann wieder dem Leerlauf, also der Ressourcenschonung, hinzugeben.

Das Ökonomiegesetz besagt also, daß wir gesteuert werden von vorgefertigten Hypothesen, Einstellungen, Erwartungen oder »Vor-Urteilen«. Das heißt aber, daß wir häufig blind sind für wirklich Neues. Wenn wir nach dem Top-down-Prinzip aktiv unser Wahrnehmen und Denken gestalten, so kann uns dies auch in eine von uns gemachte Hypothesenwelt einschließen. Wir verlieren uns dann in einem Wahrnehmungsnarzißmus: Wenn wir immer nur das, was wir sehen wollen, erkennen, sehen wir schließlich nur uns selbst. Das Prinzip ist benannt nach der mythologischen Figur des Narziß, der sich, als er sein Spiegelbild im Wasser erblickte, in sich selbst verliebte.

Wir können jedoch dieser narzißtischen Gefährdung, die die Folge durchaus sinnvoller Hirnmechanismen ist, begegnen, indem wir das Top-down-Prinzip mit dem Bottom-up-Prinzip verknüpfen. Dann empfinden wir wirklich Neues nicht als Störung, sondern bauen es in unsere Wahrnehmungs- und Denkwelt ein. Das Top-down-Prinzip gibt unserer Wahrnehmung Struktur, das Bottom-up-Prinzip gibt ihr Leben.

Es ist merkwürdig (so mag es zumindest im ersten Augenblick erscheinen), daß eine Verschränkung der Prinzipien Bottom-up und Top-down nicht nur für Wahrnehmen und Denken Geltung hat, sondern auf komplexe Systeme ganz allgemein angewandt werden kann. So kann eine Firma mangels Flexibilität ersticken, wenn sie zu stark nach dem Top-down-Prinzip geführt wird; sie kann aber auch im Chaos versinken, wenn alles nach dem Bottom-up-Prinzip verläuft. Für eine Familie oder für einen Staat gilt das gleiche.

Schauen wir uns nun einige Eigenschaften des Sehens im Detail an, wobei ein Sachverhalt auffällt, wenn wir die Sehvorgänge verschiedener Lebewesen miteinander vergleichen. Augen sind in der Entwicklungsgeschichte mehrfach unabhängig voneinander »erfunden« worden. Es ist erstaunlich, daß dennoch jeweils ein ähnlicher Farbbereich – von blau bis rot – gesehen wird, daß also ein menschliches Auge und ein Insektenauge in etwa dasselbe sehen, trotz ihres prinzipiell anderen Aufbaus und ihrer unterschiedlichen Entwicklungsgeschichte.

Nicht nur bezüglich des gesehenen Farbspektrums, sondern auch bezüglich der Verarbeitungsmechanismen ist von Ähnlichkeiten bei den Augen verschiedener Lebewesen auszugehen. Da ist zunächst einmal die Anpassung des Auges an gleichbleibende Reize, die wir uns an einem einfachen Experiment verdeutlichen können (Abb. 10 und 11). Zunächst betrachte man die rote Fläche mit dem senkrechten Strich in der Mitte, und man versichere sich, daß das Rot links und rechts von der senkrechten Linie gleich intensiv ist. Jetzt schaue man mit starrem Blick – ohne die Augen zu bewegen – für etwa 10 oder 20 Sekunden auf die Kante, so daß nur noch links im Gesichtsfeld das Rot zu sehen ist. Wenn man jetzt wieder zurückschaut, dann wird man erkennen, daß das Rot links viel blasser ist als rechts. Durch das lange Betrachten des Rot links sind die Sinneszellen im Auge, die diesen Bereich bedecken, müde geworden (sie haben sich »adaptiert«), während die, die den Bereich rechts abdecken, noch frisch sind. Diese Anpassung oder Ermüdung des Auges geschieht dauernd, und sie wird durch Augenbewegungen vermieden, indem wir immer etwas Neues anschauen.

Eine Frage, auf die man beim Nachdenken über das Sehen stößt, ist die, wie wir überhaupt einen Begriff vom Raum entwickeln können. Bei der Suche nach der Antwort soll uns ein Wort des Dichters Novalis leiten: »Wir suchen überall das Unbedingte und finden immer nur Dinge.« Es sind nur Dinge, denen wir in der Welt begegnen, nicht der Raum an sich; es sind somit die Dinge, von denen wir in unserem Denken ausgehen müssen, wenn wir uns verdeutlichen wollen, was für uns Raum bedeutet.

Das Was – also das wahrgenommene Ding – im Wo (an einem bestimmten Ort im Gesichtsfeld) –, das sind die elementaren Sachverhalte, die Orientierung im Raum kennzeichnen. Neben dieser tatsächlichen Orientierung gibt es aber auch jene in der Vorstellung; wir können die Augen schließen und uns ein Bild des Raumes machen, in dem wir uns gerade befinden, oder wir können uns den günstigsten Weg vorstellen, den wir nehmen müssen, wenn wir z. B. in einer Stadt von einem Platz zu einem anderen wollen.

Fragen wir uns nun, wie das Gesichtsfeld im menschlichen Gehirn repräsentiert ist. Bereits Descartes hat erkannt, daß die Abbildung des Gesichtsfeldes im Auge den optischen Gesetzen gehorcht, daß also auf der Netzhaut des Auges eine Vertauschung der Seiten sowie von oben und unten vorliegt. Daß auf der Netzhaut des Auges die Welt auf dem Kopf steht, hat also physikalische – optische – Gründe.

In der Netzhaut des Auges, also in den Sinneszellen, werden mit Hilfe von speziellen Umwandlungsprozessen die physikalischen Lichtsignale in die »Gehirnsprache« übersetzt. Etwa eine Million Nervenfasern aus jedem Auge informieren die zentralen Bereiche des Gehirns über örtliche Veränderungen von Helligkeit im Gesichtsfeld. Diese vom Auge in das Gehirn weitergereichte Information ist selbst schon außerordentlich komplex. Man kann sich vorstellen, daß bereits in der Netzhaut ein neuronaler »Computer« am Werke ist, bei dem aus über 100 Millionen Aufnahme-Elementen, den Sinneszellen, die physikalischen Veränderungen der Umwelt so aufbereitet werden, daß hauptsächlich Helligkeitskontraste im Gesichtsfeld gemeldet werden.

Bei der Abbildung des Gesichtsfeldes im Gehirn gibt es eine Besonderheit, die vor allem aus Beobachtungen an hirnverletzten Patienten erschlossen werden konnte. Die Information aus jedem Auge wird so aufgeteilt, daß ein Teil in die linke, ein anderer Teil in die rechte Gehirnhälfte gelangt. Als Grenzlinie für diese Aufteilung muß man sich die senkrechte Linie vorstellen, die durch die Blicklinie jedes Auges läuft. Konzentrieren wir uns zunächst auf das linke Auge: Alles, was im linken Auge links von dieser Linie liegt, wird in die rechte Gehirnhälfte geschickt; alles was im linken Auge rechts von dieser Linie liegt, gelangt in die linke Gehirnhälfte. In analoger Weise müssen wir uns die Abbildungsbedingungen für das rechte Auge vorstellen; alles links von dieser Linie gelangt in die rechte Gehirnhälfte und alles rechts davon in die linke. Wenn wir nun mit beiden Augen einen Punkt fixieren, dann ergibt sich aus dem Gesagten, daß alles auf der linken Seite nach rechts in das Gehirn und alles auf der rechten Seite nach links in das Gehirn geschickt wird.

Diese Weise der zentralen Repräsentation des Gesichtsfeldes bedeutet, daß bestimmte Störungen im Gehirn zu eindeutig abgrenzbaren Bereichen von Blindheit im Gesichtsfeld führen. Erleidet ein Patient beispielsweise einen Schlaganfall, und die Blutversorgung im hinteren Bereich der linken Gehirnhälfte ist nicht mehr gewährleistet, dann ist dieser Patient blind für alles, was auf der rechten Seite liegt, und zwar auf beiden Augen. Fixiert er einen Punkt, dann ist für ihn rechts von der Mittellinie nichts mehr zu sehen, sowohl für das linke als auch für das rechte Auge. Obwohl solche Patienten auf der einen Seite des Gesichtsfeldes blind sind, haben viele von ihnen merkwürdigerweise gar nicht so große Schwierigkeiten bei der Orientierung im Raum. Manche von ihnen fahren sogar problemlos Auto. Warum dies möglich ist, wird später erläutert.

Andererseits gibt es Patienten mit Störungen im Gehirn, etwa nach einem Schlaganfall, die keine Veränderungen in ihrer Sehfähigkeit haben, jedoch mit größten Schwierigkeiten bei der Orientierung kämpfen. Diese Störungen treten bevorzugt bei Schäden in der rechten Gehirnhälfte auf. Der Patient verhält sich dann so, als gäbe es die linke Seite des Gesichtsfeldes für ihn nicht mehr. Zwar sind die einfachen Sehleistungen, wie etwa die Fähigkeit, hell von dunkel zu unterscheiden, noch vorhanden, doch bedeuten Dinge, die auf der linken Seite im Sehraum erscheinen, nichts mehr; sie werden vernachlässigt. Dieses Krankheitsbild wird mit dem englischen Begriff *Neglect* bezeichnet. Der Patient lebt gleichsam nur noch in einer halben Welt.

Außerordentlich interessant ist, daß diese Vernachlässigung nicht nur für gesehene Gegenstände gilt, sondern auch für vorgestellte. Wenn ein solcher Patient die Augen schließt, dann hat auch im vorgestellten Bild alles, was links liegt, seine Bedeutung verloren. Daraus können wir schließen, daß das Gehirn offenbar für die visuelle Wahrnehmung und für die visuelle Vorstellung dieselben Strukturen benötigt.

Neueste Untersuchungen haben ergeben, daß es auch einen *Neglect* nur in der Vorstellung geben kann. Bei Störungen der vorderen rechten Seite des Gehirns kann es dazu kommen, daß man sich nichts mehr auf der linken Seite vorstellen kann, obwohl man beim Sehen selbst keine Schwierigkeiten hat und mit geöffneten Augen anders als bei üblichem *Neglect* seine Aufmerksamkeit verschiedenen Teilen des Gsichtsfeldes, ob links oder rechts, zuwenden kann.

Um zu verstehen, wie wir uns im Raum orientieren, müssen wir berücksichtigen, welche Bereiche im Gesichtsfeld besonders empfindlich, welche weniger empfindlich sind. Beim Tagsehen – nicht beim Nachtsehen – hat die Blicklinie die größte Empfindlichkeit und Sehschärfe. Geht man von der Blicklinie zur Peripherie des Gesichtsfeldes, so stellt man fest, daß Empfindlichkeit und Sehschärfe immer schlechter werden. Funktionell läßt sich das Gesichtsfeld eines Auges in mindestens drei

Bereiche unterteilen. Die Blicklinie selbst, die meist auch mit dem Zentrum der Aufmerksamkeit zusammenfällt, wenn wir etwas anschauen, ist von einem Kegel abnehmender Empfindlichkeit mit einem Radius von etwa zehn Sehwinkelgrad umgeben. (Ein Sehwinkelgrad entspricht etwa der Größe eines Markstückes, wenn man es auf Armeslänge anschaut.) Dieser die Blicklinie umgebende Kegel ist seinerseits von einem Plateau gleichbleibender Empfindlichkeit umgeben, das auf der Nasenseite etwa 10 bis 20 Sehwinkelgrad, auf der der Nase abgewandten Seite etwa 10 bis 35 Sehwinkelgrad beträgt. Das Gesichtsfeld jedes Auges ist also bezüglich seiner Empfindlichkeit asymmetrisch gebaut. Wenn etwas seitlich erscheint, so reagiert das jeweils auf der entsprechenden Seite liegende Auge empfindlicher auf geringfügige Änderungen.

Für unsere Orientierung im Raum ist es nun sehr wichtig zu wissen, wie sich die Verteilung der Empfindlichkeit im Gesichtsfeld auf die empfundene Helligkeit auswirkt. Zunächst mag diese Frage erstaunen: Sollte es nicht eine unmittelbare Beziehung zwischen der visuellen Empfindlichkeit und der anschaulichen Helligkeit geben? Wenn ich für etwas empfindlicher bin, dann sollte es doch wohl auch heller erscheinen? Erstaunlicherweise gilt diese erwartete Beziehung zwischen Empfindlichkeit für Sehreize und empfundener Helligkeit jedoch nicht.

Vergleicht man die anschauliche Helligkeit von Lichtpunkten an verschiedenen Positionen des Gesichtsfeldes miteinander, so stellt man fest, daß die subjektive Helligkeit der physikalischen Intensität der Sehreize und nicht der Empfindlichkeit an den verschiedenen Stellen des Gesichtsfeldes entspricht. Wenn somit ein Reiz in der Nähe der Blicklinie mit einem Reiz in der fernen Peripherie des Gesichtsfeldes verglichen wird, so muß der mehr periphere Reiz zwar stärker sein, um überhaupt gesehen werden zu können, doch wird er einmal gesehen, dann erscheint er sehr viel heller als der Reiz in der Nähe der Blicklinie. Nimmt man nun diesen Sehreiz und bringt ihn langsam näher zur Blicklinie, dann kann man zwar seine Details immer besser erkennen, heller aber wird er nicht.

Die Beobachtungen legen nahe, daß es einen Kompensationsmechanismus geben muß, der dafür sorgt, daß unabhängig von der Position im Gesichtsfeld ein Reiz stets die gleiche anschauliche Helligkeit besitzt. Auch wenn die Empfindlichkeit und die Sehschärfe von der Blicklinie nach außen immer schlechter werden, sorgt dieser Mechanismus dafür, daß stets alles gleich hell erscheint, gleichgültig, wo es erscheint.

Wir müssen vermuten, daß dieser für die Orientierung im Raum außerordentlich wichtige Kompensationsmechanismus schon in die Netzhaut selber eingebaut ist. Die dadurch bewirkte Konstanz der Helligkeit im Sehraum garantiert zunächst, daß ein Reiz unabhängig von seiner Position im Sehraum mit der gleichen Wahrscheinlichkeit eine Zuwendebewegung erhält, denn er erscheint ja stets als gleich hell. Gäbe es diesen Kompensationsmechanismus nicht, dann würden die mehr peripheren Reize im Sehraum benachteiligt werden. Die Konstanz der Helligkeit im Sehraum ist somit eine Vorausbedingung für sachgerechte Orientierung im Raum.

Warum aber ist der Mechanismus in der Netzhaut selbst zu finden? Dies hat im wesentlichen anatomische Gründe. Nervenfasern aus dem Auge schicken ihre Informationen nicht nur in jene Strukturen, in denen die gesehenen Gegenstände analysiert werden, sondern auch in andere Strukturen, von wo aus Blickzuwendebewegungen gesteuert werden. Diese Nervenfasern werden nun unmittelbar nach dem Auge abgezweigt. Damit ich also schnell irgendwo hinschauen kann, wird nicht erst analysiert, was es eigentlich anzuschauen gibt. Vielmehr erfolgt automatisch, vor jeder Detailanalyse, eine Blickzuwendung, gleichsam ein visueller Greifreflex. Da nie vorauszusagen ist, wo ein neues Objekt erscheinen wird, das interessant sein könnte, muß sich dieser Reflex von der Verteilung der Empfindlichkeit in der Netzhaut freimachen; daher der Kompensationsmechanismus, durch den alles überall gleich hell gemacht wird.

Es gibt also prinzipiell verschiedene Programme des Gehirns, um etwas zu erkennen bzw. etwas im Sehraum zu lokalisieren. Ein wahrgenommener Gegenstand – also das Was – wird durch eine andere neuronale Struktur vermittelt als der Ort, an dem dieser Gegenstand im Gesichtsfeld erscheint – also das Wo.

Diese Auftrennung von Funktionen läßt sich an Patienten demonstrieren, etwa nach einem Schlaganfall, die bestimmte Ausfälle haben. Es zeigt sich, daß Patienten, die aufgrund einer Verletzung im Gehirn in einem Teil ihres Gesichtsfeldes blind sind, die also Bereiche ihres Was-Systems verloren haben, dennoch in der Lage sind, sich sachgerecht im Raum zu orientieren. Eine derartige Orientierung geschieht, ohne daß die Patienten ein Wissen von dieser Handlungsmöglichkeit besitzen. Die noch verbliebene Orientierungsleistung wird durch die angesprochenen Fasersysteme ermöglicht, die, von der Netzhaut ausgehend, direkt jene Gebiete ansteuern, die die Augenbewegungen auslösen. Der Verlust des Was-Systems, beispielsweise nach einem Schlaganfall, betrifft im allgemeinen nicht das Wo-System, weil dieses System in ganz anderen Hirnbereichen lokalisiert ist. Die Abbildung des Gesichtsfeldes in diesem Wo-System unterliegt ebenfalls dem Prinzip der Ortstreue. Anatomische Verbindungen sorgen dafür, daß sich räumlich entsprechende Bereiche im Was- und Wo-System miteinander verbunden sind, so daß wir normalerweise beim bewußten Sehen einen Gegenstand einem bestimmten Ort im Sehraum zuweisen, also wissen, wo etwas ist.

Überraschend an der Orientierungsleistung von Patienten, die in Teilen ihres Gesichtsfeldes nichts mehr sehen können, ist die Tatsache, daß ihre Orientierung im Raum ohne ein »Bewußtsein« erfolgt. Zur großen Verblüffung der Patienten selbst können sie sich richtig auf einen visuellen Reiz hin orientieren, obwohl sie ihn nicht »sehen« können. Man spricht deshalb auch von »Blindsehen«, englisch *Blindsight*. Die Orientierungsleistung beweist, daß die Patienten den Reiz irgendwie aufnehmen können; dieses Restsehen erfolgt aber ohne Bewußtsein, die Patienten wissen also nicht, was sie tun, und sie wissen nicht, daß sie das, was sie tun, richtig tun. Ohne derartige Ausfälle bei Krankheit oder Unfall wäre viel schwerer erkennbar, daß es sich in unserer Wahrnehmung, in unserer visuellen Raumorientierung, bei dem Was und Wo des Sehens, um prinzipiell verschiedene Leistungen handelt.

Inzwischen gibt es weitere Untersuchungen über dieses Blindsehen, die vor allem von Petra Stoerig aus dem Institut für Medizinische Psychologie in München durchgeführt werden. Sie zeigen, daß zahlreiche andere Funktionen ebenfalls erhalten sind, wenn Patienten nach einem Schlaganfall »offiziell« blind sind. So sind sie etwa in der Lage, verschiedenfarbige Reize zu unterscheiden, ohne daß ihnen bewußt wird, daß sie dies können.

Aus den Beobachtungen über die Orientierungsleistungen der Patienten leitet sich nun die Folgerung ab, daß zur Rekonstruktion des Raumes der Raum als etwas bewußt Repräsentiertes nicht notwendig ist. Sachgerechte Orientierungsleistungen zu Blickzielen in dem Medium, das wir üblicherweise als Raum bezeichnen, sind ohne bewußte Repräsentation des Blickzieles möglich. Dies läßt den Schluß zu, daß das Was des Erlebten in einem neuronalen Koordinatensystem abgebildet wird, das uns auf einer vorbewußten Ebene gegeben ist. Nur das Was hat Zugang zu unserem Bewußtsein, das Wo definiert nur den formalen Rahmen, innerhalb dessen sich das Was darstellen kann.

Der *Begriff* des Raumes muß nach diesen Überlegungen eine sekundär erschlossene Konstruktion sein. Primär sind die Dinge, die uns in unserer Wahrnehmung als das Was gegeben sind. Das Wo des Was ist im Gehirn in einer Weise verankert, die sich der unmittelbaren Anschauung, dem bewußten Erleben, entzieht. Erst wenn wir über die Möglichkeiten nachzudenken beginnen, wie es möglich ist, wahrgenommene Dinge von anderen, gleichzeitig vorhandenen zu unterscheiden, erschließt sich in unserem Denken der Raum als notwendige Bedingung.

Bei der Orientierung im Raum sind mehrfach Blickbewegungen angesprochen worden. Um das Blindsehen zu überprüfen, bittet man beispielsweise einen Patienten, zu einem Blickziel hinzuschauen, das im blinden Bereich seines Gesichtsfeldes gezeigt wird. Hier stellt sich die Frage, welche Arten von Augenbewegungen für Orientierung im Raum entscheidend sind.

Wenn man willentlich schnell irgendwo hinschaut, dann führt man eine sogenannte sakkadische Augenbewegung aus; Blickzuwendebewegungen beim Blindsehen etwa sind solche Augenbewegungen. Eine Sakkade ist also eine Augenbewegung, die der willentlichen Kontrolle unterliegt. Wenn irgendwo im Sehraum ein interessanter Gegenstand auftaucht, kann dieser durch eine bewußt kontrollierte schnelle Augenbewegung – eine Sakkade also – mit der Blicklinie erfaßt werden.

Obwohl sakkadische Augenbewegungen bis zu etwa 45 Sehwinkelgrad ausgeführt werden können, gehen große Blicksprünge meist mit Kopfbewegungen einher. Damit Kopf- und Augenbewegungen wohlkoordiniert ablaufen können, sind gleichzeitig Kompensationsbewegungen nötig, die vom Gleichgewichtssystem (dem vestibulären System) gesteuert werden. Diese für die Orientierung im Raum selbstverständliche Bewegungskombination müssen wir täglich unzählige Male automatisch ausführen, um über das Geschehen um uns herum informiert zu bleiben. Sie läuft in der folgenden Weise ab:

Zuerst wird eine sakkadische Augenbewegung ausgelöst; wenig später beginnt sich der Kopf zu bewegen. Während die Augen das seitliche Blickziel schon erreicht haben, bewegt sich der Kopf immer noch. Damit die Augen das Blickziel während der Kopfbewegung fixieren können, sorgen die vestibulär kontrollierten Augenbewegungen für eine Kompensationsbewegung in Gegenrichtung.

Man kann sich selbst diese vom vestibulären System ausgelösten Kompensationsbewegungen veranschaulichen, wenn man, ohne den Blick von einem Ziel zu wenden, den Kopf schnell hin und her bewegt. Das Blickziel bleibt dann stabil und gut sichtbar, obwohl sich aufgrund der Kopfbewegungen die Augen ja bewegen müssen. Diese dynamisch kontrollierten Augenbewegungen unterliegen nicht der willentlichen Kontrolle, sondern kennzeichnen neuronale Mechanismen, die die logistische Basis für die Stabilität der Raumorientierung abgeben. Wenn wir eine Straße entlanggehen, dann senden die Bogengänge des Gleichgewichtssystems ununterbrochen Signale an jene Strukturen des Gehirns, die die Augenbewegungen kontrollieren, und wenn man beim Gehen etwa einen fernen Berg betrachtet, dann kann man diesen nur im Blick behalten, weil die Bogengänge des vestibulären Systems ihren Dienst tun.

Was passiert aber nun, wenn der Boden unter den Füßen schwankt oder gar kein Boden mehr da ist? Diese Situation ist beim Seegang, im Flugzeug oder im Raumschiff gegeben. Dann werden die Bogengänge nicht mehr in der üblichen Weise gereizt, und es kommt bei vielen Menschen zu dem bekannten Phänomen der See- oder Luftkrankheit; fast alle Astronauten klagen über dauernde Übelkeit während des Raumflugs. Offenbar ist es für unsere Raumorientierung erforderlich, daß gleichzeitig visuelle und vestibuläre Informationen kompensatorisch zusammenwirken; diese geben uns ein sicheres Gefühl darüber, wo oben und wo unten ist, wie wir uns gerade bezüglich der Erdschwere bewegen. Fehlt die vestibuläre Reizung (wie im Raumschiff) oder stimmt sie mit den Erfahrungswerten des täglichen Lebens nicht überein (wenn man eine Schiffsreise beginnt), so kommt es zu Fehlmeldungen zwischen den Sinnessystemen (sensorischen Dissoziationen), wobei überdies noch das vegetative Nervensystem gereizt wird, und es entsteht das bekannte Übelkeitsgefühl (vgl. Kap. 5).

Für die Oben-unten-Orientierung ist ein weiterer Typ vestibulär kontrollierter Augenbewegungen wichtig: die Augengegenrollbewegungen bei seitlichen Kopfneigungen. Bei diesen Bewegungen wird ein Teilsystem des Gleichgewichtssinnes (der Utriculus) gereizt, und diese Reizung bewirkt, daß die Augen – so als wollten sie die Seitenneigung des Kopfes kompensieren – einige Grad in Gegenrichtung der Kopfneigung verdreht werden. Diese Augenbewegungen informieren neben anderen Mechanismen über das genaue Oben und Unten bei Kopfneigungen. Dieses Phänomen der subjektiven Senkrechten, also jederzeit darüber informiert zu sein, daß etwa eine Hauswand oder ein Baum senkrecht stehen, auch wenn wir uns zur Seite neigen, ist bereits seit dem letzten Jahrhundert intensiv untersucht worden. Die kompensatorischen Augenbewegungen sind allerdings nur ein Mechanismus von vielen und nicht einmal der wichtigste, um diese grundlegende Orientierung im Raum zu ermöglichen. Der genaue Ablauf im Gehirn ist noch nicht bekannt; auffällig ist jedoch, daß bei Patienten, denen der vordere Teil des Gehirns (der Frontallappen) z. B. wegen eines Tumors abgetragen werden mußte, große Schwierigkeiten haben, bei Kopfneigungen anzugeben, was genau senkrecht ist. Vielleicht gibt es einen Mechanismus in den frontalen Hirnstrukturen, der für diese Form der Raumorientierung – ein automatisches Wissen über die Gravitationsrichtung bereitzustellen – verantwortlich ist.

Nicht nur wir selbst bewegen uns im Raum – was spezifische Orientierungsmechanismen erfordert –, sondern die uns interessierenden Blickziele können sich ihrerseits bewegen, und zwar wenn wir ruhen oder wenn wir uns bewegen. Damit ein sich bewegendes Blickziel im Zentrum der Blicklinie abgebildet bleibt (und somit auch im Zentrum der Aufmerksamkeit stehen kann), werden Augenfolgebewegungen ausgelöst, die vom Gehirn aus ganz anders als sakkadische Augenbewegungen oder vestibulär kontrollierte Bewegungen gesteuert werden. Augenfolgebewegungen erfordern die Verfügbarkeit eines Blickzieles, sie können demnach ohne Blickziel bewußt nicht durchgeführt werden. Augenfolgebewegungen können sehr viel schneller starten als die sakkadischen Augenbewegungen; ihre Maximalgeschwindigkeit ist aber erheblich geringer als die der sakkadischen Bewegungen.

Ein weiterer Typ von Augenbewegungen sind die sogenannten Vergenzbewegungen, d. h. die Stellung der Augen zueinander verändert sich. Diese Bewegungen sind für das beidäugige Sehen naher Blickziele wichtig. Kommt ein Gegenstand auf die Betrachter zu, so kommt es zu Konvergenzbewegungen; ein sich entfernendes Blickziel führt zu Divergenzbewegungen. Der operative Bereich der Vergenzbewegungen ist nur auf wenige Meter beschränkt und spielt seine größte Rolle für Blickziele, die im Greifraum, also in einer Entfernung von bis zu einem Meter, liegen.

Die Vergenzbewegungen sind für die Orientierung im Nahraum sehr wichtig, da sie zur Größenkonstanz gesehener Gegenstände beitragen. Informationen über die Stellung der Augen wird über spezielle Leitungsbahnen in das Gehirn gesendet, wo diese Information dazu verwendet wird, die Größe eines sich bewegenden Gegenstandes anschaulich konstant zu halten. Bewegt man beispielsweise ein Objekt langsam von etwa 60 auf 30 Zentimeter heran, wird man beobachten, daß die wahrgenommene Größe dieses Objektes relativ unverändert bleibt; Bedingung hierbei ist, daß die Bewegung so langsam erfolgt, daß sie mit einer Vergenzbewegung beantwortet wird. Wird das Objekt schnell hin und her bewegt, dann wird der Betrachter feststellen, daß es beim Näherkommen deutlich größer wird. Das liegt daran, daß die maximale Geschwindigkeit von Vergenzbewegungen relativ gering ist. Die schnelle Bewegung erlaubt es nicht, mit einer Vergenzbewegung zu folgen. Da die Information aus der Vergenzbewegung dem Gehirn nicht bereitgestellt werden kann, wodurch der Größenkonstanzmechanismus ausgeschaltet wird, sieht man in diesem Fall das Objekt so, wie es tatsächlich auf der Netzhaut abgebildet ist.

Die Bedeutung dieses Größenkonstanzmechanismus wird bei manchen Patienten deutlich, bei denen eine Gehirnverletzung zu einer Zerstörung jener Bereiche geführt hat, die die anschauliche Größe kontrollieren. Solche Patienten klagen über gespenstische Veränderungen beim Sehen; Gegenstände werden plötzlich erschreckend groß oder klein. Die Stabilität eines gesehenen Objektes, also seine Identität innerhalb des für unser Verhalten so wichtigen Greifraumes, ist dann gestört. Die Vergenzbewegungen haben demnach auch die Aufgabe, die anschauliche Identität von nahen Gegenständen aufrechtzuerhalten. Sie garantieren für längere Zeit Stabilität in der Wahrnehmung.

Hier kommen Orientierung in Zeit (vgl. Kap. 9) und Orientierung im Raum zusammen: Damit ein Objekt für das bewußte Erleben für längere Zeit als Ereignis repräsentiert sein kann, hat das Gehirn Mechanismen entwickelt, die die Identität des einmal Wahrgenommenen erhalten. Diese Mechanismen bezeichnen wir allgemein als Konstanzmechanismen.

Alle die genannten Typen von Augenbewegungen, die Sakkaden, die vestibulär kontrollierten Bewegungen, die Augenfolgebewegungen und die Vergenzbewegungen, werden von unterschiedlichen Mechanismen des Gehirns kontrolliert. Dies ist im übrigen einer der Gründe, warum in der neurologischen Diagnostik Augenbewegungen so wichtig sind: Aus selektiven Ausfällen kann man häufig erschließen, wo im Gehirn, insbesondere in den tieferen Strukturen, Probleme vorliegen.

Eine weitere hier zu nennende »Augenbewegung« ist die der Pupille; sie kann sich weiten und verengen. Der relativ große Pupillendurchmesser des menschlichen Auges kann auf mehrerlei hindeuten: Einerseits öffnet sich die Pupille im Dunkeln, um mehr Licht hineinzulassen (dies entspricht einer größeren Blendenöffnung beim Fotografieren); die Pupille öffnet sich aber auch dann, wenn der Betrachter sich gegenüber dem Gesehenen gefühlsmäßig öffnet und ihm positiv gegenübersteht. Die Vergrößerung oder Verkleinerung der Pupille gibt also Rückschlüsse darauf, ob Zuneigung oder Abneigung besteht.

Kommen wir nun zu einem weiteren Thema, den Verarbeitungsprozessen des Gehirns beim Sehen. Um feststellen zu können, welche neuronalen Mechanismen der Objektivwahrnehmung zugrunde liegen, muß man die verschiedenen Zellen der Netzhaut und andere Zellen des Gehirns funktionell charakterisieren. Ein menschliches Auge enthält etwa 120 Millionen Sinneszellen (Stäbchen), die für das Hell-Dunkel-Sehen verantwortlich sind, und etwa sechs Millionen Sinneszellen (Zapfen) für das Farbensehen. Den Sinneszellen (Rezeptoren) nachgeschaltet sind Zellen, die die Information mehrerer Sinneszellen aufnehmen und an eine weitere Gruppe von Zellen in der Netzhaut, die sogenannten Ganglienzellen, fortleiten. Diese zwischen den Sinneszellen und den Ganglienzellen angesiedelten Zellen nennt man Bipolarzellen. Im menschlichen Auge gibt es nur etwa eine Million Ganglienzellen, was nahelegt, daß von den Sinneszellen bis zu den Ganglienzellen eine wichtige Informationsverarbeitung stattfindet.

Wesentlich für diese Informationsverarbeitung sind zwei weitere Zelltypen in der Netzhaut: einmal die Horizontalzellen, die zwischen den Rezeptoren und den Bipolarzellen liegen, und die sogenannten amakrinen Zellen, die zwischen den Bipolarzellen und den Ganglienzellen angesiedelt sind. Diese beiden Zelltypen, also die horizontalen und die amakrinen Zellen, bilden die strukturelle Grundlage für ein laterales Netzwerk in der Retina, so daß Information von nicht-korrespondierenden Netzhautpunkten verarbeitet werden kann.

Jeder dieser Zellen in der Retina entspricht ein geometrisch zugeordneter Punkt der Umwelt: Ein Bildpunkt der Umwelt wird optisch auf der Netzhaut abgebildet und führt zu den Verarbeitungsprozessen in den geometrisch zugeordneten Zellen. Dies ist die Grundlage der Orientierung auf Objekte als Blickziele im Sehraum.

Die nächste verarbeitende Struktur im Sehsystem ist eine Struktur im Zwischenhirn (der seitliche Kniehöcker oder das Corpus geniculatum laterale). Diese Struktur ist bei den Primaten, zu denen neben dem Menschen die Affen und Halbaffen gehören, durch sechs voneinander getrennte Schichten gekennzeichnet, in denen jeweils Informationen des einen oder des anderen Auges repräsentiert wird. Strukturell benachbarte Punkte in diesen Schichten repräsentieren korrespondierende Netzhautpunkte im Sehraum; die hier repräsentierten rezeptiven Felder der beiden Augen entsprechen sich also bezüglich ihrer Position im Gesichtsfeld.

Erst auf der nächsten Stufe der visuellen Informationsverarbeitung findet man eine qualitative Änderung der rezeptiven Feldstrukturen. Nervenzellen des visuellen Cortex reagieren nun nicht mehr auf kreisförmige Reize, sondern der optimale Reiz muß hier eine Lichtkante oder ein Lichtbalken mit einer bestimmten Orientierung sein. Wird diese Orientierung nicht exakt eingehalten, so kommt es nicht zu einer Erregung der Zelle; auf der Ebene des visuellen Cortex findet also erstmals eine Abstraktion von nur lokalen Ereignissen im Sehraum statt. Man vermutet daher, daß hier die neuronalen Grundlagen für die Detektion von Kanten und Linien im Sehraum gelegt werden.

Neben diesen sogenannten simplen Zellen beobachtet man komplexe Zellen, in denen eine weitere Abstraktionsleistung stattfindet. Die rezeptiven Felder dieser Zellen sind deutlich größer als bei den simplen Zellen. Die wirksamsten Reize sind ebenfalls Lichtbalken oder Kanten, wobei die geometrische Breite des Lichtreizes wiederum kritisch ist: Das heißt, bei einer bestimmten Breite reagiert die Zelle sehr gut, während bei einer geringfügig veränderten Breite eine nur geringe oder gar keine Reaktion zu beobachten ist.

Neben simplen und komplexen Zellen kann man auch sogenannte hyperkomplexe Zellen beobachten, bei denen weitere spezifische Reizanforderungen wichtig sind. Hierbei spielt z. B. die Länge visueller Reize eine entscheidende Rolle, oder ein bestimmter Winkel von Reizteilen muß eingehalten werden.

Was geschieht nun mit der in den visuellen Cortex gelangten Information? Die visuelle Information wird in ihrer Weiterverarbeitung offenbar bestimmten kategorialen Prinzipien unterworfen. Die äußere Welt spiegelt sich also nicht einfach im Gehirn, sondern einzelne Aspekte werden herausgehoben und analysiert. Solche kategorialen Elemente sind beispielsweise die Orientierung des Sehreizes, seine Bewegung, der Abstand vom Betrachter oder seine Farbe.

Für die weitere Betrachtung ist nun folgender Sachverhalt von Bedeutung: Diese Kategorien, nach denen die optische Information aus dem Gesichtsfeld aufgelöst wird, sind daran gebunden, daß bestimmte lokale neuronale Schaltkreise (Module) funktionsfähig sind. Diese These läßt sich wiederum aus neuropsychologischen Beobachtungen an hirnverletzten Patienten, aber vor allem auch aus neurophysiologischen und neuroanatomischen Beobachtungen an Primaten ableiten. Damit ist eine fundamentale Aussage über die neuronale Repräsentation von visueller Information möglich, daß nämlich verschiedene Kategorien (also z. B. Farbe) an verschiedenen Orten des Gehirns repräsentiert sind. Man spricht deshalb auch von dem Prinzip der Lokalisation von Funktionen. Ohne die Funktionsfähigkeit dieser lokalen neuronalen Mechanismen sind uns in der Wahrnehmung bestimmte Sehleistungen erlebnismäßig nicht verfügbar.

Kommen wir noch einmal zurück zur Netzhaut des Auges, um auf ein weiteres Problem hinzuweisen. Die Netzhaut des Auges, die Retina, ist entwicklungsbiologisch ein Teil des Zentralnervensystems. Sie kann uns daher als vereinfachtes Modell für Funktionsabläufe im Gehirn dienen. Während des Wachstums- und Reifungsprozesses sendet die Retina Fasern aus, die sich ihren Weg bis zum Zwischenhirn suchen. Dort werden sie auf Nervenzellen verschaltet, die die Signale dann zur Großhirnrinde weiterleiten. Zunächst verlaufen diese Verbindungen noch ziemlich willkürlich, ordnen sich jedoch dann langsam, bis sich schließlich die Zellen im Auge mit Nachbarstellen im Gehirn verkabeln. Doch woher wissen die Fasern, wohin sie wachsen müssen?

Nach der Antwort sucht man schon seit Jahrzehnten. Vermutlich gibt es zwei Mechanismen, die der Positionierung und der Sortierung dienen. Der Positionsmechanismus wird durch chemische Etikettenstoffe organisiert: Sie verleihen den Fasern, die in das Gehirn hineinwachsen, die Fähigkeit, das Umfeld sozusagen nach ihrem Stallgeruch auszuschnüffeln, den sie von der Netzhaut des Auges mitbrachten und nun wiedererkennen. Der Sortiermechanismus läßt die Fasern ihr Zielgebiet nach ehemaligen Nachbarn in der Retina suchen, aushorchen und wiederfinden.

Der Neuroinformatiker Christoph von der Malsburg aus Bochum nimmt für den Sortiermechanismus folgendes an: »Die Fasern sind schon im Embryo spontan aktiv, und die Aktivitäten der Nachbarfasern sind miteinander korreliert. Sie feuern im Rhythmus. Die Fasern müssen dann im Zielgebiet nur ihren heimischen Rhythmus aussuchen und da festmachen.« »Im Rhythmus feuern« – damit ist die Zeitstruktur von Nervensignalen gemeint, die nicht nur während der embryonalen Entwicklung eine Rolle spielt. Im erwachsenen Gehirn ist diese Zeitstruktur für die Koordinierung von Zusammenhängen äußerst wichtig. Es reicht nicht zu wissen, welche Zellen zu einer bestimmten Zeit aktiv sind. Wenn sich beispielsweise zwei Menschen gegenüberstehen und einer von ihnen einen Hut trägt und lacht, dann weiß der andere sofort, daß Hut und Lachen zur selben Person gehören. Damit das Gehirn derartige Elemente als zusammengehörig erfassen kann, braucht es eine Art Leim, mit dem es Element und Symbol zusammenkleben und Zusammenhänge herstellen kann.

Im Frankfurter Max-Planck-Institut für Hirnforschung werden Zeitstruktur und Synchronizität von Aktionspotentialen im visuellen Cortex erforscht. Diese Forschungen stehen unter Leitung von Wolf Singer; er kommentiert seine Entdeckungen folgendermaßen: »Wir untersuchen das Sehsystem von Säugetieren, weil uns die Art und Weise fasziniert, in der die Welt wahrgenommen wird. Der Zufall wollte es, daß wir dabei die synchrone Zeitstruktur entdeckten.« Singer präzisiert: »Nervenzellen im Sehsystem von Tieren weisen in der Tat in ihren Antworten ein distinktes, hochauflösendes, zeitliches Muster auf, und unter ganz bestimmten Voraussetzungen können räumlich verteilte Nervenzellen ihre respektiven Antworten synchronisieren. Und genau das scheinen sie zu tun, wenn sie sich gemeinsam mit der Kodierung von Konturen befassen, die zum gleichen Objekt gehören.«

Mit dieser Aussage wird ein Grundproblem angesprochen, das nicht nur für das Sehen, sondern für alle Sinnesleistungen gilt. Wie ist es möglich, daß wir einen Gegenstand von seinem Hintergrund abgehoben tasten können oder ein Wort hören können, wenn auf einer Party alle durcheinandersprechen und dieses eine Wort eigentlich im Durcheinander der akustischen Information verlorengehen müßte? Stets muß eine bestimmte Information, die über die Sinneskanäle in das Gehirn gelangt, von anderen Nervenzellaktivitäten abgehoben werden. Räumlich verteilte Aktivitäten müssen dabei zusammengebunden werden, wobei die gemeinsame Bewegung beim Sehen oft ausreicht, Zugehörigkeit zu definieren.

Die Bedeutung der gemeinsamen Bewegung kann am Phänomen der wahrnehmungsmäßigen Vervollständigung besonders veranschaulicht werden. Der Patient Franz S., auf dessen Schicksal wir noch genauer eingehen werden (vgl. Kap. 6), hat aufgrund eines Unfalls ein Teil seines Gesichtsfeldes verloren. Auf der rechten Seite fehlt ihm in beiden Augen ein keilförmiges Stück des Gesichtsfeldes. Wenn er geradeaus schaut, kann er zwar noch oberhalb und unterhalb dieses keilförmigen Stükkes sehen, aber rechts von seiner Blicklinie ist er absolut blind. Es konnte nun festgestellt werden, daß die beiden sehtüchtigen Bereiche oberhalb und unterhalb seiner Blindheit in der Wahrnehmung miteinander verbunden werden können, wenn Reize bewegt werden. Die gleichförmige Bewegung z. B. eines Stabes führt dann dazu, daß der Bereich der Blindheit übersprungen und ein Objekt in der visuellen Anschauung vervollständigt wird. Wichtig dabei ist allerdings, daß die Eigenschaften des sich bewegenden Objektes oberhalb und unterhalb des blinden Bereiches identisch sind. Sind diese Eigenschaften verschieden, dann kommt es nicht zu dieser Vervollständigung, auch wenn der Patient weiß, daß es sich um einen Gegenstand handelt, der sein gesamtes rechtes Gesichtsfeld ausfüllt. Wissen allein genügt also nicht, entscheidend ist die gemeinsame Bewegung identischer Merkmale, die zu einer wahrnehmungsmäßigen Vervollständigung führt.

Es ist ein jahrelanger Streitpunkt gewesen, ob dieses Wahrnehmungsphänomen, das auch als *Completion* bekannt ist, eine rein kognitive, also eine Erkenntnisleistung, oder ein ursprüngliches Empfindungsphänomen ist. Die Beobachtungen an diesem Patienten belegen, daß es sich hierbei um letzteres handelt, nämlich um ein elementares Wahrnehmungsphänomen, das durch die Bewegung der Reize angetrieben wird.

Aber nicht immer bewegt sich etwas, um eine Figur von dem Hintergrund abzuheben. Welche Möglichkeiten hat das Gehirn dann, zwischen ähnlichen Gegenständen zu unterscheiden, so daß wir also einen Apfel oder eine Tomate sehen können (Abb. 12 und 13)? Es gibt die Vorstellung, daß mehrere Merkmale benutzt werden, um Objekte der einen oder der anderen Klasse zuzuordnen. Solche Merkmale können beim Sehen etwa die Größe, die Farbe und die Form (und viele andere mehr) sein. Wenn alle (oder die meisten) Merkmale gegeben sind, dann wird das Objekt einer Klasse zugeordnet, und man sieht dann beispielsweise »Apfel«. Bei einer anderen Gruppierung von Merkmalen – wobei nur eines wesentlich anders sein muß – wird das Objekt einer anderen Klasse zugeordnet, und man sieht beispielsweise »Tomate«. Nach einem solchen Modell ist es möglich, daß dieselben Nervenzellen an der Wahrnehmung vieler verschiedener Objekte beteiligt sind, was außerordentlich ökonomisch ist. Wie allerdings die Verbindung der einzelnen Merkmale zustande kommt, so daß wir dann *ein* Objekt erkennen, ist eine der interessantesten Fragen, mit denen sich jener Teil der Hirnforschung befaßt, der neuronale Systeme verstehen will.

Hilfe zu einem besseren Verständnis solcher Verbindungen verschiedener Qualitäten, die einen Gegenstand bestimmen, erhält man teilweise aus Störungen der Wahrnehmung. Lassen sich die verschiedenen Komponenten nicht mehr zu einer Sinneswahrnehmung zusammensetzen, obwohl die entsprechenden Sinnesorgane intakt sind, dann sprechen wir von einer Agnosie. Eine besonders dramatische Form einer Störung des Zusammensetzens von Komponenten ist die Prosopagnosie.

Patienten, die daran leiden, sind nicht in der Lage, Gesichter zu erkennen. Ihre Sehfunktionen scheinen ansonsten intakt zu sein, nur gelingt es ihnen nicht, Gesichter zusammenzusetzen. Für sie sehen alle Menschen gleich aus. Sie können nicht einmal mehr ihr eigenes Gesicht im Spiegel erkennen.

Kapitel 5

Vom Sinn der Sinne: Unser Weltbild

Unser Wissen über die Welt wird aus Informationen aufgebaut, die durch unsere Sinne verfügbar gemacht werden. Um unser Wissen über die Welt auch anderen mitteilen, es kommunizieren zu können, muß es an Begriffe gekoppelt werden, die man dann mit seiner Sprache zum Ausdruck bringen kann. In dieser Aussage verbergen sich einige Annahmen, die nicht versteckt bleiben dürfen. Wir gehen davon aus, daß Wissen nicht nur in Begriffen in unserem Gehirn gespeichert ist – falls Wissen überhaupt in Begriffen gespeichert werden kann –, und wir gehen weiterhin davon aus, daß begriffliches Wissen an Sprache angebunden werden muß.

Diese Thesen werden unterstützt durch Beobachtungen an Menschen mit zentralnervösen Störungen, bei denen etwa die für die Sprache zuständige Gehirnhälfte außer Funktion gesetzt worden ist. Solche Patienten verlieren manchmal die Fähigkeit, ihre Gedanken an Wörter anzubinden. Für das, was sie in ihren Gedanken haben, finden sie die Wörter nicht. Mit großer Anstrengung sucht dann ein solcher Patient etwas auszudrücken, was ihn bewegt, doch der Zugang zum Lexikon, wo die Wörter aufgeführt sind, ist nicht mehr möglich, sei es, weil das Lexikon selber zerstört ist, oder sei es, weil der Weg zum Lexikon verstellt ist. Beobachtungen wie diese belegen, daß im Normalfall aktive Mechanismen des Gehirns in Operation sind, die das Ankoppeln von Begriffen an Gedachtes besorgen.

Nach dem Verlust der Verbindung zwischen Gedachtem

und sprachlichem Ausdruck können persönliche Eindrücke über die Welt nicht mehr vermittelt werden. Eine manchmal nur kleine Veränderung im Gehirn macht das normalerweise Selbstverständliche unmöglich. Über solche Ausfälle wird uns deutlich, daß die Teilhabe anderer an unserer Welterfahrung auf speziellen Mechanismen des Gehirns beruht. Im Falle eines Verlustes dieser Mechanismen werden wir auf unsere eigene Welterfahrung zurückgeworfen, wir können unser Weltbild nicht mehr im kommunikativen Austausch mit anderen Weltbildern abgleichen.

Wie entsteht unser Weltbild? Ein erster Schritt ist, daß wir aus isolierten Sinneseindrücken wie bei einem Puzzle Teile der Welt zu einem einheitlichen Bild zusammensetzen. Auswahlmechanismen des Gehirns bestimmen, was für uns wichtig, was unwichtig ist, und auf der Grundlage unserer sinnlichen Erfahrungen entwickelt sich für jeden einzelnen der persönliche »Welthorizont«. Das Weltbild des einzelnen, der individuelle Welthorizont, ist aber nicht eine nur subjektive Angelegenheit. Aufgrund der Entwicklungsgeschichte und vor allem auch wegen der Homogenität unserer gemeinsamen sozialen Umwelt können wir für uns alle ein ähnliches Weltbild vermuten: Es ist um so ähnlicher, je vermaschter die soziale Welt ist, in der wir aufwachsen. Durch die Evolution ist aber von vornherein die Übereinstimmung menschlicher Weltbilder garantiert.

Im Laufe der Evolution haben sich in den verschiedenen Lebewesen nur bestimmte Sinnesapparate entwickelt; Lebewesen haben nicht Antennen für »alles«, was es in der Welt gibt. Jeder Sinn ermöglicht zwar einen Ausblick in die Welt, aber es ist immer nur ein beschränkter Ausblick. Unsere verschiedenen Sinnessysteme – Sehen, Hören oder Riechen – gleichen Lichtkegeln, die in die Dunkelheit des Unbekannten gerichtet sind. Nur im jeweiligen Lichtkegel kann Information aus der Welt aufgenommen werden; weite Bereiche, für die es keine Antennen gibt, verschließen sich prinzipiell der unmittelbaren sinnlichen Erfahrung.

Unsere Vorfahren haben beispielsweise Rezeptoren entwikkelt, um elektromagnetische Wellen in einem bestimmen Frequenzbereich für den Organismus verwertbar zu machen (Sehen); sie haben andere Rezeptoren entwickelt, die Schallereignisse in einem bestimmten Frequenzbereich als Informationsquelle nutzen können (Hören); und sie haben für bestimmte chemische Veränderungen in der Umwelt Detektoren ausgebildet (Riechen). Dieser positiven Aufzählung, die man noch etwas erweitern kann, muß jener Bereich der Welt entgegengestellt werden, der uns prinzipiell durch unmittelbare sinnliche Erfahrung verschlossen bleibt. Eine direkte Wahrnehmung anderer Frequenzbereiche und anderer chemischer Veränderungen ist uns nicht möglich, wie uns auch ganze Informationshorizonte, für die wir keine Sinnesorgane haben, verschlossen sind. Dies ist nicht nur eine theoretische Aussage, sondern sie wird empirisch gestützt durch die Existenz anderer Arten auf diesem Globus, die tatsächlich über andere sinnliche Erfahrungen verfügen. Ein Haifisch ist der Elektrorezeption fähig; wir sind für die entsprechenden physikalischen Ereignisse blind.

Obwohl der Ausblick in die Welt für alle Lebewesen außerordentlich beschränkt ist und obwohl manche Arten andere Antennen haben, die ihnen uns unbekannte sinnliche Erfahrungen ermöglichen, so ist doch auffallend, daß der evolutionäre Druck nicht dazu geführt hat, daß die Weltbilder verschiedener Lebewesen sich vollkommen voneinander unterscheiden. Es ist faszinierend zu beobachten, daß eine völlig andere evolutionäre Entwicklung der Sinnesorgane anderer Lebewesen dazu geführt hat, daß ihr Blick in die Welt des Unbekannten mit dem des Menschen zum großen Teil übereinstimmt. Diese Übereinstimmung ist nicht absolut. Die Biene kann z. B. bis in den ultravioletten Bereich von etwa 350 Nanometern sehen, doch das ist nur eine kleine Verschiebung gegenüber dem menschlichen Sensitivitätsbereich. Der »Welthorizont« im Sehen der Bienen und des Menschen stimmen in weiten Bereichen überein.

Diese Beobachtung führt zu einer philosophischen These.

Manche Menschen haben die Tendenz, an allem zu zweifeln, gehen so weit zu sagen, daß nicht einmal das existiert, was wir wahrnehmen, was uns vor Augen liegt, daß alles vielleicht eine Illusion sei. Gegen eine solche Auffassung eines radikalen Zweifels spricht, daß Lebewesen mit voneinander unabhängigen Entwicklungsgeschichten, bei denen also die Sinnesorgane jeweils völlig neu erfunden wurden, dennoch dasselbe wahrnehmen. Das kann nur dann möglich sein, wenn das Wahrgenommene als Gegenstand oder als Ereignis tatsächlich gegeben ist. In dieselbe Richtung weist das Phänomen der Mimikry. Wenn sich ein Organismus so verkleiden kann, daß er von seinem Feind nicht mehr gesehen wird, obwohl dieser eine andere Entwicklungsgeschichte hinter sich hat, und wenn dieser Organismus auch von jemandem, der gar nicht sein Feind ist, nicht entdeckt wird, dann müssen Verkleidungs- und Wahrnehmungsprinzipien grenzüberschreitend, also allgemein gelten, und das ist nur möglich, wenn es die Gegenstände gibt, auf die sie sich beziehen. Der Zweifel an der Existenz alles Seienden ist somit eine Gedankenspielerei, die unsere biologischen Wurzeln vergißt.

Kommen wir wieder zurück zu unserer unmittelbaren sinnlichen Erfahrung. Der Hörsinn erschließt uns einen anderen Teil des Welthorizonts als das Sehen, wobei das menschliche Hörvermögen bis etwa 20 000 Hertz reicht, unsere Sprache aber bei geringeren Frequenzen angesiedelt ist. Verschiedene Vogelarten und etliche andere Lebewesen nehmen höhere Frequenzen wahr als wir, und sie nutzen sie für spezielle Leistungen; Fledermäuse orientieren sich im Raum mit Hilfe von Ultraschall, d. h. sie bewegen sich in einem Raum, der durch akustische Reize und nicht, wie bei uns Menschen, durch optische Reize mit hoher Präzision gekennzeichnet ist. Auffallend ist allerdings, daß Lebewesen, mit denen wir unser Leben seit alters teilen, also Haustiere und Nutztiere wie Katzen, Hunde oder Pferde, offenbar eine ähnliche sinnliche Erfahrung haben wir wir.

Die Anpassungsprozesse in der Evolution brachten es mit

sich, daß für diese Arten ein ähnlicher Welthorizont wie für uns zu existieren scheint. Dies mag selbstverständlich erscheinen, doch erlaubt uns diese Selbstverständlichkeit überhaupt erst, mit Individuen anderer Arten sozialen Kontakt aufzunehmen. Um einen Hund zu dressieren, ist es notwendig, daß zwischen »Herr und Hund« Information ausgetauscht werden kann, d. h. beide müssen sich wechselseitig hören und sehen können. Nur aufgrund dieser grundlegenden Bedingungen sinnlicher Erfahrung, daß jeder den anderen hören und sehen und vielleicht auch riechen oder tasten kann, ist es überhaupt möglich, daß sich eine »Du-Beziehung« zwischen Tier und Mensch ausbilden kann.

Es ist auffällig, daß fast alle Lebewesen optische Rezeptoren entwickelt haben, deren Empfindlichkeit im Absorptionsbereich von Chlorophyll liegt. Hiermit wird deutlich, daß elementare Prozesse in der Natur, die wie in diesem Fall für die energetische Versorgung verantwortlich sind, auch für andere Funktionen genutzt werden und sich schließlich sogar bis in die bewußte Wahrnehmung fortsetzen. Wenn in der Natur einmal ein Problem gut gelöst worden ist, dann wird dieser Lösungsweg festgehalten und bei anderen Aufgaben beschritten.

Nicht nur unser Sehen spiegelt die physische Struktur der Welt in einer unmittelbaren Weise. Dies gilt auch für das vestibuläre System, den Gleichgewichtssinn. Nahezu alle Lebewesen haben Detektoren entwickelt, die ihnen melden, wo oben und wo unten ist. Damit ist die Erdschwere, die Gravitation, unmittelbar erfahrbar. Diese Erfahrung ist allerdings normalerweise implizit und wird nur explizit, wenn es zu Störungen kommt.

Störungen im Gleichgewichtssystem erleben wir bekanntlich als Schwindel. Viele kennen Funktionsstörungen des vestibulären Systems, wenn sie zuviel getrunken haben; der Alkohol ist besonders erfolgreich, wenn es gilt, in jene Mechanismen des Gehirns einzugreifen, die uns eine korrekte Raumorientierung ermöglichen. Seekrankheit ist ein weiteres Beispiel für eine vestibuläre Störung (vgl. Kap. 4), die im wesentlichen darauf beruht, daß die Information über die Erdschwere und optische Informationen nicht mehr übereinstimmen. Reize, die vom Gleichgewichtssystem ausgehen, werden nicht mehr vom visuellen System kompensiert. Bisher nur wenigen kommt das Privileg zu, Schwindel im Weltall erlebt zu haben. Wenn die Erdschwere fehlt, kommt es ebenfalls zu massiven Störungen. Die Funktion des vestibulären Systems hat also eine existentielle Bedeutung für unsere Raumorientierung. Daß Störungen des vestibulären Systems auch subjektiv als existentiell erlebt werden, zeigt sich bei manchen, die an Seekrankheit leiden: Sie möchten dann nicht mehr leben. Es ist vorgekommen, daß Seekranke über Bord gesprungen sind, nur um dem unerträglichen Schwindel zu entgehen; deshalb wurden früher Seekranke manchmal angebunden. Um so bewundernswerter sind die Leistungen jener, die Seekrankheit nie überwinden konnten und dennoch voll »funktionsfähig« blieben, wie es von Lord Nelson berichtet wird.

Interessanterweise sind es nicht nur Lebewesen mit Nervensystemen, die Mechanismen entwickelt haben mit der Fähigkeit, oben und unten zu melden. Eine Orientierung nach der Gravitation schaffen auch schon Einzeller, z. B. die Alge Gonyaulax polyedra. In hochinteressanten Untersuchungen an diesem Einzeller, der im übrigen für das Meeresleuchten verantwortlich ist, hat Till Roenneberg aus München gezeigt, daß diese winzigen Lebewesen sich einmal am Tag versammeln und dann wieder auseinandergehen, und dies tun sie, indem sie im Wasser auf- und absteigen, gesteuert von der Erdschwere. Darüber hinaus haben die »Gonnies«, wie sie im Labor-Jargon heißen, auch Rezeptoren für Licht, und zwar sogar zwei verschiedene, entwickelt: Ein Rezeptor meldet Rot, der andere Blau. Diese Wesen, die etwa 0,03 Millimeter groß sind, verfügen also über solche Antennen, die sie über die Welt informieren. Doch ihr Welthorizont ist schmaler als der von Lebewesen mit Gehirnen. Haben sie dennoch ein Weltbild?

Wie wir das Wort Weltbild üblicherweise verstehen, kann dieses nur, wie eingangs betont wurde, über sinnliche Erfahrung aufgebaut werden, und wir fügen nun hinzu, daß außer der sinnlichen Erfahrung auch ein Gehirn vorhanden sein muß, das die aufgenommene Information verarbeitet und bewertet. Aber stimmt dies eigentlich, kann wirklich nur ein Lebewesen mit Gehirn Sinnesinformation aufnehmen, verarbeiten und bewerten? Nein, über die entsprechenden Fähigkeiten verfügt auch ein einzelliger Organismus. Verführt durch den Begriff »Weltbild« gelangen wir zu der Annahme, daß bewußte Repräsentation unbedingt dazugehören muß (vgl. Kap. 10). Wir wollen uns von dieser mentalen Einschränkung befreien und auch einem Einzeller zubilligen, daß er ein Weltbild hat; und hiermit sagen wir, daß jedes Lebewesen, das Information von außen aufnimmt, bearbeitet und bewertet und seine Lebensprozesse dadurch reguliert, ein Weltbild hat.

Es wird uns deutlich werden, daß diese Erweiterung des Begriffsverständnisses von Weltbild auch für uns notwendig ist, denn auch für uns wäre das Weltbild, das uns bewußt ist, nur ein beschränktes Weltbild, nur eine Teilmenge eines umfassenderen Weltbildes, das unser Leben und Erleben bestimmt, aber zu diesem umfassenderen Weltbild hat das Bewußtsein keinen unmittelbaren Zugang.

Daß unser Weltbild auch implizit bestimmt ist, wird deutlich, wenn wir über einen häufig als unwichtig angesehenen und damit fast vergessenen Sinn, das Riechen nämlich, nachdenken. Hören und Sehen sind die sogenannten »Fernsinne« des Menschen. Mit ihnen kann man Gegenstände und Ereignisse auf Distanz wahrnehmen, und wir können benennen, was wir sehen oder hören, d. h. unsere Wahrnehmungen haben Zugang zum Bewußtsein. Die Wahrnehmung aus der Nähe übernehmen die körpernahen Sinne, also das Tasten, Riechen und Schmecken. Wahrnehmungserlebnisse dieser Sinne sind aber nicht nur körpernah, sie sind auch »ich-nah«. Anders als beim Sehen oder Hören, wo uns Außenereignisse gemeldet werden, werden Ereignisse, die wir durch Tasten, Riechen oder Schmecken wahrnehmen, der eigenen Identität zugeordnet. Besonders deutlich wird dies bei der körperlichen Liebe.

Dem Tastsinn kommt noch eine weitere Bedeutung zu, die sich in der Sprache zeigt. Wenn wir etwas greifen, dann beruht die zentrale Repräsentation des Gegriffenen auf der Reizung von Tast-Rezeptoren. Greifen führt dann aber zum Be-Greifen, d. h. das Gegriffene wird begriffen, und wir machen uns über das Greifen und Begreifen einen Begriff von einer Sache. Der körpernahe und ich-nahe Sinn des Tastens stellt also auch eine Brücke her zur Welt um uns. Gesehenes und Gehörtes wird mit Begriffen belegt, die ihre Wurzel in der körper- und ich-nahen Repräsentation von Ereignissen und Geschehnissen haben.

Kommen wir nun zu jener sinnlichen Erfahrung, die unser Leben in elementarer Weise bestimmt, auch wenn wir uns dessen nur selten bewußt sind, dem Geruch. Bei der Regulation menschlichen und tierischen Verhaltens ist der Geruchssinn von maßgeblicher Bedeutung. Er spielt vor allem bei der Bewertung der uns unmittelbar umgebenden Welt eine bemerkenswerte Rolle. So läuft die erste Kommunikation zwischen Mutter und Kind meist über die Geruchsempfindung. Die Bindung, die sich zwischen Mutter und Kind aufbaut, ist ganz entscheidend durch olfaktorische Reize, also Geruchssignale, bestimmt.

Warum ist es nur so schwer, Gerüche zu benennen? Es scheinen einfach die Worte dafür zu fehlen. Wir können zwar Rot, Blau oder Gelb sehen und begrifflich voneinander unterscheiden, d. h. wir verfügen über eine mentale Repräsentation deutlich voneinander getrennter Farben, wie wir auch die Qualitäten des Geschmacks mit Begriffen wie süß, sauer, salzig und bitter benennen können. Aber wir haben nicht in ähnlicher Weise Wörter für Gerüche. Die Ursache mag darin liegen, daß es einfach zu viele Gerüche gibt und daß sich Gerüche nicht so einfach kategorisieren und damit nicht so leicht begrifflich fassen lassen wie das, was uns durch andere Sinne gegeben ist.

Die Anzahl verschiedener Gerüche allein kann es aber nicht sein, die verhindert hat, daß sich eindeutige Wörter für verschiedene Gerüche entwickelt haben – analog könnte man

Über 99 Prozent aller Lebewesen, die es auf der Erde gegeben hat, sind wieder ısgestorben. Auch für den Menschen müssen wir annehmen, irgendwann im »Tunnel :s Vergessens« oder im »Sog der Zeit« zu verschwinden. Andere Lebewesen werden ıch uns die Welt beherrschen, so wie es vor uns vielleicht die Dinosaurier getan haben.

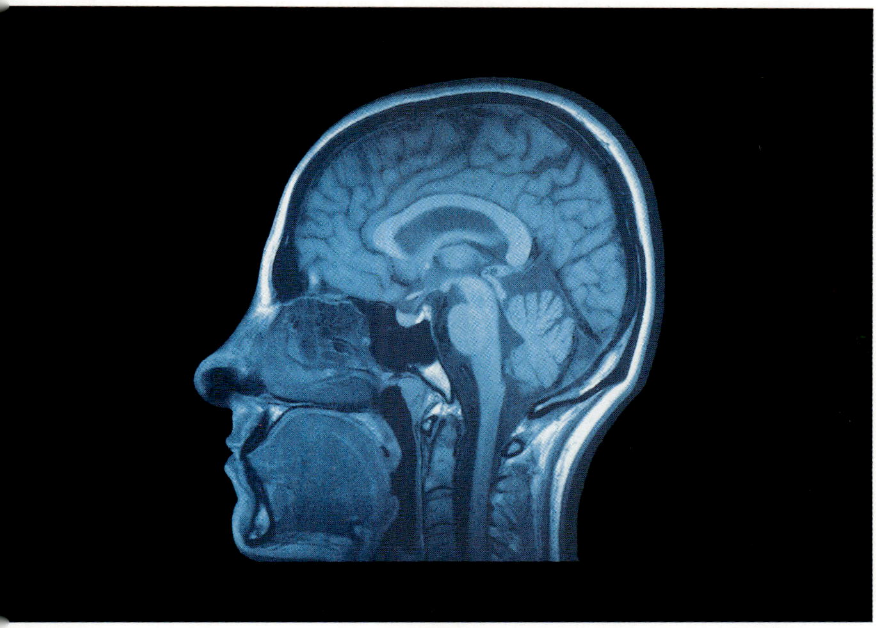

Ein Blick in den menschlichen Kopf mit Hilfe der Kernspin-Tomographie (NMR), obei einzelne Strukturen des Gehirns deutlich werden. Dieser »Schnitt« zeigt die ächtige Ausdehnung des Großhirns, jene von vorn nach hinten reichende gefurchte ruktur, die alle anderen Strukturen überdeckt.

3 Die vielen Milliarden Nervenzellen des menschlichen Gehirns stehen in rege Informationsaustausch. Dies geschieht an Kontaktstellen, sogenannten Synapse wobei chemische Botenstoffe (Transmitter), die in Bläschen verpackt in dem knopfart gen Gebilde (Bouton) gespeichert werden, den Informationsaustausch besorgen.

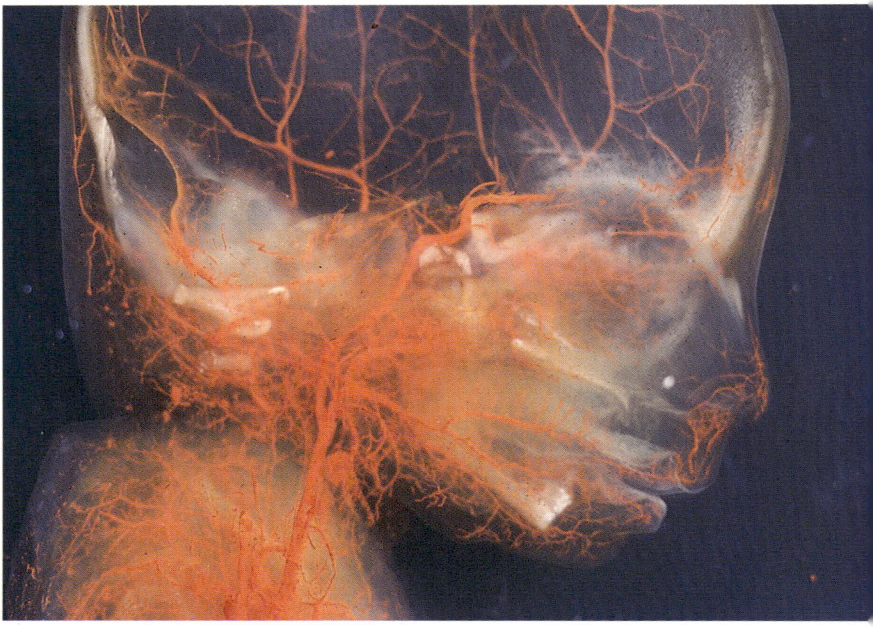

4 Das menschliche Gehirn verbraucht etwa 20 Prozent der Gesamtenergie im Org nismus, obwohl es nur etwa 2 Prozent seines Gewichts ausmacht. Die Bereitstellu der Energie erfolgt über Blutgefäße. Kommt es in einem Gefäßstrang zu einer Unterbr chung der Blutversorgung, sterben die Nervenzellen ab.

Neben Nervenzellen enthält das Gehirn noch andere Zellen, sogenannte Gliazellen. ;e stellen u. a. Verbindungen zwischen Nervenzellen und Blutgefäßen her, indem z. B. :hädliche Substanzen zurückgehalten oder Stoffe transportiert werden, und sie beein-ussen die elektrische Aktivität des Gehirns.

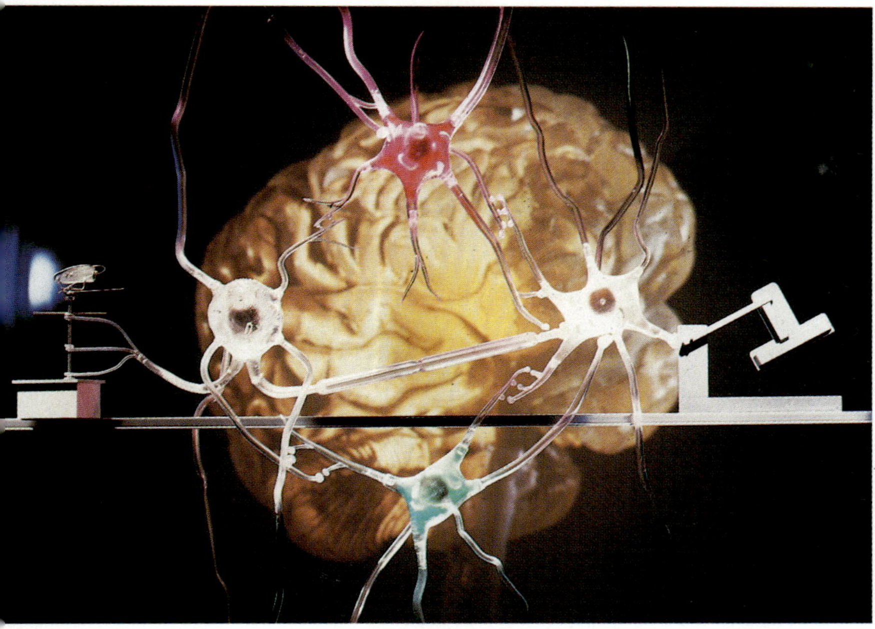

Information wird über Sensoren (rechts im Bild) aufgenommen, im Gehirn über :rengende (grün) und hemmende (rot) Verbindungen weiterverarbeitet, bevor eine ktion (symbolisiert durch den Hammer links im Bild) in Gang gesetzt wird.

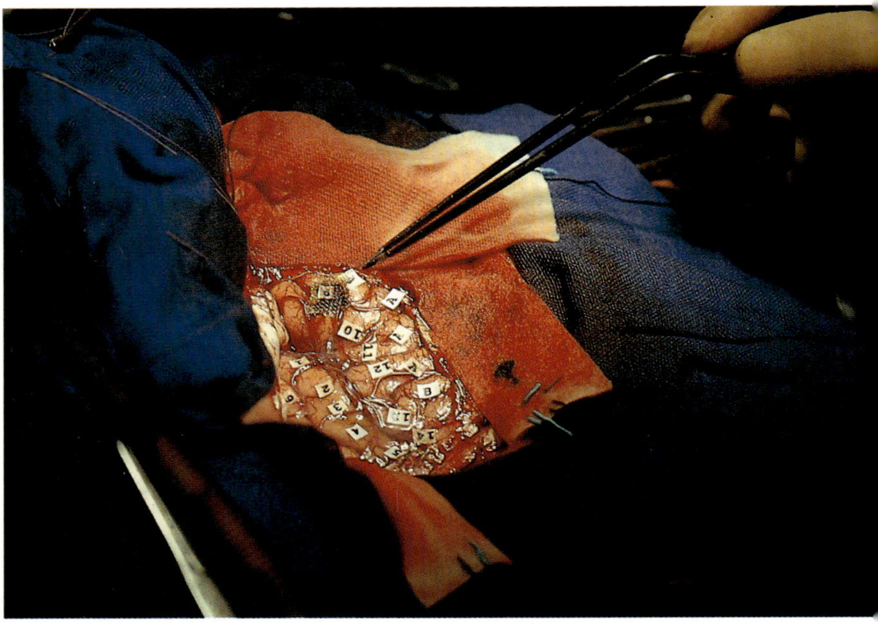

7 Ein Blick auf das Gehirn eines Patienten kurz vor einer Operation, bei der ei Hirntumor entfernt wird. Da der Tumor in der Nähe jener Hirnbereiche liegt, die fü Sprache zuständig sind, wird vor der Operation geprüft, wo genau die Sprachzentre sind, damit diese dann bei der Operation umgangen werden können.

8 Das AIDS-Virus dringt mit Vorliebe in Nervenzellen ein, wo es sich dann verborge hält. Im Bild gezeigt sind mehrere AIDS-Viren, die eine Nervenzelle mit ihren zahlre chen Ausläufern angreifen.

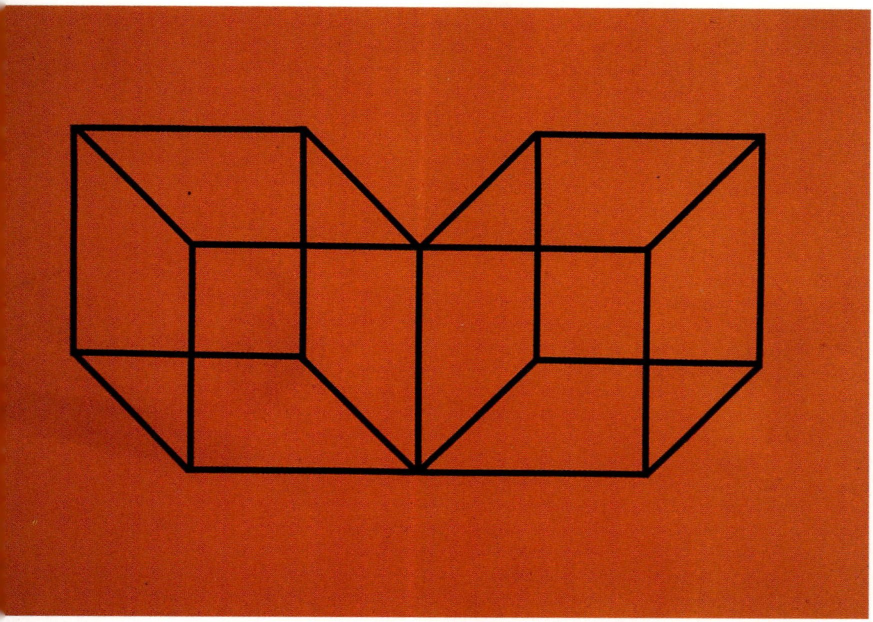

Ein Würfel, der in mehreren Perspektiven gesehen werden kann. (vgl. Kap. 4)

10/11 Experimentelle Vorlagen, mit denen die Ermüdung des Auges gezeigt werde kann; Erläuterungen hierzu werden in Kap. 4 gegeben.

2/13 Es bleibt für die Hirnforschung weiter rätselhaft, wie wir zwischen Gegenstän-en unterscheiden können, z. B. einen Apfel oder eine Tomate sehen. Eine Rolle hierbei ielen Merkmale wie Größe, Farbe oder Form. Aber wie werden diese Merkmale isammengebunden, so daß wir dann einen Gegenstand erkennen?

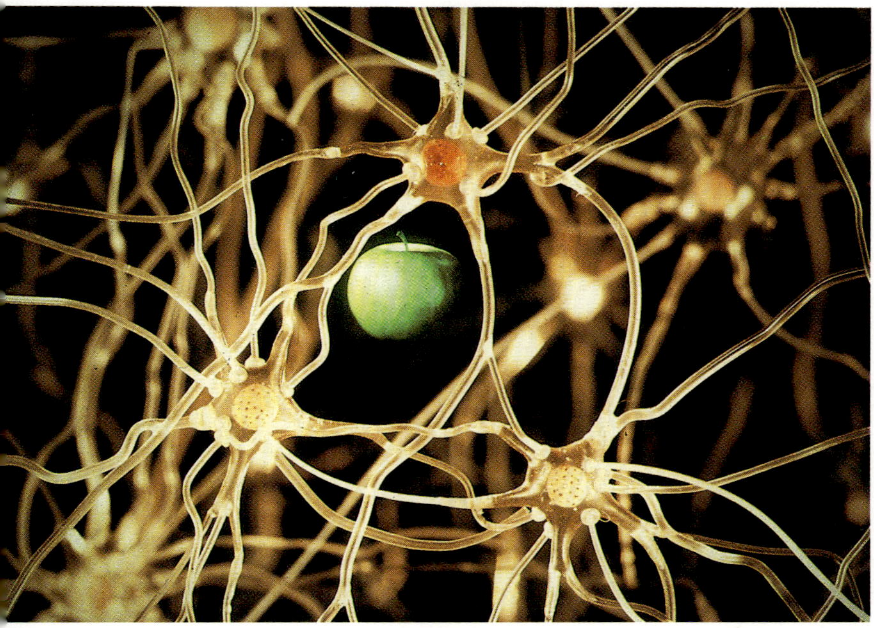

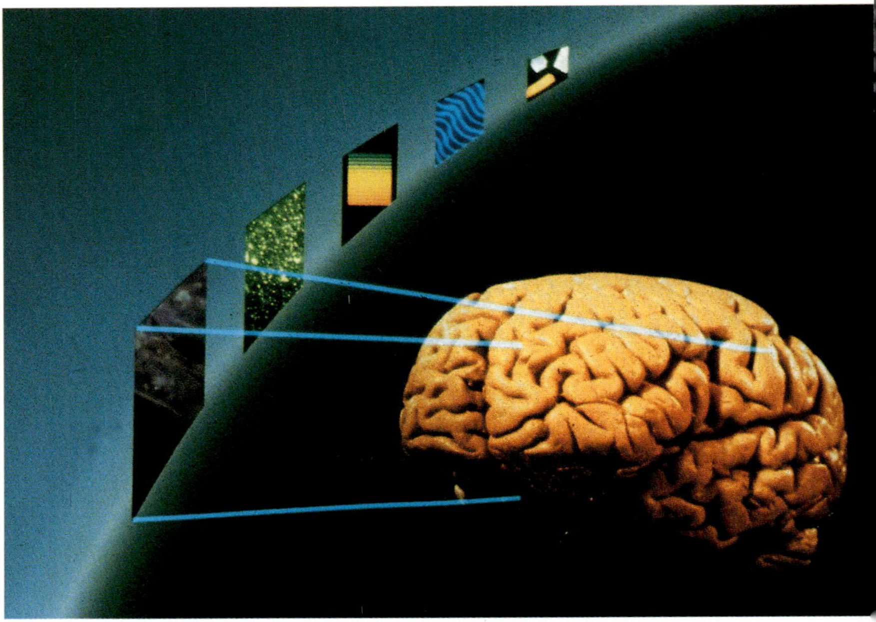

14 Unser Welthorizont ist bestimmt durch Sinneserfahrungen wie Sehen, Höre Tasten, Schmecken und Riechen. Wie dieses Bild zeigt, ist unser Weltwissen aber nur e Teilwissen, da unsere Sinne nur für ausgewählte Bereiche der uns umgebenden We empfindlich sind.

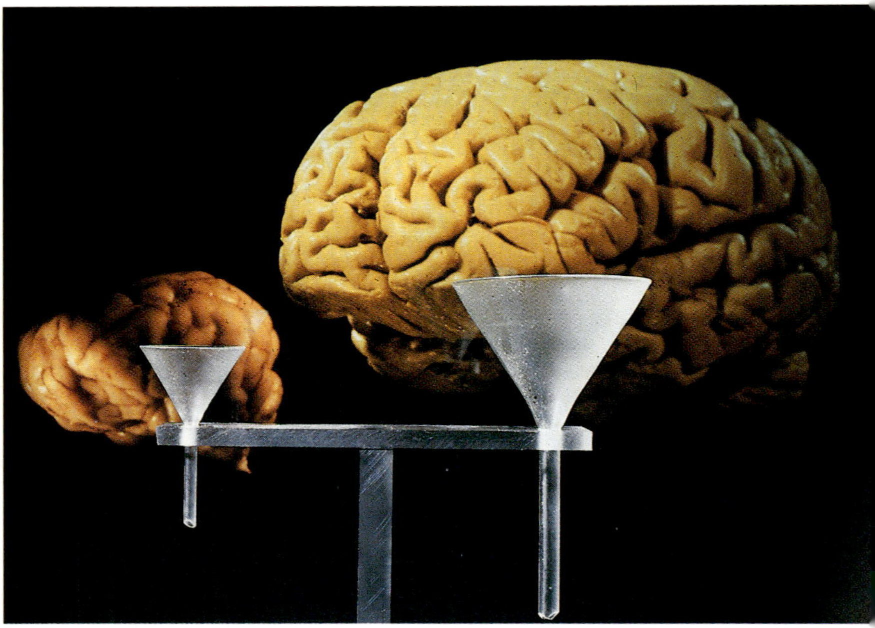

15 Der »Nürnberger Trichter« ist wenig geeignet, Information in das Gehirn einzuspe sen, die dann auch als Wissen verfügbar ist. Gelernt werden kann eigentlich nur das, w für Mensch und Tier Bedeutung hat. Der größere Umfang des menschlichen Gehirns le auch nahe, daß unsere Welt reicher an Bedeutung ist.

nämlich argumentieren, daß auch die Vielzahl der Farbtönungen, die wir unterscheiden können, die Erfindung von Begriffen verhindern müßte. Daß wir in der Lage sind, größere Frequenzbereiche elektromagnetischer Wellen zu wahrgenommenen und benannten Farben zusammenzufassen, liegt vielleicht daran, daß wir es in der Welt der Farben mit einem Kontinuum elektromagnetischer Wellen zu tun haben und kategoriale Zuordnungen jeweils auf Segmente dieses Kontinuums bezogen sind. Eine derartige Kontinuität gibt es in der Welt der Gerüche nicht. Die Struktur molekularer Verbindungen, die uns geruchlich in unserer Wahrnehmung verfügbar sind, ist von sehr hoher Komplexität. Das, was wir riechen, ist qualitativ verschieden, was den Aufbau einer kategorialen Begrifflichkeit offensichtlich erschwert. Aufgrund der Ökonomie, die unser Nervensystem bei der Bewältigung aller Aufgaben walten läßt, werden Geruchsbenennungen daher von Objekten abgeleitet, denen ein bestimmter Geruch zukommt.

Der Geruch ist immer das Attribut, also das typische Merkmal eines Objektes – einer Blume, einer Frucht, eines Gewürzes – oder auch eines ganz bestimmten Menschen. Gerüche, die Gegenstände oder Lebewesen auszeichnen, sind meist keine einfachen chemischen Verbindungen, sondern fast immer komplexe Duftgemische. Mathematisch gesehen gibt es so unglaublich viele Kombinationen von einzelnen chemischen Verbindungen, die dann den typischen Geruch eines Gegenstandes bestimmen, daß wir mit der Namensfindung überfordert sind. Es kommt hinzu, daß es wohl auch keine erkennbare Notwendigkeit in der Evolution gab, für Gerüche von den Gegenständen unabhängige Begriffe zu entwickeln, um mit diesen dann eigene Geruchserfahrungen anderen mitzuteilen. Deshalb verwendet man Geruchsbezeichnungen, die von Gegenständen oder Ereignissen abgeleitet sind, bei denen der typische Geruch auftritt, wie etwa brenzlig, ranzig oder schweflig. Eine Aussage wie »es riecht zitronenartig« ist also auf die Sache bezogen, die so riecht.

Wie ein neuer Welthorizont des Riechens entstehen kann, darüber geben uns u. a. Forschungen über die Entwicklung der Geruchswahrnehmung bei jungen Kaninchen Auskunft. Es wurde bei Jungkaninchen beobachtet, daß sie sich beim Zitzensuchen an einem körpereigenen Geruchsstoff, einem sogenannten Pheromon, der Kaninchenmutter orientieren. Stillende Kaninchenmütter produzieren dieses Pheromon, und junge Kaninchen, die in den ersten etwa zehn Lebenstagen taub und blind sind, orientieren sich mit Hilfe des Pheromons, um die Zitzen der Mutter zu finden. Junge Kaninchen werden einmal am Tag drei bis vier Minuten lang gesäugt. Die Kaninchenmutter kommt für wenige Minuten in den Bau, verhält sich dabei völlig passiv, und die Jungtiere müssen innerhalb kürzester Zeit die Zitzen finden. Dabei machen sie schnuppernde Suchbewegungen und schnüffeln sich immer näher an die Geruchsquelle heran, indem sie Intensitätsunterschiede aufeinanderfolgender Schnüffelbewegungen ausnutzen.

Beim Studium dieses durch olfaktorische Reize gesteuerten Orientierungsverhaltens ist entdeckt worden, daß dieses instinktive Verhalten relativ schnell durch andere Gerüche ausgelöst werden kann. Wesentliche Einblicke in die Welt des Riechens und in die Art und Weise, wie Gerüche Verhaltensweisen steuern, wurden von Robyn Hudson und Hans Distel aus München gewonnen. Das folgende Experiment mit jungen Kaninchen ist im Hinblick auf die Assoziation von Gerüchen besonders eindrucksvoll: Der natürliche Geruchsstoff der Mutter, das Pheromon, wurde mit einem künstlichen Geruch kombiniert; als künstlicher Geruch wurde z. B. ein Parfüm ausgewählt. Nach einer nur einmaligen gemeinsamen Geruchserfahrung von Pheromon und Parfüm löst dann das Parfüm allein das instinktive Verhalten des jungen Kaninchens aus. Das durch olfaktorische Reize gesteuerte Orientierungsverhalten ist in diesem Fall also leicht zu verändern.

Das Experiment zeigt, daß durch das gemeinsame Auftreten von zwei Gerüchen innerhalb eines sehr kurzen Intervalls von etwa einer Minute das Gehirn eine Assoziation herstellt, so daß der zunächst unbekannte und bedeutungslose Geruch ein verhaltensrelevanter Geruch wird. Daß so etwas auch beim Menschen vorkommt, kann angenommen werden. Das hieße, daß durch die Assoziation von neuen Gerüchen mit solchen, die biologisch wirksam sind, auch für den Menschen eine Art neuer Geruchshorizont entsteht. Die Welt des Riechens wird erweitert, indem ursprünglich bedeutungslose Gerüche eine emotionale Bedeutung bekommen und unser Erleben und Verhalten nachhaltig steuern.

Die hier angesprochene Geruchsprägung spielt vermutlich auch eine wichtige Rolle bei der Steuerung unseres sexuellen Verhaltens. Der eigenen Attraktion wird mit Hilfe chemischer Verbindungen nachgeholfen, die das Erleben und Verhalten anderer gegenüber der eigenen Person positiv beeinflussen sollen. Die Parfümindustrie dient gewissermaßen dem Zweck, chemische Verbindungen zur Etablierung emotionaler Verbindungen einzusetzen, so daß sich zwischen zunächst geruchsfremden Menschen eine positive Beziehung entfaltet bzw. eine bereits bestehende gesichert wird.

Daß geruchliche Kommunikation zwischen Menschen möglich ist, wird durch den sogenannten T-Shirt-Test bestätigt. Bei diesem Experiment darf man sich ausnahmsweise einmal nicht waschen. Junge Männer und Frauen tragen für eine gewisse Zeit ein T-Shirt, und dann werden die T-Shirts der Versuchspersonen beiderlei Geschlechts auf einen Haufen gelegt. Anschließend werden die Versuchspersonen aufgefordert, durch den Geruch festzustellen, ob das T-Shirt von einem Mann oder einer Frau getragen wurde. Dabei gibt es eine erstaunlich hohe Trefferquote. Männer und Frauen unterscheiden sich also auch in ihren natürlichen Duftstoffen; sie riechen nicht nur anders, weil sie unterschiedliche Parfüms benutzen. Im übrigen scheinen Frauen andere Menschen besser »erriechen« zu können als Männer.

Es ist interessant, daß sich in Abhängigkeit von der Tageszeit, aber auch vom Menstruationszyklus oder vom Bestehen einer Schwangerschaft die geruchliche Empfindlichkeit beim

Menschen entscheidend verändert. In manchen Zeiten ist der einzelne für bestimmte Gerüche sensibler. Während der Schwangerschaft können z. B. bestimmte Gerüche, die sonst als neutral empfunden werden, ekelerregend sein.

Geruchliche und geschmackliche Bewertungen finden natürlich vor allem beim Essen statt. Wie lernen wir überhaupt essen, woher wissen wir, was für uns bekömmlich und was unbekömmlich ist? Der Bereich des Nahrungswissens ist gewissermaßen dadurch benachteiligt, daß sich keine evolutionären Programme entwickelt haben, um unterscheiden zu können, was wir essen dürfen und was nicht. Das mag daran liegen, daß wir als Allesfresser einfach zu viel Verschiedenes zu uns nehmen. Tatsache jedenfalls ist, daß es zumindest bei uns Menschen in der DNA keine genetischen Programme für Ernährungswissen zu geben scheint.

Wie aber erfahren wir dann, was bekömmlich und was giftig ist? In einer sensiblen Phase in unserer Entwicklung und manch anderer Lebewesen wird die Bekömmlichkeit und vor allem auch der Wohlgeschmack der Nahrung erlernt. Das Kennenlernen richtiger Nahrung erfolgt etwa nach dem folgenden Prinzip: Man ißt irgend etwas, und nach einer gewissen Zeit wird einem schlecht. Das Schlechtwerden bezieht das Gehirn dann auf die Nahrungsaufnahme, und in Zukunft wird diese Nahrung vermieden. So wird das, was wir als bekömmlich, als gut oder als wohlschmeckend empfinden, in früher Kindheit eingeprägt, und unser »Weltbild der Ernährung« wird aufgebaut.

Das Lernen des Essens unterscheidet sich grundsätzlich von anderen Lernformen durch den zeitlichen Abstand zwischen einer Handlung und deren Konsequenzen. Normalerweise prägt sich uns etwas ein, wenn beide zeitlich nah beieinander liegen. Wenn wir etwas tun, das zu einem unmittelbaren Erfolg führt, dann prägt sich uns der Weg dorthin ein – man bezeichnet dieses Lernen deshalb als »Lernen am Erfolg« oder auch als operantes Konditionieren (vgl. Kap. 6).

Beim Ausprägen eines »bedingten Reflexes« ist die zeitliche

Nähe zweier Ereignisse besonders bedeutsam. Der russische Physiologe Iwan Pawlow ist für seine Untersuchungen zu dieser Lernform, die auch als klassisches Konditionieren bezeichnet wird, besonders bekanntgeworden. Dieses Lernen läuft nach dem Rezept ab, daß ein Reiz, der eine automatische Reaktion auslöst, durch einen anderen Reiz ersetzt wird. Ein Beispiel: Wenn man einen kurzen Luftstoß auf das Auge richtet, dann wird es reflexartig geschlossen. Wenn man nun kurz vor dem Luftstoß einen anderen Reiz präsentiert, etwa ein Geräusch – was normalerweise keinen Lidschluß bewirkt –, und diesen Vorgang mehrfach wiederholt, dann reagiert das Auge schließlich auch dann mit einem Lidschluß, wenn nur das Geräusch präsentiert wird. Es wurde ein bedingter Reflex ausgebildet. Entscheidend ist hierbei aber, daß zur Ausprägung des bedingten Reflexes Geräusch und Luftstoß direkt aufeinander folgen müssen – der optimale Zeitabstand ist etwa eine halbe Sekunde –, sonst wird die neue Beziehung zwischen einem zunächst bedeutungslosen Reiz und der für einen anderen Reiz biologisch vorgegebenen Reaktion nicht etabliert.

Dieses Beispiel verschleiert ein wenig die Tatsache, welche große Bedeutung diese Lernform für die Entwicklung unseres Weltbildes hat. Tatsächlich kommen wir immer wieder in Situationen, in denen eine zeitliche Nähe besteht zwischen Reizen, die automatisch eine Reaktion auslösen, und Reizen, die diese Situation kennzeichnen. Nehmen wir ein Beispiel aus dem medizinischen Bereich. Bei der Blutabnahme wird eine Kanüle in die Armvene geschoben, was natürlich weh tut. Die Person, die diese Handlung vollzieht, nämlich der Arzt, hat meist einen weißen Mantel an. Die zeitliche Kombination zwischen dem Schmerz der Nadel und dem weißen Mantel führt dann dazu, daß sich Angst einstellt, wenn nur der weiße Mantel sichtbar wird.

Über die sinnliche Erfahrung bauen wir unser Weltbild auf, und die hier beschriebenen Beobachtungen machen deutlich, daß dabei auch der »vergessene Sinn« des Riechens eine maßgebliche Rolle spielt. Unser Weltbild ist nicht nur getragen von expliziter Information, die wir benennen können, sondern auch von implizitem Wissen (vgl. Kap. 1), und dieses wird entscheidend auch durch den Geruchssinn bestimmt. Bewertungen, die oft unbewußt bleiben, bestimmen, was als wichtig oder unwichtig erachtet wird.

Damit wir auf der Grundlage sinnlicher Erfahrung und emotionaler Bewertung ein Weltbild aufbauen können, müssen unsere Sinne und unsere gefühlsmäßigen Bewertungen, wie wir betont haben, erst ausgeprägt werden. Diese Prägung findet, wie wir seit Sigmund Freud wissen, in den frühesten Lebensphasen statt. Emotionale Erlebnisse in der frühen Kindheit sind also im Hinblick auf die Entwicklung des Weltbildes von größter Bedeutung. Im ersten Lebensjahr scheint sich insbesondere zu entscheiden, ob man ein eher vertrauensvoller oder eher mißtrauischer Mensch wird. In der darauffolgenden Phase wird u. a. entschieden, ob man eher ordentlich oder eher unordentlich, eher freigebig oder eher geizig wird. Und in der dann folgenden Phase wird bestimmt, welchen sexuellen Neigungen man folgt, ob man eher am eigenen oder am anderen Geschlecht Gefallen findet. Alle dies Prägungen sind lebensbestimmend; was hier geschieht, ist nicht mehr rückgängig zu machen.

Bewertung ist also entscheidend in der Ausprägung unseres individuellen Weltbildes. Die Bewertung, die sich subjektiv in Gefühlen zeigt, spielt die ausschlaggebende Rolle beim Aufbau des Welthorizontes, wobei ganz wesentlich ist, daß auch beim Menschen die Bewertungen häufig unbewußt erfolgen.

Wie uns deutlich geworden ist, kann unser Welthorizont nur einen Ausschnitt der Welt repräsentieren. Aber wir Menschen sind neugierig. So haben wir Möglichkeiten gefunden, über den unmittelbar verfügbaren Welthorizont hinauszudenken und in andere Welten hineinzuschauen. Dabei hilft uns die Technik, die gewissermaßen eine Verlängerung menschlicher Fähigkeiten ist.

Zu den faszinierenden Beispielen, die uns eine Erweiterung des Welthorizontes erlauben, zählt etwa die Erfindung des

Mikroskops. Mit ihm lassen sich die unsichtbaren Welten der Bakterien und Viren erkennen. Mit Elektronenmikroskopen können zelluläre Mechanismen, Verbindungen zwischen Zellen oder intrazelluläre Prozesse beobachtet werden. Mit den neuesten Elektronenmikroskopen können sogar atomare Oberflächen betrachtet werden. Mit Hilfe von Beschleunigern versucht die Experimentalphysik Erkenntnisse über den Aufbau der Atome und über die kleinsten Teile der Materie zu gewinnen und so herauszufinden, was die Welt im Innersten zusammenhält. Mit Teleskopen schauen wir ins Weltall und versuchen, unseren Welthorizont über unser irdisches Gebundensein hinaus zu erweitern.

Technische Verfahren werden von uns also eingesetzt, um in Bereiche der Welt hineinzuschauen, die uns unsere Sinneswerkzeuge nicht erschließen. Eine der größten wissenschaftlichen Erkenntnisse ist hierbei – und diese Erkenntnis liegt schon weit zurück –, daß wir mit Hilfe von Instrumenten einen wahrhaften Einblick in die Welt über unsere sinnliche Erfahrung hinaus erlangen können. Es ist nicht von vornherein selbstverständlich, etwas für wahr zu halten, das mit technischen Möglichkeiten verfügbar gemacht wird. Erst die Neuzeit hat zu der Auffassung geführt, an Bilder zu glauben, die nicht unmittelbar vor unseren Augen liegen, sondern die mit technischer Hilfe ermöglicht werden.

Jene Theologen im Dienste des Papstes, die nicht durch das Fernrohr auf die Monde des Jupiter schauen wollten, wie es Galilei von ihnen erbat, hatten noch nicht jenen mentalen Quantensprung zur Akzeptanz sinnlicher Information, die nicht unmittelbar gegeben ist, vollzogen. Ihre Weigerung war also aus damaliger Sicht nicht so töricht, wie es heute erscheinen mag.

Unser Glaube an die technischen Möglichkeiten, mit deren Hilfe wir unser Weltbild erweitern und unseren Welthorizont ausdehnen, wird getragen von dem Vertrauen in eine Ordnung der Welt, die wir mit Hilfe von Theorien erfassen und mit Hilfe von technischen Artefakten sichtbar machen können. Wenn wir unseren Blick erweitern wollen und Apparate entwickeln, die unsere sinnliche Erfahrung vergrößern, dann lassen wir uns zunächst von theoretischen Konzepten leiten, um dann technische Möglichkeiten bereitzustellen.

Wir Menschen glauben aber offenbar erst dann etwas, wenn es uns in einer unmittelbaren sinnlichen Erfahrung zugeführt wird. Erst danach kann es zu einer subjektiv empfundenen Wahrheit werden. Diesen Sachverhalt zeigt die gesamte Beweisführung in den Wissenschaften, die letzten Endes immer auf die primäre sinnliche Erfahrung zurückgeht. Kreativität beispielsweise in der theoretischen Physik ist auch durch die Mathematik gegeben. Um den Wahrheitsgehalt einer Sache zu erkennen, muß das, was man sich ausgedacht hat, sinnlich überprüft werden. Selbst die Physik als grundlegende Wissenschaft bedient sich immer auch der sinnlichen Erfahrung, um den Wahrheitsgehalt ihrer Theorien zu überprüfen. Große und auch teure Geräte wie die Beschleuniger sollen veranschaulichen, was man als Theorie erdacht hat. Da die sinnliche Erfahrung auf einem Adaptionsprozeß der Evolution beruht, ist die Überprüfbarkeit physikalischer Theorien immer an dem orientiert, was uns Menschen an Sinneserfahrung möglich ist. Eben dadurch ist aber auch eine bestimmte Einschränkung möglicher physikalischer Theorien gegeben, ein weiterer Grund, warum unser Welthorizont an manchen Stellen verschlossen oder zu eng bleiben muß.

Die notwendige Beschränktheit des physikalischen Weltbildes hat Albert Einstein einmal in der folgenden Weise beschrieben. »Es stellt die höchsten Anforderungen an die Straffheit und Exaktheit der Darstellung der Zusammenhänge, wie sie nur die Benutzung der mathematischen Sprache verleiht. Aber dafür muß sich der Physiker stofflich um so mehr bescheiden, indem er sich damit begnügen muß, die allereinfachsten Vorgänge abzubilden, die unserem Erleben zugänglich gemacht werden können, ... während alle komplexeren Vorgänge nicht mit jener subtilen Genauigkeit und Konsequenz, wie sie der theoretische Physiker fordert, durch den menschlichen Geist nachkonstruiert werden können. Höchste Reinheit, Klarheit und Sicherheit auf Kosten der Vollständigkeit. Was kann es aber für einen Reiz haben, einen so kleinen Ausschnitt der Natur genau zu erfassen, alles Feinere und Komplexere aber scheu und mutlos beiseite zu lassen? Verdient das Ergebnis einer so resignierten Bemühung den stolzen Namen »Weltbild«? Ich glaube, der stolze Name ist wohlverdient, denn die allgemeinen Gesetze, auf welchen das Gedankengebäude der theoretischen Physik gegründet ist, erheben den Anspruch, für jedes Naturgeschehen gültig zu sein. Auf ihnen sollte sich auf dem Wege reiner gedanklicher Deduktion die Abbildung, d. h. die Theorie eines jeden Naturprozesses einschließlich der Lebensvorgänge finden lassen, wenn jener Prozeß der Deduktion nicht weit über die Leistungsfähigkeit menschlichen Denkens hinausginge. Der Verzicht des physikalischen Weltbildes auf Vollständigkeit ist also kein prinzipieller. Höchste Aufgabe des Physikers ist also das Aufsuchen jener elementaren Gesetze, auf denen durch seine Deduktion das Weltbild zu gewinnen ist. Zu diesen elementaren Gesetzen führt kein logischer Weg, sondern nur die Einfühlung und auf die Erfahrung sich stützende Intuition.«

Zusammenfassend läßt sich also sagen, daß unser Weltbild bedingt ist durch unsere primäre sinnliche Erfahrung und durch den Versuch, den Erfahrungsbereich mit Hilfe von Forschung und Technik zu erweitern. Forschung kann geradezu als jene menschliche Tätigkeit angesehen werden, die dem Zweck dient, unser Weltbild und unseren Welthorizont zu erweitern.

Abschließend wollen wir jedoch betonen, wie sehr unser Weltbild durch implizites Wissen geprägt ist. Dadurch, daß unsere Erfahrungen in früher Kindheit geprägt werden und damit auch unser Bewertungssystem bestimmen, werden für uns nur noch bestimmte Erfahrungen als wichtig angesehen. Was für uns im kulturellen Bereich als gut oder schlecht angesehen wird, ist kein absolutes Urteil, sondern wird getragen von den Prägungen, denen wir alle aufgrund frühkindlicher Erfahrungen unterliegen.

Jede Kultur ist gekennzeichnet durch Leitgedanken, die als

höchste Werte angesehen werden. Diese Leitgedanken, die sich vielleicht aus Zufall entwickelt haben, definieren Randbedingungen der Existenz, an denen z. B. die Erziehung orientiert ist. Solche Leitgedanken lassen sich auch als Paradigma bezeichnen, oder man könnte sie auch als die Mythen einer Zeit auffassen. Unsere Zeit ist u. a. durch den Mythos des Fortschritts gekennzeichnet. Wir orientieren uns in unserem Verhalten automatisch so, als sei das Neue auch das Bessere. Unser Weltbild ist somit dadurch charakterisiert, daß die Erweiterung des Wissens in sich selber ein Wert ist.

Es mag sein, daß der Mythos Fortschritt in Zukunft nicht mehr tragfähig sein wird. Der Glaube an die Macht der Rationalität, der diesen Mythos überhaupt erst möglich macht, scheint im Verblassen zu sein. Irrationale Bewertungen werden auch in der öffentlichen Diskussion provokativ vorgebracht, und es wird gegen den Einsatz der kalten Rationalität argumentiert. Eine von der impliziten Bewertung getrennte Rationalität ist in der Tat eine maligne Rationalität, und der Mythos Fortschritt, der sich an einer von anderen menschlichen Möglichkeiten abgetrennten Rationalität orientiert, mag in der Tat ein maligner Fortschritt sein. Wir müssen aber nicht auf Rationalität verzichten und damit die Möglichkeit eines Fortschritts prinzipiell in Frage stellen, wenn wir das neue Wissen über die Funktionsweise unseres Gehirns berücksichtigen. Unser Weltbild ist, wie gesagt, nicht nur explizit, sondern auch implizit, und die implizite Komponente unseres Weltbildes ist nicht irrational oder unlogisch oder chaotisch, sondern sie hat ihre innere Logik. Die Berücksichtigung der impliziten Komponente erlaubt die Überwindung der malignen Rationalität und führt uns zur benignen Rationalität.

Kapitel 6

Lernen: Anpassung und Welterfahrung

Alles, was wir über die Welt erfahren können, um es in unserem Wissen zu repräsentieren, wird durch unser Gehirn vermittelt. Wir lernen, Sinnesreize zu Informationen umzuwandeln und als Wissen zu gestalten; dieser Wandlungs- und Gestaltungsprozeß ist ein aktiver Vorgang, der Erkennen, aber auch Leiden oder Sichfreuen einschließt. Wahrnehmen, Erkennen, gefühlsmäßiges Bewerten, Freude oder Leid, Lust oder Schmerz zu empfinden sind auch Grundlage philosophischen Denkens und künstlerischen Tuns; Erkenntnis, Selbsterkenntnis und künstlerischer Ausdruck (vgl. Kap. 13) sind seit je höchste Ziele des Menschen gewesen. Damit wir diese Ziele aber erreichen können, muß ein funktionierendes Gehirn vorhanden sein, in dem die vielen Milliarden Nervenzellen miteinander in funktionellem Kontakt, in einem Arbeitsaustausch stehen.

Daß dieses richtige Funktionieren unabdingbar ist, wird uns besonders dann bewußt, wenn Störungen im Gehirn vorliegen und ein Patient plötzlich von grundlegenden Erfahrungsweisen oder Ausdrucksmöglichkeiten abgeschnitten ist. Ein solcher Patient ist Franz S., der eine schwere Hirnverletzung erlitten hat. Bei ihm sind auf der linken Seite des Gehirns Bereiche verlorengegangen, die für das Sprechen und das Verstehen von Sprache entscheidend sind. Seine Anstrengung, die verlorene Sprache wiederzufinden, waren geradezu übermenschlich. Doch schließlich gelang es ihm mit ärztlicher Hilfe, und heute kann er wieder einigermaßen mit anderen kommunizieren (vgl. Kap. 12).

Auf einer Tour in den Bergen stürzte Franz S. mit seinem Rennrad so unglücklich, daß er eine schwere Kopfverletzung erlitt und zehn Wochen lang bewußtlos war. Bei dem Unfall wurde ein großer Teil seiner Hirnrinde und der Nervenfasern, die Informationen in die Hirnrinde schicken, zerstört. Nach dem Unfall und dem wochenlangen Koma war für Franz S. nichts mehr wie früher. Er konnte nur schwer verstehen, was andere zu ihm sagten, und er konnte selber allenfalls einfache Alltags- und Funktionswörter sprechen. Bei komplizierten Wörtern brachte er nur Silbenfolgen heraus, deren Bedeutung nicht nachvollziehbar war. Er sprach eine Kunstsprache, zusammenhanglos und unverständlich. Eine solche Kunstsprache, die gekennzeichnet ist durch neu erfundene Wörter (sogenannte Neologismen) und daher wie ein unbekannter Jargon klingt, wird auch als Jargon-Aphasie bezeichnet. Aber obwohl das, was Franz S. mitzuteilen versuchte, völlig unverständlich war, trug er es doch in der üblichen Sprachmelodie vor.

Während die linke Gehirnhälfte für die Grammatik und das Verstehen der Sprache hauptverantwortlich ist, bestimmt die rechte Gehirnhälfte die Melodie der Sprache, die sogenannte Prosodie, mit der wir unseren Gefühlen sprachlich Ausdruck verleihen, und die rechte Gehirnhälfte war ja bei Franz S.' Unfall unbeschädigt geblieben. So konnte er mit seiner Kunstsprache anderen zwar keine Inhalte vermitteln, denn seine Worte waren nicht zu verstehen, doch er konnte seinen Gefühlen noch Ausdruck verleihen. Franz S. berichtet selber über seine Bemühungen, wieder Herr seiner Sprache zu werden:

»Ich wollte lernen. In der Zeit, als ich auf der Intensivstation war, wurde bereits mit der Sprachtherapie angefangen, jeden Tag einige Minuten. Ich mußte die Sprache neu lernen, und zwar ganz anders als ein Kind. Ich brauche achtzigmal, bis ich ein Wort drinnen habe. Es geht manchmal auch wieder weg.«

»Sie haben einen neuen Beruf gelernt?«

»Ich arbeite in einem Archiv. Der Hauptgrund war Bilder für« – er sucht nach einem Wort. Dann spricht er weiter: »Es geht um Formulare. Die Bilder müssen auf Formularen beschrieben werden. In die Formulare muß ich alles schreiben, was in den Bildern wichtig ist. Die Unterschriften der meisten Bilder sind englisch. Ich habe früher Englisch lesen und sprechen können. Das ist ein wahnsinniges Problem für mich, und die verschiedenen technischen Worte, die auch in den – jetzt finde ich das Wort schon wieder nicht.«

»Welches?«

»Das gleiche wie vorhin – Formular.«

»Sie haben es gefunden.«

Er nickt mit dem Kopf und sieht dabei traurig aus. Leise redet er weiter:

»Aber die Zeit, die ich dafür brauche. Das ist einer der Gründe, warum ich nicht mehr Journalist sein kann.« Er schweigt lange. Dann hebt er seine rechte Hand in Augenhöhe und schreibt mit seinen Fingern Wörter in die Luft.

»Warum machen Sie das?«

»Das geht bei mir so: Mein Gehirn ist wie ein Sekretär mit sehr vielen Schubladen mit Wörtern. Natur oder Technik. Auto. Computer. Ich muß dann versuchen, eine große Schublade aufzumachen und dann die nächste kleinere. Und auf einmal bin ich in ›Natur‹. In ›Biologie‹ und dann bei ›Blumen‹. Bei ›Orchideen‹. Und dann bin ich in der Schublade ›Frauenschuh‹. – So geht es, daß ich das alles sagen kann. – Aber ich kann oft nicht das sagen, was ich in diesem bestimmten Augenblick sagen möchte.«

Der Patient schildert also, wie er für sich eine Technik entwickelt hat, um Sachverhalte in seinem Gedächtnis aufzufinden. In ähnlicher Weise kann man Informationen in einem Computer speichern. Redner verwenden häufig eine entsprechende Technik, wenn sie ohne Manuskript einen Vortrag halten. Sie gehen in ihrer Vorstellung von Zimmer zu Zimmer; in den Zimmern sind jeweils unterschiedliche Dinge untergebracht, über die sie dann berichten. Diese Fähigkeit, sich mit Bildern etwas in Erinnerung zu rufen, beruht auf dem sogenannten episodischen Gedächtnis.

Beim Langzeitgedächtnis lassen sich verschiedene Formen

unterscheiden – neben dem episodischen das semantische und das prozedurale Gedächtnis –, und für jede dieser Gedächtnisformen gibt es eigene neuronale Programme im Gehirn. Als episodisches Gedächtnis bezeichnen wir, wie gesagt, die bildhaften Verstellungen, die wir in der Erinnerung bewahrt haben. Wenn man jemanden danach fragt, welches seine frühesten Erinnerungen sind, so fragt man nach Erinnerungen aus dem episodischen Gedächtnis, also danach, welche Episode aus der frühen Kindheit als Vorstellungsbild noch vorhanden ist. Bestimmte Erlebnisse mit großer emotionaler Bedeutung werden ein Leben lang festgehalten; vermutlich jeder erinnert sich an seinen ersten intensiven Liebeskontakt.

Zwar nicht für die Liebe, wohl aber für die Furcht verfügen wir inzwischen über einiges Wissen, welche neuronalen Strukturen und Prozesse an ihrer Verarbeitung und Speicherung beteiligt sind. Hier spielt die Amygdala, ein Bereich in der Tiefe des Gehirns, eine entscheidende Rolle. Eine wichtige Erkenntnis ist, daß die emotionale Bewertung unabhängig von der bewußten Repräsentation eines Geschehens vorgenommen wird. Bevor ein Erlebnis klar und deutlich im Bewußtsein registriert wird, ist es schon emotional bewertet worden. Auf die Furcht bezogen heißt dies, daß wir Angst haben, bevor wir wissen, daß wir Angst haben. Oder für die Liebe hieße dies, daß wir früher verliebt sind, als uns bewußt ist. Sind wir damit unseren Gefühlen ausgeliefert? Wissen wir immer zu spät, was mit uns vor sich geht?

Eine ganz andere Gedächtnisform ist das semantische Gedächtnis oder Wissensgedächtnis. Wenn man fragt, wie ein deutsches Wort – z. B. Liebe – auf französisch heißt, dann bemüht man das Wissensgedächtnis. Die Übersetzung – amour – ist üblicherweise nicht als Bild, sondern als Wissen im Gedächtnis gespeichert, obwohl sich nach der Abfrage des Wissens natürlich sofort ein Bild einstellen kann, das zu dem Wort in Beziehung steht. Für das Wissensgedächtnis scheinen andere neuronale Mechanismen verantwortlich zu sein als für das Vorstellungs- oder episodische Gedächtnis.

Neben dem episodischen und dem semantischen (oder auch deklarativen) Gedächtnis gibt es noch eine dritte Form des Langzeitgedächtnisses, nämlich das prozedurale Gedächtnis. Wenn wir Bewegungsverläufe oder Handlungsabläufe erlernen, dann wird das prozedurale Gedächtnis ausgebildet. Wenn wir in der Umgangssprache von Lernen sprechen, dann meinen wir häufig, daß in dieses Gedächtnis etwas »hineingelernt« wird. Ein Kind lernt schreiben oder radfahren; damit ist Lernen von Bewegungskontrolle gemeint. Man spricht hier auch von sensomotorischem oder psychomotorischem Lernen. Alle sportlichen Bewegungsverläufe gehören hierher.

Das prozedurale Gedächtnis ist wiederum durch andere neuronale Programme gekennzeichnet als das episodische oder das semantische Gedächtnis. Diese Tatsache wird durch Erkrankungen deutlich, bei denen eine Gedächtnisform ausfällt, eine andere aber erhalten bleibt. Die Alzheimersche Krankheit ist u. a. durch einen Gedächtnisverlust gekennzeichnet; dieser bezieht sich aber im wesentlichen auf das semantische und vermutlich auch das episodische, weniger aber auf das prozedurale Gedächtnis.

Das episodische und das semantische Gedächtnis kann man zusammen auch als »referentielles Gedächtnis« bezeichnen, weil in beiden Gedächtnisformen Inhalte repräsentiert werden, die sich jeweils auf etwas beziehen (also referentiell sind), nämlich auf bildhafte Vorstellungen oder auf abstraktes Wissen. Das prozedurale Gedächtnis kennzeichnet demgegenüber ein Können, eine Fähigkeit, etwas Bestimmtes zu tun. Diese Unterscheidung verdeckt allerdings einen anderen Zusammenhang, den man bei den verschiedenen Gedächtnisformen ebenfalls berücksichtigen sollte. Das semantische und das prozedurale Gedächtnis haben nämlich etwas gemein, das sie vom episodischen Gedächtnis trennt. Dabei geht es um die Geschwindigkeit, mit der etwas ins Gedächtnis gelangt. Eine Episode kommt nur einmal vor, und dieses einmalige Ereignis wird im Gedächtnis abgespeichert, vor allem dann, wenn ein intensives Gefühl damit verbunden ist. Daß ein einmaliges

Ereignis im Gedächtnis abgespeichert wird (im Englischen spricht man von *one-trial-learning*), ist völlig untypisch für das semantische und vor allem für das prozedurale Lernen. Bei diesen Gedächtnisformen muß man das, was man sich einprägen möchte, oft wiederholen, bis es schließlich einen festen Platz im Gedächtnis hat. (Der Patient Franz S. schilderte, wie er seine Sprache wieder lernen mußte, indem er immer wieder versuchte, sich ein Wort einzuprägen.)

Der Lernverlauf beim semantischen und beim prozeduralen Gedächtnis ist durch eine S-förmige Kurve gekennzeichnet; man spricht in diesem Fall auch von einem »sigmoiden« Verlauf. Man stelle sich vor, man lernt Tennis, Golf oder Flöte spielen. Wenn man beginnt, ist der Lernfortschritt zermürbend langsam. Man braucht sehr viel Zeit, um nur einen kleinen Schritt weiterzukommen. Wenn man die entsprechende Technik schon ein wenig beherrscht, dann wird das Lernen plötzlich schneller; man lernt in kurzer Zeit sehr viel dazu. Wenn man dann schon sehr gut spielen kann, kommt man an das obere Ende der S-förmigen Lernkurve; um sich auch nur ein bißchen zu verbessern, muß man nun sehr viel Zeit investieren. Aus diesem Grund müssen Hochleistungssportler sehr viel trainieren – täglich einige Stunden –, wenn sie das erreichte hohe Leistungsniveau nur minimal verbessern wollen.

Nicht nur Lernverläufe sind durch eine derartige sigmoide Charakteristik gekennzeichnet. Wenn immer in der Natur ein Wechsel zwischen zwei Zuständen stattfindet, ist der Übergang zwischen den Zuständen sigmoid, wobei die Steilheit der Kurve ein wichtiges Kennzeichen für das untersuchte System ist. Denken wir z. B. an das Wetter: Ein Wetterwechsel vollzieht sich nicht sprunghaft, sondern es braucht seine Zeit, bis eine stabile Wetterlage in eine andere übergeht, wobei die Schnelligkeit des Übergangs von zahlreichen Wettervariablen (z. B. Temperaturgefälle, Luftdruckunterschied) abhängig ist. Je schneller allerdings ein solcher Wechsel geschieht – wie etwa beim Föhn –, um so stärker sind die Anpassungsmechanismen des Körpers herausgefordert. Sich nicht wohl zu fühlen bei einem relativ schnellen Wetterwechsel ist etwas Normales, denn die Organsysteme müssen neu eingestellt werden, und das hierfür verantwortliche vegetative Nervensystem arbeitet relativ langsam, so daß man vorübergehend aus dem Gleichgewicht gerät.

Die Steilheit der sigmoiden Lernkurve ist also ein typisches Merkmal des lernenden Systems; je steiler die Kurve bei jemandem ist, um so schneller lernt er etwas, und danach beurteilt man auch seine Intelligenz. Wenn man sagt, jemand habe eine schnelle Auffassungsgabe, so meint man u. a. damit, daß er eine relativ steile Lernkurve hat, d. h., daß der Übergang von »dumm« (Nicht-Wissen) zu »schlau« (Wissen) nur wenig Zeit in Anspruch nimmt.

Kehren wir nun zurück zu unserem Patienten Franz S. Dabei werden wir einige der allgemeinen Gesichtspunkte über Lernverläufe und Gedächtnisformen, die gerade erörtert wurden, auf seinen Fall anwenden können. Die Störungen, über die Franz S. klagt, spiegeln sich nicht nur in der Sprache wider, sondern auch in der zeitlichen Verarbeitung von akustischen Reizen. Typisch für alle Hirnverletzungen ist, daß die Abläufe in den im Bereich der Schädigung liegenden Nervenzellen, die noch funktionieren, deutlich verlangsamt sind. Für das Verstehen von Sprache hat eine derartige Verlangsamung des Gehirns natürlich katastrophale Folgen, denn Sprache ist ein Prozeß in der Zeit, und gesprochene Sprache hat über verschiedene Sprecher hinweg trotz aller auffallenden Variation eine recht ähnliche Geschwindigkeit. Ist die Aufnahmegeschwindigkeit des Gehirns aufgrund einer Schädigung reduziert, dann ist das Sprechtempo der gehörten Sprache für die Patienten zu schnell. Sie können allein wegen des Sprechtempos Sprache kaum noch oder gar nicht mehr verstehen. Solche Patienten müssen sich dann mit der Interpretation von Sprachfetzen und der Analyse der Situation behelfen, um zu erschließen, worüber gesprochen wird.

Mit einem einfachen Klickexperiment können Störungen der zeitlichen Verarbeitung von akustischen Reizen im Gehirn festgestellt werden. Zur Prüfung der zeitlichen Verarbeitung muß sich der Patient einen Kopfhörer aufsetzen, und er bekommt für jedes Ohr Töne von kurzer Dauer, sogenannte Klicks, präsentiert. Das, was der Patient tatsächlich wahrnimmt, hängt ganz entscheidend davon ab, wie schnell die beiden Töne aufeinander folgen. Die beiden Klicks werden wie ein einziger Ton gehört, und zwar irgendwo im Kopf, solange sie nicht mehr als etwa drei bis vier Tausendstelsekunden auseinanderliegen. Wird die Pause zwischen den beiden Klicks verlängert, dann werden sie als getrennte Töne wahrgenommen. Allerdings kann weder ein Gesunder noch ein hirngeschädigter Patient angeben, ob der linke oder der rechte Klick zuerst kommt, wenn der zeitliche Abstand zwischen den Klicks etwa fünf Tausendstelsekunden beträgt. Zwar werden zwei Klicks gehört, und jeder in einem Ohr, und man ist auch der Meinung, daß sie ungleichzeitig sind, doch ihre zeitliche Folge kann nicht angegeben werden. Die Unterscheidung »erst links, dann rechts« leistet das Gehirn erst, wenn die zeitliche Ordnungsschwelle überschritten ist und die Klicks in einem zeitlichen Abstand von etwa 30 Tausendstelsekunden aufeinander folgen (vgl. Kap. 9).

Bei Patienten mit Hirnverletzungen, deren linke Gehirnhälfte – und hier insbesondere die Bereiche, die für die Sprachfunktionen zuständig sind – geschädigt ist, kann diese Zeit doppelt oder sogar drei- bis viermal so lang sein (statt 30 z. B. 100 Tausendstelsekunden, also eine Zehntelsekunde). Damit ein solcher Patient bezogen auf zwei Ereignisse also »erstes« – »zweites« sagen kann, muß der zeitliche Abstand zwischen ihnen also viel größer sein als beim Gesunden, und auch bei dem Patienten Franz S. war zu beobachten, daß die zeitliche Ordnungsschwelle deutlich heraufgesetzt war. Bei einer Verdoppelung oder Verdreifachung der Zeit, in der die zentrale Verarbeitung erfolgt, operiert das Gehirn in einem ganz anderen Bereich, der mit den Zeitabläufen in der Sprache, an die wir gewöhnt sind, nur wenig zu tun hat. Das kann man sich verdeutlichen, indem man einmal versucht, drei- oder viermal so langsam wie üblich zu sprechen. Zum einen ist es relativ schwierig, seine Sprache derart zu verlangsamen. Zum anderen ist es außerordentlich anstrengend, extrem verlangsamter Sprache zuzuhören, und eine besondere Zuwendung der Aufmerksamkeit ist erforderlich, um überhaupt zu verstehen, was der andere sagt. Wenn jemand immer extrem langsam spricht, ist dies für die Zuhörer eine ziemliche Geduldsprobe; diese emotionale Reaktion auf extrem verlangsamte Sprache ist ein Hinweis darauf, daß eine solche Sprache offenbar »aus dem Rahmen fällt«.

Diese und ähnliche Beobachtungen über Verlangsamung bei Franz S. und zahlreichen anderen Patienten legen die Vermutung nahe, daß die Schnelligkeit von Hirnprozessen von der Anzahl beteiligter Nervenzellen abhängig ist – je mehr, um so schneller. Wenn aufgrund einer Hirnverletzung weniger Nervenzellen dieselbe Arbeit leisten müssen, geht alles sehr viel langsamer.

Eine Verringerung der Geschwindigkeit von Abläufen im Gehirn beobachten wir nun nicht nur nach Hirnschädigungen, etwa nach einem Unfall oder einem Schlaganfall, sondern auch bei anderen Erkrankungen des Gehirns, die mit einem Verlust von Nervenzellen einhergehen. Als Beispiele seien hier die Alzheimersche Krankheit, Epilepsie oder AIDS genannt; auch in diesen Fällen kommt es – aus unterschiedlichen Gründen – zu einem Verlust von Nervenzellen, der entweder über das ganze Gehirn verteilt oder auch nur an bevorzugten Orten stattfinden kann.

Das beschriebene Klickexperiment, mit dem eine Verlangsamung der akustischen Informationsverarbeitung nach Hirnschädigung nachgewiesen werden kann, hat interessanterweise nicht nur diagnostische, sondern auch therapeutische Bedeutung. Untersuchungen hierzu wurden von Nicole von Steinbüchel in München durchgeführt. Um diese therapeutischen Versuche besser zu verstehen, sei noch einmal auf das zeitliche Grundproblem des Sprachverstehens eingegangen. Wenn wir Sprache hören, muß unser Gehirn die Aufeinanderfolge der einzelnen Sprachlaute entschlüsseln, damit Wörter oder Sätze gehört werden können. Die Zeit, die für die akustische Information benötigt wird, um einen Konsonanten zu kennzeichnen, ist dabei besonders kurz; Vokale dauern länger. Wenn stimmhafte und stimmlose Konsonanten (wie »d« versus »t« oder »b« versus »p«) unterschieden werden sollen, dann müssen zeitliche Unterschiede in der akustischen Information von 20 bis 30 Tausendstelsekunden erkannt werden. Das Erkennen aufeinanderfolgender Konsonanten und damit die Dekodierung von Wörtern ist also eine zeitkritische Aufgabe. Man kann sich also gut vorstellen, daß bei der verlangsamten Tätigkeit des Gehirns nach einer Schädigung Verständnisschwierigkeiten beim Hören von Sprache auftreten müssen, denn die Reihenfolge der einzelnen Sprachlaute, die mit normaler Sprechgeschwindigkeit geäußert werden, kann nicht mehr erkannt werden. Wenn ein Patient eine zeitliche Ordnungsschwelle von 100 Tausendstelsekunden hat, dann wird alle akustische Information, die in ein solches »Zeitfenster« fällt, nämlich als gleichzeitig behandelt.

Hier setzte nun die Überlegung von Nicole von Steinbüchel an: Wenn es gelingt, die zeitliche Verarbeitung generell zu verbessern, dann sollte sich dies auch auf das Verstehen gesprochener Sprache auswirken. Der Erfolg dieser Studie war überraschend, und er eröffnet neue Dimensionen in der Therapie von Hirngeschädigten, sofern bei ihnen zeitkritische Funktionen betroffen sind. Eine Reihe von Patienten mit Sprachstörungen wurde einem »Zeittraining« unterzogen, und es gelang, die zeitliche Ordnungsschwelle dieser Patienten in den Normalbereich von 30 bis 40 Tausendstelsekunden zu bringen. Entscheidend ist nun, daß diese Patienten, deren zeitliche Verarbeitung von akustischen Reizen normalisiert wurde, eine bessere Leistung in der Sprachwahrnehmung zeigten als nichttherapierte Patienten. Sie konnten z. B. sehr viel besser stimmhafte von stimmlosen Konsonanten unterscheiden, was, wie dargestellt, eine besonders zeitkritische Aufgabe beim Hören von Sprache ist.

Mit diesen Beobachtungen werden also neue Möglichkeiten der Therapie von Hirngeschädigten erschlossen: Man sollte nicht nur versuchen, die beeinträchtigten Funktionen selbst zu verbessern, sondern auch die Hirnmechanismen, die diese Funktionen tragen, in die Therapie einbeziehen. Man muß also neben der Funktion einzelner Nervenzellen oder ihrer Bestandteile auch die Interaktion der Nervenzellen und die dadurch vermittelten Funktionen im Blick haben (vgl. Kap. 2 und 3). Auch die Fähigkeit zur Angabe der zeitlichen Ordnung von Ereignissen beruht auf der Interaktion vieler Nervenzellen und ist insofern eine Systemeigenschaft.

So tragisch eine Hirnverletzung ist, so muß man doch betonen, daß sie nicht in jedem Fall zur Zerstörung aller Leistungsfähigkeit oder auch Kreativität führen muß. Von vielen Künstlern und Wissenschaftlern weiß man, daß sie auch nach der Schädigung ihres Gehirns Größtes geleistet haben. Dies spricht für die große Plastizität des Gehirns; Kompensationsmechanismen, die wir bisher noch nicht hinreichend verstanden haben, sorgen offenbar dafür, daß ein möglichst hohes Funktionsniveau erhalten bleibt.

Hinzu kommt ein Weiteres: Was menschliche Leistungsfähigkeit und Kreativität ausmacht, ist nicht gebunden an die neuronale Aktivität eines umschriebenen Bereichs des Gehirns, sondern viele räumlich verteilte Areale müssen zusammenwirken. Wenn ein Glied in dieser Kette aufgrund einer örtlichen Verletzung im Gehirn ausfällt, so kann dies manchmal ohne Schwierigkeiten kompensiert werden. Andererseits gibt es aber auch Beobachtungen an Patienten, bei denen eine nur kleine Verletzung im Gehirn das gesamte Gefüge von Funktionen zusammenbrechen läßt und damit alle Leistungsfähigkeit und Kreativität verlorengeht. Erst wenn wir in der Hirnforschung genauere Erkenntnisse darüber gewonnen haben, wie psychische Funktionen räumlich und zeitlich repräsentiert sind, wird es uns möglich sein zu verstehen, warum manchmal große Verletzungen geringe Einbußen und kleine Verletzungen katastrophale Folgen haben.

Wenn man die Hirnmechanismen verstehen will, die Funktionen zugrunde liegen, dann muß man auch die Verbindungen zwischen Arealen berücksichtigen. Funktionsverluste können auch dann auftreten, wenn die Verbindung zwischen Kolonien von Nervenzellen abgerissen ist. Solche Verbindungsstraßen können relativ schmal sein, also wenig Platz im Gehirn einnehmen.

Die Störung einer Verbindung (wobei »Verbindung« hier zunächst in einem abstrakten Sinn verwendet wird, dann aber in dem Sinne eines Abreißens einer neuronalen »Verbindung« gedeutet werden kann), liegt auch bei unserem Patienten Franz S. vor. Er klagt vor allem auch darüber, daß »seine Gedanken die Worte nicht mehr finden können«.

Sprache ist nur in Verbindung mit einem Gedächtnis möglich, in dem Begriffe gespeichert sind. Wörter ohne Anbindung an Begriffe sind wertlos. Der Philosoph Immanuel Kant hat in seinem bekannten Werk »Kritik der reinen Vernunft« für dieses Problem die folgenden Worte gefunden: »Anschauungen ohne Begriffe sind blind.« So erfordert beispielsweise die Erinnerung an ein Lindenblatt Aktivität im Sehsystem. Bei einer Störung dieser Verbindungen kann sich der einzelne eventuell an ein grünes, flaches Etwas erinnern, ohne daß er jedoch wirklich weiß, was es bedeutet. Eine solche Störung kommt nach Hirnschädigungen tatsächlich vor, und man spricht dann von einer Agnosie.

Um Wissen, das in der Vergangenheit im Gedächtnis abgespeichert wurde, wieder aufzufinden, sind verschiedene Suchstrategien möglich. Eine Möglichkeit wurde von Franz S. beschrieben, daß man nämlich hierarchisch vorgeht; man geht von allgemeinen Begriffen aus und engt die inhaltlichen Bereiche sukzessive ein, bis man den konkreten Sachverhalt entdeckt hat. Eine solche Suchstrategie geht davon aus, daß unser Wissen im Langzeitgedächtnis in kategorialen Blocks repräsentiert ist. Hierfür gibt es tatsächlich aussagekräftige Hinweise aus Beobachtungen an Patienten, bei denen ganz bestimmte eng umschriebene Kategorien nach Hirnverletzungen ausgefallen sind. Jeweils eigenständige neuronale Programme repräsentieren bestimmte Kategorien. Nur wenn es solche eigenständigen neuronalen Programme gibt – man spricht in diesem Zusammenhang auch von der modulären Repräsentation des Wissens –, können sie auch verlorengehen. Der selektive Ausfall von Funktionen ist gleichsam der Beweis dafür, daß es sich um eigenständige Kategorien mit einer unabhängigen Repräsentation im Gehirn handelt. Ein Beleg für die moduläre Repräsentation des Wissens ist etwa, daß Patienten mit Störungen im Gehirn verschiedene Obstsorten nicht mehr auseinanderhalten können, während ihnen verschiedene Gemüsesorten keine Schwierigkeiten bereiten.

Man kann sich aber auch eine ganz andere Art der Speicherung von Wissen im Langzeitgedächtnis vorstellen, und möglicherweise ist diese komplementär zur Speicherung nach inhaltlichen Kategorien. Man geht davon aus, daß ein Begriff um so leichter auffindbar ist, je mehr Attribute für seine Beschreibung herangezogen werden. Sucht man im semantischen Gedächtnis beispielsweise nach dem Begriff »Apfel«, kann das über die Eigenschaft »rund« gehen (vgl. Abb. 12 und 13). Der Apfel ist außerdem rot oder grün. Einige dieser Attribute treffen auch für einen Ball oder eine Tomate zu. Durch die Anbindung an Eigenschaften wie »rund und klein und weiß« ergibt sich der Begriff »Golfball«. Aus »nicht ganz rund, rot und mit kleinen grünen Zacken« kann »Tomate« werden. Je zahlreicher die Verbindungen mit bestimmten voneinander unabhängigen Eigenschaften sind, um so eindeutiger ist der Begriff bestimmt und um so besser kann man sich an ihn erinnern. Das Elegante an dieser Abspeicherung der Information ist, daß man einzelne Eigenschaften für die Bestimmung vieler verschiedener Objekte heranziehen kann. »Rund«, »rot«, »klein« kann für viele verschiedene Dinge zutreffen; nur in ihrer einmaligen Kombination bestimmen sie einen einzelnen Gegenstand. Das Wissen ist also in einer Matrix repräsentiert, in der spezifische Kombinationen von Eigenschaften jeweils konkrete Wissensinhalte repräsentieren. Als materielle Grundlage dieser Repräsentationsform kommen sogenannte neuronale Netze in Frage, die im Bereich der Neuroinformatik oder der Forschung über künstliche Intelligenz (vgl. Kap. 11) eine immer größere Rolle spielen.

So wie wir beim Gedächtnis verschiedene Formen unterscheiden müssen, in denen unser Wissen, unser Können und unsere bildhaften Vorstellungen repräsentiert sind, so müssen wir auch verschiedene Formen des Lernens unterscheiden. Man unterscheidet im wesentlichen fünf verschiedene Lernformen, und für jede scheint es eigenständige neuronale Programme zu geben.

Das Lernen unter dem Stichwort »bedingter Reflex« haben wir bereits kennengelernt (vgl. Kap. 5), als wir uns mit dem Geruch und seinen vielfältigen Einflüssen auf unser Verhalten auseinandersetzten.

Das Lernen nach dem Rezept »Lernen am Erfolg« (man spricht auch vom operanten oder instrumentellen Konditionieren) haben wir ebenfalls schon kennengelernt, als wir das Zeittraining bei hirngeschädigten Patienten beschrieben, und wir werden es gleich am Beispiel des Biofeedback noch einmal erörtern.

Lernen als »Prägung« spielt eine besondere Rolle bei der Ausbildung unserer Gefühle und der Gestaltung unseres Charakters, und mit diesem Thema wollen wir uns im folgenden Kapitel näher befassen, wenn wir die emotionalen Grunddimensionen Lust und Schmerz analysieren (vgl. Kap. 7). Lernen als »psychomotorisches Lernen« haben wir auch schon angesprochen, denn das ist jene Lernform, die dem prozeduralen Gedächtnis zugrunde liegt; wir kommen wieder darauf zurück, wenn wir uns mit den Hirnmechanismen befassen, die für die Bewegungskontrolle (vgl. Kap. 8) verantwortlich sind.

Jene Lernform, die wir noch nicht angesprochen haben, ist die »Habituation« oder Gewöhnung. Zu den ersten Erfahrungen, die der Mensch im Leben macht, gehört die Gewöhnung der Tastnerven an bestimmte Berührungen, beispielsweise die mit Windeln und Bekleidung. Dabei lernt das Gehirn, gleichbleibende Meldungen nicht mehr wichtig zu nehmen. Diese Gewöhnung als eine grundlegende Form des Lernens wird durch Veränderungen der Empfindlichkeit von Nervenzellen im Gehirn bewirkt und nicht durch eine Anpassung der Sinneszellen, die die Reize der Umwelt aufnehmen. Auch dieses Phänomen gibt es, daß nämlich Sinneszellen (z. B. die Photorezeptoren im Auge) ihre Empfindlichkeit so regeln, daß sie an die herrschenden Beleuchtungsbedingungen optimal angepaßt sind; in diesem Fall spricht man von »Adaptation«, und hier ist ein ganz anderer Mechanismus wirksam als bei der vom zentralen Nervensystem vermittelten Habituation.

Es gibt zahlreiche Beispiele für die Habituation aus dem täglichen Leben, und diese Beispiele machen deutlich, wie wichtig und vor allem ökonomisch diese Lernform ist. So nimmt man, wie erwähnt, den am Körper anliegenden Stoff kaum noch wahr; nur wenn etwas nicht richtig sitzt, man sich deshalb an irgendeiner Körperstelle die Haut aufscheuert und deshalb Schmerz empfindet, spürt man die Kleidung. Hier zeigt sich ein Grundsatz der Reizverarbeitung im Nervensystem: Habituation gilt für alle sinnliche Erfahrung, nur nicht für den Schmerz (vgl. Kap. 7). Niemand gewöhnt sich an den Stein im Schuh. Eines der größten Gesundheitsprobleme ist der chronische Schmerz, an dem viele Menschen leiden, und chronischer Schmerz ist mit erheblichen Kosten für das Gesundheitssystem verbunden. Wenn es Habituation bei Schmerzen gäbe, dann gäbe es ein wesentliches Problem weniger.

Habituation spielt nicht nur eine wichtige Rolle bei der unmittelbaren Reizverarbeitung, sondern kennzeichnet auch unsere Änderungen von Bewertungen in neuen sozialen Situationen. Beginnt man eine neue Tätigkeit, lebt man nach einem Umzug in einer anderen Umgebung, kommt man als Kind in eine neue Schulklasse oder geht man auf Reisen in ein Land, das man noch nicht kennt – immer benötigt man eine gewisse Zeit der Anpassung an die neue Situation. Auf das Neue reagiert der Organismus automatisch mit einer sogenannten Orientierungsreaktion (die auch typisch für jeden Streß ist).

Subjektiv geht die Orientierungsreaktion einher mit dem Gefühl von Anspannung, dauernder (gleichsam lauernder) Aufmerksamkeit und nachfolgender Erschöpfung. Habituation bewirkt, daß die Orientierungsreaktion immer geringer wird und man allmählich beginnt, sich subjektiv in der neuen Situation wohl zu fühlen. Kommt es aus bestimmten Gründen nicht zur Habituation (weil man sich z. B. sozial nicht akzeptiert fühlt oder das Land, in das man gereist ist, den eigenen Wertvorstellungen zu sehr widerspricht), dann bleibt auch die körperliche Streßreaktion erhalten.

Der positive Sinn der Habituation liegt darin, jeweils nur das Neue zur Kenntnis zu nehmen. Normalerweise bleibt in unserer Welt um uns herum alles relativ gleich oder zumindest ähnlich, wirklich Neues ist eher selten, und es wäre Verschleuderung von Energie, immer mit maximaler Anspannung zu registrieren, was vor sich geht. Nur wenn etwas Neues passiert, kommt es zu einer deutlichen Reaktion, und die Ressourcen des Organismus werden aktiviert, um sich aktiv mit der veränderten Situation auseinanderzusetzen. Dies heißt nun nicht, daß der Organismus über seine Sinnesorgane nicht kontinuierlich registriert, was in der Welt vor sich geht. Doch das Geschehen wird laufend daraufhin überprüft, ob es etwas in der augenblicklichen Situation für den Organismus Wesentliches enthält. Unterhalb einer Schwelle zum Bewußtsein wird also entschieden, ob es sich lohnt, etwas zur Kenntnis zu nehmen oder nicht. Mit anderen Worten: Wir haben in unserem Gehirn einen »Neuigkeits-Detektor« eingebaut, der darüber entscheidet, ob es sich lohnt, auf ein Geschehen zu reagieren oder nicht und ob es überhaupt in das Bewußtsein hineingelassen werden soll.

Dies ist ein weiterer Beleg dafür, daß unser psychisches Repertoire zum großen Teil aus nicht bewußten Anteilen besteht und daß das, was uns bewußt wird, nur eine kleine Teilmenge des Psychischen ausmacht; man spricht hier auch vom »impliziten Wissen« (vgl. Kap. 10). Des weiteren wird deutlich, daß aktive Auswahlprozesse darüber entscheiden, was in unser Repertoire des Wissens, in unsere verschiedenen Gedächtnisse hineingelangt.

Ein besonders eindrucksvolles Beispiel für Lernen durch Gewöhnung ist die Habituation an angstauslösende Situationen. Kleine Kinder haben eine angeborene Scheu vor einem Abgrund. Wenn sie am Boden entlangkrabbeln und plötzlich an eine Stufe kommen, halten sie instinktiv an. Um Angst vor Abgründen experimentell zu überprüfen, hat man ein Baby über eine Glasscheibe krabbeln lassen, unter der Scherben und Dornen lagen. Der Scherbenteppich endete an einer zwei Meter tiefen Schlucht, ebenfalls unter der Scheibe. Das Baby krabbelte ohne Zögern über die Scherben und Dornen, doch es stoppte unvermittelt am Abgrund: Der angeborene Instinkt warnte davor, weiter vorzugehen. Das Baby tastete dann das Gelände vor sich ab und entdeckte dabei, daß die Glasplatte über den Abgrund hinwegging. Diese über den Tastsinn erworbene Erfahrung wurde sofort in Handlung umgesetzt. Bei einer Wiederholung des Versuchs überwand es seine angeborene Angst und krabbelte auf der Glasscheibe über dem Abgrund hinweg.

Man war lange Zeit der Meinung, daß Lernen nur eine Eigenschaft des zentralen Nervensystems sei und daß das autonome Nervensystem, das unsere inneren Organe reguliert, nicht lernfähig sei. Das autonome Nervensystem, auch als das vegetative oder das viszerale Nervensystem bezeichnet, setzt sich im wesentlichen zusammen aus den Teilsystemen »Sympathikus« und »Parasympathikus«. Eine wesentliche Aufgabe des vegetativen Nervensystems ist die Sicherstellung des »inneren Milieus«. Es sorgt dafür, daß alle Systeme gut aufeinander abgestimmt sind, indem es Atmung, Kreislauf, Verdauung, Körpertemperatur und Sexualfunktionen steuert. Inzwischen weiß man, daß auch das vegetative Nervensystem lernfähig ist, ja, daß sogar jedes einzelne Organsystem konditioniert werden kann. Sogar das Immunsystem kann lernen. Damit eröffnen sich für das Verständnis mancher Krankheiten völlig neue Perspektiven; könnte es z.B.

sein, daß manche Erkrankungen »gelernt« werden? Und wenn dies so ist, kann man sich dann auch vorstellen, daß man sich »gesund lernen« kann?

Ob man sich vielleicht gesund lernen kann, wird im Rahmen des sogenannten Biofeedback erprobt. Besonders interessante Versuche hierzu werden von Niels Birbaumer in Tübingen durchgeführt. Absicht dieser Versuche ist es, jenen Patienten mit Epilepsie zu helfen, bei denen medikamentöse Behandlungen versagen. Dazu sind die Lernform des operanten Konditionierens (»Lernen am Erfolg«) eingesetzt. Ein Versuch sieht beispielsweise so aus: In einem bequemen Sessel sitzt eine Patientin vor einem Bildschirm. An ihrem Kopf sind kleine Silberelektroden angebracht, die die schwachen Spannungen der Gehirnrinde an einen Verstärker weitergeben. Bei diesem Experiment soll eine besondere elektrische Aktivität des Gehirns untersucht werden, nämlich die kortikale Gleichspannungsverschiebung. Sie entsteht in den obersten Schichten der Gehirnrinde.

Die Patientin beobachtet den Bildschirm. Sie wirkt konzentriert und etwas angespannt. Über einen Kopfhörer hört sie zwei Signaltöne; der eine ist hoch, der andere tief. Sie sind für die Frau die Aufforderung, eine kleine Rakete, die auf dem Bildschirm sichtbar ist, in eines von zwei Toren zu lenken. Ein hoher Ton ist das Zeichen, daß sie die Rakete in das untere Tor lenken soll; erklingt ein tiefer Ton, muß die Rakete in das obere Tor geschossen werden. Trifft sie ins vorgeschriebene Tor, leuchtet wie bei einem elektronischen Fußballspiel als Belohnung eine Zahl auf. Die Steuerung der Rakete ist von der elektrischen Gehirnaktivität der Patientin abhängig; sie wird mit den Elektroden erfaßt und so auf den Bildschirm übertragen, daß die Rakete sich bei einer Steigerung der Hirntätigkeit in die eine Richtung und bei Verminderung der Hirntätigkeit in die andere Richtung bewegt. Die unterschiedlichen Richtungen der Raketen entsprechen also verschiedenen Aktivitätszuständen des Gehirns und sind somit das »Biofeedback«. Durch das Signal auf dem Bildschirm, das die sonst unbewußt ablaufende Aktivität des Gehirns sichtbar macht, wird diese Aktivität verstärkt. Aufgabe der Frau ist es, die Rakete allein mit ihrem Willen ins Ziel zu lenken, d. h. sie steuert den Flug der Rakete mit ihrer Gehirnaktivität.

Innerhalb von wenigen Sitzungen lernen die Versuchspersonen, mit dieser Biofeedback-Anordnung ihre Großhirnrinde elektrisch zu aktivieren oder die Aktivität zu vermindern. Im Labor erhalten sie nun den Auftrag, die Arbeit auch ohne Rakete und Ton, einfach durch die Vorstellung, zu leisten. Das Erstaunliche ist, daß sie diese Aufgabe relativ schnell lernen. Der Bildschirm ist anfänglich notwendig, lenkt später aber nur von der eigentlichen Aufgabe ab. Man kann hoffen, daß manchen Patienten mit Epilepsie in Zukunft mit Hilfe dieser Methode Linderung gebracht werden kann.

Beim Biofeedback soll generell das Potential menschlichen Lernens ausgenutzt werden, um bestimmte Erkrankungen zu beherrschen. Bei diesen Erkrankungen handelt es sich im wesentlichen um die psychosomatischen Krankheiten, die auf einer Fehlregulation der inneren Organe beruhen. Bisher hat die Verhaltensmedizin, die sich mit der Therapie psychosomatischer Krankheiten befaßt und stärker als die konventionelle Medizin psychologische Sachverhalte (wie im hier erörterten Fall das menschliche Lernpotential) einbezieht, nicht die ihr gebührende Aufmerksamkeit gefunden. Bei vielen Erkrankungen, wie etwa im Bereich des Herzens oder des Magen-Darm-Traktes, beim chronischen Schmerz oder bei gestörten Sexualfunktionen, scheint eine Kooperation zwischen Medizinern und Psychologen aber unverzichtbar.

Ein Grund für die mangelnde Berücksichtigung psychischer Faktoren bei Diagnose und Therapie von Erkrankungen mag darin liegen, daß dafür konzentrierte interdisziplinäre Arbeit notwendig ist, damit das Wissen aus den Bereichen Medizin und Psychologie zusammenfließen kann. Leider ist interdisziplinäre Arbeit fast immer mit Berührungsängsten zwischen den Vertretern der verschiedenen Fachrichtungen verbunden, und dies gilt für alle wissenschaftlichen Bereiche, nicht nur für die Medizin und die Psychologie. Zur Überwindung dieser Ängste muß man der Lernform der Habituation eine Chance geben, indem man Kontaktflächen schafft, bei denen sich Vertreter verschiedener Wissenschaften treffen und aufeinander eingehen müssen. Wenn Wissenschaftler verschiedener Fachrichtungen miteinander sprechen, werden automatisch Barrieren abgebaut, die bei einer gemeinsamen Arbeit hinderlich sind. Die Erfahrung zeigt, daß neue Entdeckungen häufig dann gemacht werden, wenn Vertreter der unterschiedlichsten Disziplinen zusammenkommen und sich dann völlig neue Fragestellungen auftun, an die man innerhalb der Denkschemata seiner eigenen Disziplin gar nicht denken konnte. Beispiele für interdisziplinäre Entdeckungen sind etwa das »Blindsehen« (Kap. 4) oder die Informationsverarbeitung in der Narkose (Kap. 10). Ein weiteres Beispiel interdisziplinärer Forschung haben wir hier im Rahmen der neuropsychologischen Rehabilitation von Hirngeschädigten angesprochen. Auch bei der Diagnostik und Therapie solcher Störungen, wie sie der Patient Franz S. zeigt, müssen Mediziner, Psychologen und möglichst auch Sprachforscher zusammenarbeiten. Nur dann kann ein optimales Verständnis der Störung und die Entwicklung neuer Behandlungsmethoden erreicht werden.

Eine ähnliche Herausforderung stellt auch die ärztliche und psychologische Behandlung alter Menschen dar. Ein Problem des Alters ist, daß Nervenzellen verlorengehen, was aber nicht heißen muß, daß die eingefahrenen Straßen der Informationsverarbeitung nicht mehr funktionsfähig sind. Auch wenn wir täglich viele Nervenzellen verlieren, so haben wir dennoch auch bis ins hohe Alter hinein genug davon, um voll funktionsfähig zu bleiben. Auch dann noch kann unser Gedächtnis voll arbeitsfähig sein. Es muß nur benutzt werden. Prägungen, bei denen durch Lernen Bahnen zwischen Nervenzellen aufgebaut wurden, bleiben durch ständiges Training ein Leben lang erhalten. Zerstörte Zellen im Nervensystem können zwar nicht wie andere Körperzellen nachwachsen (es wird mit Nachdruck daran gearbeitet, die Gründe hierfür zu verstehen), aber manche Nervenzellen scheinen für neues Lernen auch im Alter aktivierbar zu sein.

Nach weitverbreiteter Vorstellung hat Lernen etwas mit Fleiß zu tun, und ebenso selbstverständlich erscheint, daß man das, was man gelernt hat, nicht vergessen sollte. Faulheit und Vergessen erscheinen gleichsam als Feinde des Lernens. Doch weit gefehlt! Faulheit und Vergessen sind die wesentlichen Motoren für die aktive Gestaltung des Wissens. Das sollte man nun nicht so mißverstehen, daß ein dumpfes Dahinleben von der Wiege bis zur Bahre ein erstrebenswertes Lebensziel sei. Um etwas vergessen zu können, muß man es vorher gewußt haben, d. h. Voraussetzung des Vergessens ist das Gelernthaben. Was aber wird vergessen? Es sind die kleinen und überflüssigen Details, die unser Gedächtnis belasten, von denen wir uns durch »kreatives Vergessen« befreien. Hinter dem Vergessensprozeß steht ein aktiver Auswahlprozeß, ein Abstraktionsprozeß. Vergessen heißt, das Wesentliche eines Ereignisses in abstrahierter Form zu repräsentieren. Man ertrinkt dann nicht mehr in den Details, sondern hat das Entscheidende eines Geschehens in seiner Erinnerung verfügbar.

Das Vergessen ist gleichsam das Organ, das den Abstraktionsprozeß ausführt. Faulheit aber erzeugt den energetischen Druck für die Abstraktion. Damit wir uns nicht immer anstrengen müssen, damit wir faul sein können, sorgt ein ordnender Prozeß unseres Gehirns dafür, daß Überflüssiges vergessen wird. Faulheit ist also der Ausdruck eines wesentlichen Lebensprinzips. Der Philosoph Kierkegaard hat in »Entweder – Oder« hierfür die folgenden Worte gefunden: »Müßiggang ist nichts Übles, ja man kann sagen: ein Mensch, der für diesen keinen Sinn hat, zeigt damit, daß er sich nicht zur Humanität erhoben hat.«

Kapitel 7

Bewertungen: Lust und Schmerz

Lust zeigt sich in vielen Verkleidungen, als Sinnesfreude, Vergnügen, Wonne, Behagen, Entspannung, Ausschweifung. Wir denken bei dem Wort Lust natürlich auch an sexuelles Verlangen, an leibliches oder seelisches Wohlsein beim Speisen, an ästhetischen Genuß. Doch auch Schmerz hat viele Gesichter. Seine Palette reicht vom Mißbehagen bis zur Qual. Wie bei der Lust verwenden wir das Wort Schmerz in zwei Bedeutungen: Wie es die körperliche und die seelische Lust gibt, so gibt es den körperlichen und den seelischen Schmerz. Hier müssen wir uns fragen, ob mit demselben Wort – Lust bzw. Schmerz – etwas erfaßt wird, das eine gemeinsame Wurzel hat, oder zeigt sich in der Verwendung jeweils desselben Wortes eine Armut der Sprache? Wir sind der Meinung, daß seelischer Schmerz denselben Ursprung hat wie körperlicher Schmerz und daß in gleicher Weise seelisches Wohlbehagen und körperlich empfundene Lust miteinander verbunden sind. Daß wir für Körperliches und Seelisches dasselbe Wort verwenden, kann sogar als Beleg dafür genommen werden, daß wir eine künstliche Trennung vornehmen, wenn wir jeweils den Blick nur auf das eine richten. Gerade in der Welt unserer Gefühle wird uns deutlich, daß die philosophische Grundposition des Monismus seine Berechtigung hat, nämlich Körper und Seele aus *einem* Prinzip zu erklären.

Lust und Schmerz sind Gefühle oder Empfindungen, die uns bei allen unseren Handlungen oder Erlebnissen begleiten. Dies soll heißen, daß Schmerz und Lust nicht einfach abschaltbar sind; sie sind eigentlich immer dabei. Gleichgültig, ob wir ein Bild versunken betrachten, ob wir einem anderen mit Aufmerksamkeit zuhören, ob wir nachdenken oder auch arbeiten, ob wir unsere Zukunft planen oder die Vergangenheit aufarbeiten, immer ist das psychische Geschehen eingebettet in eine gefühlsmäßige Bewertung nach Lust und Schmerz; wir denken unbewußt mit, ob das jeweilige Erlebnis angenehm oder unangenehm, gut oder schlecht, bezaubernd oder abstoßend, strahlend oder stumpf, wundervoll oder gräßlich, glanzvoll oder fürchterlich ist.

Lust erlangen und Schmerz vermeiden sind Grundantriebe unserer Existenz, während Gleichgültigkeit zu den Erlebnissen gehört, die unserem eigentlichen Wesen fremd sind. Gleichgültigkeit ist etwas Unnatürliches. Auf die Bedeutung von Lust und Schmerz als Ankerpunkte unseres Erlebens wurde zu allen Zeiten hingewiesen, und dies nicht nur von Philosophen oder Dichtern, wie man vielleicht meinen könnte. Der Physiker Albert Einstein betont, daß alles, was von Menschen getan oder erdacht wird, der Befriedigung gefühlter Bedürfnisse und der Vermeidung von Schmerz gilt. Der griechische Philosoph Aristoteles mißt der Lust eine fundamentale Bedeutung für Wahrnehmen und Denken bei – ähnlich wie wir dies heute auf der Grundlage der Ergebnisse der Hirnforschung tun. Er schreibt beispielsweise: »Denn wo Empfindung ist, da ist auch Lust und Schmerz, und wo diese, notwendig auch Begierde«, und: »Denn für jeden Sinn gibt es eine Lust, und ebenso auch für das Denken und Betrachten.«

Muß Schmerz wirklich sein, gehört Schmerz tatsächlich in unser Leben, könnte nicht darauf verzichtet werden, da Schmerz doch meist mit Leiden und manchmal mit Verzweiflung verbunden ist? Und könnte man nicht auf das Mißbehagen ebenfalls verzichten, auf die blasse Spiegelung des Schmerzes, und warum gibt es eigentlich so etwas wie die Sorge? Auf die existentielle Frage nach der Bedeutung von Schmerz und Sorge wollen wir hier nicht eingehen, sondern wir konzentrieren uns auf die biologischen und medizinischen Fragen, ohne die man allerdings wohl auch nicht die existentiellen Fragen im philosophischen, theologischen oder religiösen Kontext erörtern kann. Die empfundene Sorge, die das ganze Leben vergiften kann, dient zunächst der Lebenssicherung für die Zukunft, doch abgetrennt von ihrem ursprünglichen Zweck wird sie zu einer sekundären Motivation, die das Leben oder Erleben erdrückt. Goethe schreibt zur Sorge im »Faust«:

»Die Sorge nistet gleich im tiefen Herzen,
Dort wirket sie geheime Schmerzen.
Unruhig wiegt sie sich und störet Lust und Ruh;
Sie deckt sich stets mit neuen Masken zu,
Sie mag als Haus und Hof, als Weib und Kind erscheinen,
Als Feuer, Wasser, Dolch und Gift;
Du bebst vor allem, was nicht trifft,
Und was Du nie verlierst, das mußt Du stets beweinen.«

Wir wollen uns nun aber, wie gesagt, auf die Medizin und die Biologie beschränken – in aller Bescheidenheit –, und in diesem Kontext die Bedeutung von Schmerz und Lust erörtern; Goethe gibt uns auch hier eine geistige Hilfestellung, wenn er an einer anderen Stelle im »Faust« über die Medizin kundtut:

»Der Geist der Medizin ist leicht zu fassen;
Ihr durchstudiert die groß' und kleine Welt,
Um es am Ende gehn zu lassen,
Wie's Gott gefällt.«

Beobachtungen an Patienten, die keine Schmerzen empfinden können, zeigen, daß sie nicht lange überleben können. Schmerz gehört offenbar in einem positiven Sinn zu unserem Leben. Aus Biographien von Menschen, die weder Schmerzen kennen noch sie empfinden, wird deutlich, daß sie oft in gefährliche Situationen geraten, daß sie sich dabei verletzen, weil Schmerz für sie nichts bedeutet, weil sie mögliche schmerzhafte Situationen nicht erkennen können (vgl. Kap. 3).

Schmerzblindheit kommt glücklicherweise außerordentlich selten vor. Daß wir mit einer normalen Ausstattung von Schmerzrezeptoren – wir nennen sie auch Nozizeptoren – auch Schmerz empfinden können, ist aber nicht selbstverständlich; nur die Sinneszellen zu haben reicht nicht aus. Schmerzwahrnehmung und Schmerzerleben muß in der frühen Kindheit erst gelernt werden. Dieses Lernen bezeichnen wir als Prägung; bei dieser Lernform wird durch Erfahrung bestätigt, was das Gehirn auf genetischer Grundlage für die Informationsverarbeitung vorgesehen hat. Erfolgt diese Bestätigung, funktioniert die Informationsverarbeitung ein Leben lang, bleibt sie aus, dann geht die Funktion verloren.

Solche Bestätigungen erfolgen allerdings nicht nach dem Prinzip »alles oder nichts«, sondern es gibt graduelle Abstufungen. Bei der Prägung wird im Detail festgelegt, wie wir mit Sinnesinformation umgehen. Bei der Bestätigung der neuronalen Mechanismen, die für unser Schmerzerleben verantwortlich sind, wird festgelegt, welche Bedeutung Schmerz für uns hat, wie intensiv wir Schmerzreize empfinden. Und was für den Schmerz gilt, das müssen wir auch für die Lust annehmen.

Über die Prägung des Schmerzerlebens wurde ein interessantes Experiment von Ronald Melzack aus Kanada durchgeführt. Er ließ junge Hunde mit unterschiedlicher Schmerzerfahrung aufwachsen. Die einen lebten in einer natürlichen Umgebung, die anderen in einer Laborsituation, in der sie sich nicht weh tun konnten. Schmerz kam also für diese Welpen nicht vor. Als die Hunde dann herangewachsen waren und in die normale Umwelt entlassen wurden, konnten sie schmerzhafte Situationen nicht vermeiden lernen. Auch wenn sie sich einmal an einer Flamme verbrannt hatten, steckten sie ihre Nase immer wieder ins Feuer, was ein natürlich aufgewachsener Hund, der in seiner Kindheit mit Schmerzreizen Kontakt hatte, nie tut.

Die biologisch mögliche Schmerzerfahrung muß durch Erfahrung bestätigt werden, damit sie wirksam wird. Die mangelnde Bestätigung verstellt die Möglichkeit, aus Schaden klug zu werden. Bei uns Menschen wie bei den meisten Lebewesen sind viele Verhaltensweisen und Erlebnismöglichkeiten von Natur aus angelegt. Doch mit Hilfe des Prägungslernens werden diese erst endgültig im Gehirn verankert.

Manch einer erlebt in frühester Kindheit, daß Angst in Lust umkippen kann, beispielsweise wenn er vom Vater in die Luft geworfen und sicher wieder aufgefangen wird. Offenbar ist der Nervenkitzel ein Teil der Lustempfindung, und es scheint für unser Erleben eine besondere Herausforderung zu sein, Gegensätze wie Angst und Lust oder Schmerz und Vergnügen miteinander zu verbinden. Diese Verbindung wird ebenfalls gelernt, wie der russische Physiologe Iwan Pawlow zeigte. Bekanntlich lösen elektrische Reize Schmerzempfindungen aus. Pawlow gelang es in seinen Versuchen, den Charakter dieser Reize umzupolen. Wenn man einem Hund Futter zeigt, dann läuft ihm das Wasser im Mund zusammen. Wenn man nun einen anderen Reiz vor dem Futter präsentiert, dann löst nach einigen Wiederholungen schließlich auch der andere Reiz den »bedingten Reflex« aus. Dieser andere Reiz kann nun auch ein Schmerzreiz sein, z. B. ein elektrischer Schlag. Schmerz bekommt hier eine positive Bedeutung. Auf diese Weise kann etwas Schmerzhaftes in ein neues Bezugssystem des Verhaltens umgebettet und mit etwas Lustvollem assoziiert werden.

Beim Masochismus scheint eine ähnliche Sachlage vorzuliegen. Besondere Erfahrungen, in denen intensive Lust und Schmerz zusammen auftreten, lehren den Noch-Nicht-Masochisten, Schmerz als Lust zu deuten. Auslöser einer solchen Umkonditionierung kann sein, daß nach zugeführten Schmerzen positive Zuwendungen erfolgen. Nach einiger Zeit wird dann Schmerz als Ankündigung emotionaler Belohnung erfahren und verliert seinen schmerzhaften Charakter. Der Handlungsablauf von zugefügtem Schmerz und darauf folgender emotionaler Zuwendung trägt sadistische Züge, weshalb man annehmen kann, daß Sadisten Masochisten prägen.

Die bidirektionale sadomasochistische Beziehung ist im übrigen ein häufig beobachtetes Muster in der Kommunikation zwischen Menschen, die einander emotional nahestehen; in einer solchen Beziehung behandelt jeder den anderen mit einer sadistischen Tendenz, und jeder erlebt den Sadismus des anderen, wenn auch nicht genußvoll leidend, so doch hinnehmend. Dieses Beziehungsmuster muß den Partnern nicht bewußt sein, sondern kennzeichnet implizit ihren Umgang miteinander.

Für die Entwicklung auch dieses Erlebens müssen wir wiederum frühe Phasen unseres Lebens annehmen. In diesen Zeiten, die auch als sensible Phasen bezeichnet werden, besteht eine Offenheit für nachhaltige Erfahrungen; diese Erfahrungen führen dann zu einem irreversiblen Ergebnis, d. h. spätere Umprägungen sind praktisch unmöglich, denn die verarbeitenden Mechanismen des Gehirns sind festgelegt. Das Gehirn eines Neugeborenen besitzt eine übergroße Anzahl von synaptischen Kontakten zwischen Nervenzellen, und zwar viel mehr, als im späteren Leben benötigt werden. Diese sind der Vorrat für die individuellen Ausprägungen unserer Gefühle.

Es wird viel darüber diskutiert, ob unser Erleben im wesentlichen angeboren oder erworben ist. Insbesondere wird diese Diskussion im Hinblick auf die Intelligenz geführt; sie müßte aber auch unsere Gefühlswelt, vor allem unser Lust- und Schmerzerleben, einschließen. Die Prägung unseres Erlebens und Verhaltens in den frühen Perioden unserer Kindheit macht deutlich, daß es hier kein »entweder – oder« gibt. Prägung führt dazu, daß genetisch vorgegebene Programme durch Erfahrung endgültig im Gehirn festgeschrieben werden. Dies bedeutet, daß wir nach erfolgter Prägung zwischen angeboren und erworben nicht mehr unterscheiden können.

In der letzten Zeit ist wieder einmal eine Kontroverse darüber entbrannt, ob Homosexualität eine genetische Ursache hat, oder ob man zur Homosexualität »erzogen« wird (auch wenn dies nicht mit Absicht geschieht). Durch sorgfältige Untersuchungen an Gehirnen von verstorbenen Homosexuellen hat Simon LeVay aus den USA festgestellt, daß in einer neuronalen Struktur, die an der Steuerung des sexuellen Empfindens beteiligt ist, Nervenzellen bei diesen Gehirnen sehr viel kleiner waren als in Gehirnen von Heterosexuellen. Dieser anatomische Unterschied wird von manchen als Beleg dafür angesehen, daß es eine genetische Ursache für Homosexualität gibt. Allein aus einer solchen Beobachtung läßt sich dies jedoch nicht schließen. Unterschiede in der Größe von Nervenzellen können auch durch Prägungsereignisse bedingt sein, denn diese haben einen tiefen Einfluß auf die Hirnstrukturen.

Ein Einfluß auf die neuronalen Strukturen bei der Verarbeitung von Reizen muß aber nicht auf die Prägungsphasen beschränkt sein. Dies gilt zumindest für die Anzahl der Rezeptoren in den Zellmembranen, die Reize weiterverarbeiten. In Untersuchungen über Schmerzverarbeitung ist festgestellt worden, daß bei längerer Schmerzreizung sich schon auf Rückenmarksebene immer mehr Rezeptoren ausbilden, so daß die chemischen Botenstoffe ein größeres Terrain vorfinden, um ihre Wirkung zu entfalten. Möglicherweise können hiermit manche Aspekte des chronischen Schmerzes verstanden werden: Schmerzreize an der Körperperipherie bewirken eine höhere Sensibilität bei der Schmerzempfindung, weil einfach mehr Rezeptoren auf den Nervenzellen sitzen, die den chemischen Botenstoff, der bei der Schmerzverarbeitung wichtig ist, auffangen. Allerdings dürfte dies nur einer von mehreren Mechanismen sein, die verantwortlich sind für den dauernden Schmerz, an dem chronische Schmerzpatienten leiden.

Die höhere Sensibilität hat noch eine weitere Bedeutung: Die einzelnen Sinnessysteme sind schon auf der Ebene des Rückenmarks nicht vollständig voneinander getrennt. Leitungsbahnen, die Wärme, Kälte oder einfach nur Berührung in das Gehirn melden, haben auch Zugang zu den Nervenzellen, die vornehmlich für den Schmerz zuständig sind. Diese Tatsache bewirkt, daß bei erhöhter Sensibilität schon eine Berührung oder ein Lufthauch ausreichen, um eine Schmerzempfindung hervorzurufen.

Wie können wir die Intensität von Schmerz beurteilen? Ist dies überhaupt möglich, da doch der Schmerz eine rein subjektive Erfahrung ist, die sich möglicherweise einer objektiven

Beschreibung entzieht? Trotz vieler damit verbundener Probleme gibt es seit Jahren Versuche, mit Hilfe verschiedener Methoden die Schmerzintensität von Reizen objektiv zu beschreiben. Hierzu werden Reize definiert, von denen man weiß, daß sie nach einer bestimmten Zeit oder bei einer gewissen Intensität eine Schmerzempfindung auslösen. In kontrollierten Experimenten eignen sich hierfür vor allem Hitzereize, neuerdings auch Laserlicht, mit dem man einzelne Sinneszellen reizen kann, oder chemische Reize wie etwa Kohlendioxyd, aber gelegentlich werden auch elektrische Reize verwendet.

Betrachten wir einmal ein typisches Experiment, bei dem mit Hilfe sogenannter psychophysischer Verfahren Schmerz objektiv erfaßt werden soll. Man beginnt mit einer sehr geringen Reizintensität, die überhaupt keine Empfindung auslöst. Dann erhöht man die Reizintensität um einen geringen Betrag, bis die Versuchsperson angibt, gerade eben etwas gespürt zu haben. Damit hat man die sogenannte Wahrnehmungsschwelle gefunden. Nun erhöht man die Reizintensität wieder um einen Betrag, bis die Versuchsperson angibt, daß der Reiz nun als schmerzhaft empfunden wird. Dieser Übergang von schmerzlos zu schmerzhaft definiert die Schmerzschwelle. Nun erhöht man die Reizintensität weiter, bis man zu einer Intensität kommt, bei der die Versuchsperson angibt, daß sie mehr Schmerz nicht ertragen kann. Diese Intensität definiert die Schmerztoleranz. Damit sind zwei subjektive Phänomene definiert, die mit Schmerzerfahrung in Verbindung stehen, nämlich die Schmerzschwelle und die Toleranzschwelle.

Dies sind aber nicht die einzigen Variablen, die Schmerz charakterisieren. Ein interessantes Maß ist auch die sogenannte Unterschiedsschwelle. Wie verschieden müssen zwei Reize sein, daß man den dadurch hervorgerufenen Schmerz eben gerade voneinander unterscheiden kann?

Ein weiteres Maß ergibt sich aus der Zunahme der Schmerzempfindung bei Zunahme der Reizstärke. Bezüglich dieses Maßes ist der Schmerz in ganz anderer Weise gekennzeichnet als die übrigen Sinnessysteme. Wenn man in jenem Bereich, der knapp oberhalb der Schmerzschwelle liegt, die Reizintensität ein wenig erhöht, kommt es zu einer geringfügigen Erhöhung des subjektiven Schmerzes; führt man dieselbe Prozedur im Bereich kurz unterhalb der Schmerztoleranz durch, dann kommt es zu einer explosionsartigen Zunahme des Schmerzes, der Schmerz wird zur Qual. Diese Beziehung zwischen Schmerzreiz und Schmerzgefühl muß vor allem dem Arzt bewußt sein. Viele ärztliche Manipulationen sind schmerzhaft, und eine nur geringfügige Zunahme der Reizintensität kann beim Patienten zu einem plötzlich sehr intensiven Schmerz führen.

In verschiedenen psychophysischen Untersuchungen ist geprüft worden, in welcher Beziehung eigentlich die verschiedenen Maße zueinander stehen, die zur objektiven Erfassung des Schmerzes herangezogen werden. Eine Frage, die sich hinter diesem Problem verbirgt, ist, ob es bei der Beurteilung der Wirkung eines Schmerzmittels eigentlich ausreicht, jeweils nur ein Maß heranzuziehen. Dies wäre möglich, wenn jedes der genannten Maße in gleicher Weise sensibel ist für das, was wir als subjektiven Schmerz empfinden. Erstaunlicherweise ist dies nicht der Fall. Mit den verschiedenen Maßen erfassen wir offenbar unterschiedliche Aspekte unseres Schmerzerlebens. Schmerz ist also nicht ein eindimensionales Phänomen, sondern es hat vielfältige Ausprägungen.

Wenn man beispielsweise bei Männern und Frauen Schmerzschwelle und Schmerztoleranz untersucht, dann beobachtet man, daß die Schmerzschwelle relativ ähnlich ist, die Toleranz aber verschieden. Auch wenn dies vielleicht nicht jeder/jede hören mag, haben zumindest in solchen Experimenten Männer eine höhere Toleranz als Frauen; sie sind also bereit, höhere Reizintensitäten zu ertragen. Dies muß nicht unbedingt heißen, daß sie im täglichen Leben auch besser mit schmerzhaften Situationen umgehen können. Gerade heldenhaften Männern wird nachgesagt, daß sie in Schmerzsituationen zum Klagen neigen. Dies mag aber auch nur so erscheinen, weil man Schmerzklagen von heldenhaften Männern nicht erwartet und deshalb überrascht ist. Eine Mitteilung in diese Richtung wird also im Sinne einer Kontrastverstärkung überbewertend registriert.

Die Maße Schmerzschwelle und Schmerztoleranz eignen sich sehr gut, die Schmerzverarbeitung in den beiden Gehirnhälften zu untersuchen. Aufgrund neuroanatomischer Bedingungen ist die linke Körperseite im wesentlichen in der rechten Gehirnhälfte, die rechte Körperseite in der linken Gehirnhälfte repräsentiert. Man kann nun das folgende Experiment durchführen: Man prüft, wie groß die Schmerzschwelle und die Schmerztoleranz ist, wenn man die linke oder die rechte Hand an einander entsprechenden Stellen stimuliert. Hierbei stellt man fest, daß links eine sehr viel geringere Reizintensität erforderlich ist, um die Schmerzschwelle und die Toleranzschwelle zu erreichen. Da diese Information hauptsächlich in die rechte Gehirnhälfte geschickt wird, bedeutet dies, daß die rechte Gehirnhälfte bei geringeren Intensitäten bereit ist, etwas als schmerzhaft zu empfinden. Diese Beobachtung geht einher mit vielen anderen, aus denen sich schließen läßt, daß die rechte Gehirnhälfte dominant ist für die emotionale Bewertung von Erlebnissen. Der linken Gehirnhälfte sagt man eher eine emotionale Kälte nach.

In diesen Untersuchungen über den sogenannten Lateralitätsunterschied des Schmerzerlebens wurde nun auch geprüft, ob unser Schmerz durch Tranquilizer (Benzodiazepine) beeinflußt werden kann, die man häufig dann verabreicht, wenn ein Patient emotional beruhigt werden soll. Hierbei wurde nun die überraschende Beobachtung gemacht, daß die Medikamente offenbar nur auf die rechte Gehirnhälfte einwirken. Nach Medikamentengabe wurden Schmerzschwelle und Schmerztoleranz der linken Körperseite auf das Niveau der rechten Körperseite angehoben, während sich für Schmerzschwelle und Schmerztoleranz der rechten Körperseite keine Änderungen ergaben. Diese Beobachtung bedeutet möglicherweise, daß die Tranquilizer ihre Wirkung nicht im ganzen Gehirn in der gleichen Weise entfalten, sondern auf jene Bereiche konzentriert sind, die für die emotionale Bedeutung des Erlebens verantwortlich sind, und gerade dort sollen sie ja auch ihre Wirkung entfalten.

Die Hypothese, daß die rechte Gehirnhälfte vor allem für das emotionale Geschehen verantwortlich ist, wird durch Beobachtungen an Patienten bestätigt, die eine Störung der rechten Gehirnhälfte erlitten haben. Bei diesen Patienten fällt auf, daß sie emotional abgestumpft sind, also weder Freude noch Leid so empfinden können, wie es für den Gesunden selbstverständlich ist. Verletzungen der linken Gehirnhälfte führen dagegen häufig zu starken emotionalen Reaktionen, weil die Aktivität der rechten Gehirnhälfte offenbar von links nicht mehr gebremst wird.

Die Lateralisierung unserer Gefühle bezieht sich auf ein breites Repertoire unseres Empfindens, auch auf die Sexualität. Man hat festgestellt, daß im Laufe des sexuellen Reaktionszyklus vor allem die rechte Gehirnhälfte aktiviert ist. Während des Orgasmus kommt es nur auf der rechten Seite, nicht jedoch auf der linken zu charakteristischen Veränderungen der Hirnströme, die immer dann zu beobachten sind, wenn ein intensives emotionales Geschehen abläuft. Es kommt bei der intensiven Lust also zu einer Aufspaltung der Aktivität im Gehirn.

Die während des Orgasmus typischen elektrischen Veränderungen des Gehirns, die man mit Hilfe des Elektroenzephalogramms (EEG) aufzeichnet, werden als Theta-Wellen bezeichnet. Sie sind gekennzeichnet durch eine Frequenz von etwa vier bis sieben Hertz, und bemerkenswert ist, daß diese Wellen auch dann auftreten, wenn intensiver Schmerz erlebt wird. Bei Menschen, die über Kohlen laufen – die Feuerläufer –, hat man beobachtet, daß Hirnstromveränderungen auftreten, die denen bei der sexuellen Lust gleichen.

Diese Beobachtung führt zu der Überlegung, daß die Prozesse im Gehirn, die bei intensivster Qual oder bei Wollust auftreten, vermutlich sehr ähnlich sind – ein weiterer Hinweis darauf, daß Lust und Schmerz nicht Gegenpole sind, sondern in enger Beziehung zueinander stehen, und daß sie als emotionale Grundtönung in jeweils unterschiedlichen Mischungsverhältnissen all unser Erleben charakterisieren.

Kehren wir damit zurück zum Gedanken der gleichzeitigen Verfügbarkeit von Lust und Schmerz in unserem Erleben. Würden wir annehmen, daß Lust und Schmerz Gegenpole sind, die einander ausschließen, so würde die Mitte zwischen Lust und Schmerz dem gefühllosen Zustand der Gleichgültigkeit entsprechen. Wir haben aber schon darauf hingewiesen und betonen dies noch einmal, daß Gleichgültigkeit ein dem Menschen nicht gemäßer Gefühlszustand ist. Gleichgültigkeit ist vielmehr ein Krankheitszeichen, das insbesondere den schwer depressiven Patienten kennzeichnet. Der Depressive leidet daran, weder Lust noch Schmerz empfinden zu können. Die Gleichgültigkeit wird nicht als ein erstrebenswertes, sondern als ein belastendes Gefühl erlebt.

Wir müssen noch einmal auf die Frage zurückkommen, wie Schmerz objektiv gemessen werden kann. Diese Frage läßt sich natürlich auch bei anderen psychischen Phänomenen stellen: Wie bestimmt man die Intensität einer Depression, wie mißt man das Gefühl der Lebensqualität, gibt es objektive Maße für den Zustand der empfundenen Gesundheit? Grundlegende Studien hierzu hat vor allem Monika Bullinger aus München durchgeführt. In allen diesen Fällen versucht man, mit Hilfe von Fragebögen objektive Kenntnisse über die in Rede stehenden Konstrukte zu erhalten. Dabei zeigt sich, daß es trotz aller Schwierigkeiten durchaus möglich ist, die einzelnen Bereiche objektiv zu beschreiben. Man kann also relativ gut angeben, wie schwer die Depression eines Patienten, wie gut seine Lebensqualität oder wie intensiv seine Schmerzen sind.

Bei den Schmerzfragebögen hat sich gezeigt, daß man drei Bereiche des Schmerzerlebens erfassen muß, will man dem Phänomen gerecht werden. Es gibt zum ersten die sogenannte sinnliche Komponente, d. h. man fragt, an welcher Stelle des Körpers mit welchem Zeitablauf ein Schmerz empfunden wird. Ein Schmerz, den wir mit Worten wie »spitz«, »scharf«

oder auch »blitzartig« bezeichnen können, wird etwas anders erfaßt als jener zweite Schmerz, den wir als »dumpf« oder »drängend« bezeichnen können und der besonders unsere Gefühle beeinflußt. Der lang anhaltende Zahnschmerz ist hierfür ein Beispiel. Mit anderen Begriffen können wir den ersten Schmerz als »Sinnesschmerz«, den zweiten als »Gefühlsschmerz« umschreiben. Die dritte Schmerzkomponente, die zu berücksichtigen ist, bezieht sich auf unseren Umgang mit Schmerz, d. h. wie wir ihn gedanklich bewerten. Hiermit ist vor allem der Bereich der Schmerzbewältigung angesprochen. In einem Fragebogen, in dem Schmerz erfaßt werden soll, werden dann diese drei Komponenten durch gezielte Fragen berücksichtigt. Die Standardisierung solcher Fragebögen ist im übrigen ein aufwendiges Geschäft, denn es muß gewährleistet sein, daß die gewählten Formulierungen das, was man als Schmerz erfassen möchte, bei möglichst vielen Menschen repräsentieren. Durch objektive Messung soll ja gerade eine Vergleichbarkeit zwischen Menschen hergestellt werden. Ein solcher Schmerzfragebogen wurde u. a. von Gabriela Mendl in München standardisiert. Er erlaubt eine Befragung, anhand derer sich beurteilen läßt, wie schmerzhaft ein Mensch seine jeweilige Lebenssituation erlebt. Dies ist besonders bei chronischen Schmerzpatienten wichtig. Will man ihnen helfen, benötigt man einen objektiven Indikator, der den Erfolg oder Mißerfolg einer Therapie anzeigt.

In Messungen über die Schmerzwahrnehmung fällt immer wieder auf, daß sich Menschen, die aus verschiedenen Kulturkreisen kommen, wesentlich unterscheiden. Dieser Unterschied bezieht sich aber hauptsächlich auf den intensiv erlebten Schmerz und weniger auf die Schmerzschwellen. Man kann Vertretern anderer Kulturen keine Vorwürfe machen, wenn sie nur wenig Schmerz ertragen können, und wir müssen sie auch nicht bewundern, wenn sie in stoischer Ruhe Schmerzen ertragen. Die Unterschiede sind bedingt durch die verschiedenen Sozialisierungen, denen Menschen in unterschiedlichen Kulturkreisen unterworfen werden. Jede Gemeinschaft stilisiert ihre eigenen Mythen, wobei bestimmte Tugenden dann in das Zentrum der Bewertung gestellt werden. An diesen Bewertungen orientieren sich die Prinzipien des Lebens und Erlebens. Ein Mythos der mediterranen Kultur, der sich insbesondere im christlichen Denken widerspiegelt, ist die Betonung von Sünde, Schuld und Schmerz. Der Schmerz ist etwas, das uns zur Bewährung mitgegeben wurde; er ist eine Strafe für unsere Sündhaftigkeit. Schmerz steht insofern im Zentrum unseres Lebens. Im hinduistischen Denken hat die andere Komponente der ursprünglichen Bewertung unseres Erlebens, nämlich die Lust, eine zentrale Bedeutung. Es ist vielleicht kein Zufall, daß etwa zur gleichen Zeit wesentliche Dokumente verfaßt wurden, die diese unterschiedlichen Mythen zum Ausdruck bringen, nämlich im hinduistischen Kulturkreis das Kamasutra, in dem die Lust verherrlicht wird, und in unserem Kulturkreis das Neue Testament, in dem die sündhafte Seite unserer Existenz und die Möglichkeit der Befreiung von Schuld, Sünde und Schmerz thematisiert ist.

Diese grundlegenden Mythen bestimmen unser Weltbild und damit auch unsere Sozialisierung. In dem für uns alle geltenden Weltbild bilden wir ein psychisches Repertoire von Schmerz- und Lusterleben aus, und dies geschieht nach dem Modell des Prägungslernens. Der Mythos bestimmt Bewertungsschemata des täglichen Lebens, die zur Konsequenz haben, daß die Gehirne an die als grundlegend bestimmten Bedingungen angepaßt werden. Wir behaupten also, daß Mythen von Kulturkreisen und in ihnen sich entfaltende Weltbilder sich in die Struktur unseres Gehirns einprägen. Es ist dann natürlich nicht verwunderlich, daß Menschen unterschiedlicher Kulturkreise sich in ihrem Schmerzerleben und ihrer Lustfähigkeit voneinander unterscheiden.

Neben unseren Gefühlen werden auch unsere Sinneserfahrungen im Zuge der Sozialisation entscheidend geprägt. Zum Abschluß dieses Kapitels wollen wir noch einmal auf die Bedeutung der kulturellen Prägung für das Essen und Trinken hinweisen. Was in einer Kultur ein positives Geschmackserlebnis ist, mag in einer anderen mit Ekel verbunden sein. Das Reisen in ferne Länder macht uns deutlich, daß unsere Lustempfindungen beim Speisen für Vertreter anderer Kulturen häufig nicht nachvollziehbar ist. Käse kann als verfaulte Milch und verfaulte Eier können als Delikatesse angesehen werden. Doch braucht man nicht in ferne Kontinente zu reisen, um auf unterschiedliche Bewertungen beim Essen zu stoßen. Die Entwicklung eines differenzierten Geschmacks ist in Mitteleuropa in manchen Gegenden selbstverständlich, in anderen »ernährt« man sich nur.

Die Lust am Speisen ist aber natürlich nicht nur auf das Essen beschränkt, sondern bezieht auch das Trinken mit ein. Seit Jahrtausenden ist der Weingenuß in unserem Kulturkreis Teil unseres Lebens. Der Wein ist zu einem Kulturgetränk geworden; er erhöht nicht nur die Lebensqualität im Alltag, sondern spielt auch im religiösen Bereich eine elementare Rolle. Es ist aber nicht nur die Vielfalt der zahlreichen Geschmacksqualitäten und die kulturelle Bedeutung, die den Wein hervorheben. Der Wein ist auch medizinisch von Bedeutung. Wer also gerne Wein trinkt, hat dafür auch einen anderen Grund, nicht nur den, seine augenblickliche Lebensqualität zu erhöhen: In Maßen genossen, hat der Wein eine kardioprotektive Wirkung, d. h. Herz und Kreislauf werden stabilisiert, und die Lebenserwartung wird erhöht.

Kapitel 8

Bewegungen: Der Mensch – eine Marionette seines Gehirns?

Jeder weiß heute, daß sich die Erde um die eigene Achse dreht und daß die Erde um die Sonne kreist; und jeder kann auch wissen, daß unser Sonnensystem mit hoher Geschwindigkeit aus dem Zentrum der Milchstraße herausgeschleudert wird. Die Eigendrehung der Erde und die Bewegung der Erde um die Sonne bestimmen den Tag-/Nachtwechsel und die Jahreszeiten. Von diesen Bewegungen, die unser Leben zeitlich strukturieren, spüren wir aber nichts, denn für sie gibt es im menschlichen Körper keine Rezeptoren. Wir erschließen sie aufgrund von Naturbeobachtungen und daraus abgeleiteten pyhsikalischen Gesetzen.

Wenn wir das Wort Bewegung verwenden, dann beziehen wir uns damit auf verschiedene Dinge, zum einen beispielsweise auf die nicht selbst empfundene »Bewegung« der Himmelskörper, zum anderen verwenden wir den Begriff im Hinblick auf Objekte, deren Bewegung wir tatsächlich unmittelbar mit unseren Sinnessystemen aufnehmen: Sensoren in unserem Auge registrieren beispielsweise die Bewegung eines Gegenstandes vor einem Hintergrund und lösen wiederum Augenbewegungen aus (vgl. Kap. 4). Dies ist eine weitere Art der Bewegung, die Bewegung des eigenen Körpers, der Gliedmaßen an unserem Körper oder die des Kopfes. Mit solchen Körperbewegungen wollen wir uns hier beschäftigen.

Die Steuerung von Körperbewegung hat sich auf unserer Erde in immer wieder gleicher Weise entwickelt. Wohin wir schauen, beobachten wir, daß sich bewegende Organismen –

trotz unterschiedlicher Entwicklungsgeschichte – spiegelsymmetrisch aufgebaut sind. Offenbar ist die symmetrische Organisationsform die bestmögliche, um sich schnell von einem Platz zu einem anderen fortzubewegen. Würmer, Insekten, Fische, Säugetiere oder auch wir Menschen sind links und rechts einigermaßen »gleich«, und eine solche Seitengleichheit ist zum Zwecke bestmöglicher Fortbewegung immer wieder erfunden worden. Mit Beinen oder Rädern an einem Organismus oder einer Maschine können Organismus oder Maschine offenbar am besten gegen die Erdanziehungskraft anarbeiten und sich zu einem anderen Platz bewegen. Für Autos, Flugzeuge, Fische, Vögel und Menschen gilt also das gleiche Grundprinzip hinsichtlich der optimalen Fortbewegung: bilaterale Symmetrie scheint am vorteilhaftesten zu sein.

Wie wichtig die Erdschwere für unser Bewegungssystem ist, spüren, wie schon erwähnt, Astronauten, wenn sie schwerelos im All schweben. In dieser Situation wird das Gleichgewichtsorgan nicht mehr angemessen gereizt, wodurch es auch zu Wahrnehmungsstörungen kommt. Um sich im All dennoch einigermaßen bewegen zu können, sind lange Trainingsphasen notwendig, in denen der Astronaut lernt, ohne die Information, wo oben und unten ist, auszukommen.

Die Bedeutung des Gleichgewichtssinnes für die Bewegungsregulation ist besonders deutlich beim Gehen, aber auch beim Stehen. Eigene Körperbewegungen lösen im Gleichgewichtssystem, den sogenannten Bogengängen, Reize aus, die vom motorischen System aufgegriffen werden, um unsere Position beim Gehen und Stehen zu regulieren. Wenn wir uns durch den Raum bewegen, dann verändert sich für unser Sehsystem ununterbrochen die optische Information. Wenn wir den Kopf zur Seite neigen, wird ebenfalls ein neues Bild auf unserer Netzhaut repräsentiert. Dennoch scheint die Welt um uns herum trotz aller Bewegungen stabil zu bleiben. Die subjektive Selbstverständlichkeit der räumlichen Stabilität der Welt um uns herum ist nur möglich, weil das Nervensystem komplizierte Mechanismen entwickelt hat, die dafür sorgen, daß die durch die Eigenbewegung bedingten Veränderungen der wahrgenommenen Welt, die sich als sich laufend ändernde Information auf unseren Augen abbilden, kompensiert werden. Einer dieser Mechanismen der Kompensation wird durch das sogenannte Reafferenzprinzip erklärt. Dieses Prinzip wurde Mitte dieses Jahrhunderts von Erich von Holst und Horst Mittelstaedt erkannt und kann in der folgenden Weise beschrieben werden:

Jede willentliche Bewegung führt nach dem Reafferenzprinzip zu zwei verschiedenen Kommandos im Gehirn. Einerseits wird ein Bewegungskommando auf die Muskulatur übertragen, d.h. eine Bewegung wird in Gang gesetzt. Andererseits wird an einer anderen Stelle im Gehirn (oder mit einem anderen neuronalen Programm) eine Kopie des Bewegungskommandos abgespeichert. Diese Kopie wird als Efferenzkopie bezeichnet. Erfolgt nun eine Bewegung des Organismus, dann wird die ausgeführte Bewegung verglichen mit der gespeicherten Kopie. Damit dies möglich ist, werden Informationen aus verschiedenen Sinnessystemen herangezogen. Diese afferente Information, die den Erfolg einer Bewegung in das Gehirn zurückmeldet, wird als Reafferenz bezeichnet. Nach Beendigung einer Bewegung wird die Reafferenz mit der Efferenzkopie verglichen, und wenn sich beide Signale entsprechen, dann führt die Differenzbildung zwischen den beiden zu Null, und dieses Ergebnis wird subjektiv so interpretiert, als habe sich in der Welt selbst nichts verändert; die Welt bleibt also stabil.

Dieses theoretische Prinzip kann man sich selbst anschaulich machen, wenn man einmal beobachtet, was eigentlich passiert, wenn man im Raum hin und her schaut; und hier ist nun die aktive Mitarbeit des Lesers erwünscht. Man wird hierbei feststellen, daß beim Schauen aus dem Fenster und zurück zum Buch die Welt um uns herum sich nicht bewegt hat. Nur die Augen haben sich bewegt, die die Sehinformation von außen aufnehmen. Nun mache man folgendes Experiment: Man halte sich ein Auge zu, nehme den Zeigefinger, drücke ganz leicht auf das andere geöffnete Auge und bewege nun mit dem

Zeigefinger das geöffnete Auge hin und her. Die so ausgelösten Augenbewegungen werden nicht willentlich gesteuert, sondern sind das Resultat der Fingerbewegung. In dieser Situation wird man beobachten, daß die Welt um einen herum nicht mehr stabil ist, sondern sich hin und her bewegt. Mit jeder passiven Bewegung des Auges wird ein neuer Bereich des Sehfeldes auf dem Auge abgebildet, und dies führt zu der Empfindung, als habe sich der Raum selbst bewegt. Daß diese Illusion dann nicht auftritt, wenn wir willentlich unsere Augen steuern, liegt daran, daß wir bei der willentlichen Bewegung die zwei angesprochenen Komponenten im Gehirn repräsentiert haben, nämlich das Kommando zu den Muskeln und eine Kopie. Wenn ich passiv die Augen bewege, dann fehlt diese Kopie. Weil die Kopie fehlt, kann nach der Bewegung des Auges keine Differenz gebildet werden zwischen dem, was aufgrund der Augenbewegung zurückgemeldet wird, und dem, was aufgrund der Augenbewegung beabsichtigt war.

Bestätigt wird diese Interpretation über die anschauliche Stabilität der Welt durch Patienten, die eine Bewegung initiieren wollen, sie aber aufgrund von Störungen in der Augenmuskulatur nicht ausführen können. Patienten mit Augenmuskellähmungen erleben – allerdings nur in der Frühphase der Erkrankung –, daß bei einer beabsichtigten Bewegung, die dann aber nicht durchgeführt werden kann, die Welt zur Seite springt, also nicht stabil bleibt. In diesem Fall gibt es nur die Kopie des Kommandos und keine Rückmeldung. Das Kommando kann also nicht gegen die Information verrechnet werden, die durch die Augenbewegung entsteht, so daß die Illusion der Instabilität des Raumes entsteht.

Das Reafferenzprinzip, das wir hier für die Augenbewegungen erörtert haben, gilt für alle Bewegungen, und es gilt in allgemeiner Weise auch für andere Phänomene. Der bedeutende Neuropsychologe Hans-Lukas Teuber aus Cambridge/Massachusetts hat dieses Prinzip als *Corollary Discharge* bezeichnet (korollare, d. h. abgezweigte Aktivität von Nervenzellen). Diese korollare Aktivität hat ihren Ursprung vermutlich in frontalen Strukturen des menschlichen Gehirns. Wann immer wir etwas beabsichtigen, und das gilt nicht nur für Bewegungen, wird die Absicht einer Handlung mit dem Erfolg der Handlung verglichen. Absichten werden also relativ lange im Gedächtnis gespeichert und üben so einen Druck aus, das Gewollte auch zu erledigen. Auch hier wird wiederum ein evolutionäres Grundprinzip erkennbar. Einmal gefundene Lösungen werden durchgängig immer wieder angewandt; das neuronale Prinzip der Raumstabilisierung, das darauf beruht, Kommando und Erfolg einer Bewegung miteinander zu vergleichen, wird auch auf einer anderen Ebene angewandt, um die Steuerung des Verhaltens ganz generell zu gewährleisten.

Für die Stabilität der Wahrnehmung ist es auch erforderlich, daß das einmal Wahrgenommene seine Identität über die Zeit hinweg bewahrt. Selbst wenn gewährleistet ist, daß sich ein Gegenstand in einem anschaulich stabilen Raum bewegt, so muß noch zusätzlich sichergestellt werden, daß das sich bewegende Objekt als identisches wahrgenommen werden kann, obwohl es ja aufgrund seiner Bewegung durch laufend neue optische Informationen gekennzeichnet ist. Das Gehirn hat Konstanzmechanismen entwickelt, die gewährleisten, daß die Objektidentität über die Zeit hinweg erhalten bleibt.

Eine grundlegende Bedingung dafür, daß die Konstanzmechanismen wirksam werden können, ist natürlich, daß Bewegungen überhaupt wahrgenommen werden können. Welche katastrophalen Folgen der Verlust der Bewegungswahrnehmung für den Aufbau unserer Wahrnehmungswelt hat, zeigen Patientenberichte. Ein berühmter Fall, der von Josef Zihl vom Max-Planck-Institut für Psychiatrie in München untersucht wurde, belegt die elementare Bedeutung der Bewegungswahrnehmung. Die untersuchte Patientin war aufgrund einer örtlichen Schädigung ihres Gehirns nicht mehr fähig, Bewegungen von Gegenständen im Raum wahrzunehmen. Für sie befand sich etwas Gesehenes zu einem bestimmten Zeitpunkt an einer Stelle im Raum und zu einem anderen Zeitpunkt an einer anderen Stelle, ohne daß für sie zwischen diesen Positionen eine Verbindung bestand. Auf diese Weise zerbricht die Kontinuität des wahrnehmenden Erlebens, und die kausalen Bezüge zwischen gesehenen Objekten und seiner Wahrnehmung im Subjekt brechen zusammen. Die Identität des wahrgenommenen Objektes geht verloren, weil Bewegungswahrnehmung als elementare Voraussetzung nicht gegeben ist. Diese Störung hat schwerwiegende Folgen bei der Bewältigung des Alltags. Wie soll ein Patient mit einer solchen Störung über die Straße gehen, wenn er die Bewegung eines fahrenden Autos nicht wahrnehmen kann? Er muß zu sekundären Hilfsmitteln greifen, muß die verlorene Grundfunktion substituieren (vgl. Kap. 3), um solche einfachen Aufgaben bewältigen zu können.

Kommen wir zurück zur Eigenbewegung des Körpers. Jede Bewegung erfordert die Interaktion vieler Bereiche des menschlichen Gehirns. Offenbar ist es so, daß einzelne Komponenten von Bewegungen von unterschiedlichen Strukturen des Gehirns gesteuert werden. Unternehmen wir einen einfachen Versuch, der manchmal auch bei neurologischen Untersuchungen durchgeführt wird – wiederum ist die aktive Mitarbeit des Lesers gefordert. Berühren Sie möglichst schnell mit dem Zeigefinger die Nasenspitze. Welche Komponenten des Bewegungsablaufs kann man hierbei unterscheiden? Zunächst gibt es ein willentliches Kommando, also den Entschluß, eine solche Bewegung auszuführen. Dieser Entschluß läßt das Bild eines Bewegungsablaufs entstehen. Dann beginnt die Bewegung selber, und zwar zunächst mit einer schnellen Komponente, die dazu führt, daß wir unseren Zeigefinger bis kurz vor die Nasenspitze bewegen. Der Zeigefinger wird sinnvollerweise vor der Nase gebremst, um eine mögliche Verletzung zu verhindern. Danach kommt es nach einer kurzen Pause zu einer kleinen, langsamen Bewegung, bis die Nasenspitze berührt ist; durch die Hautrezeptoren auf der Nasenspitze wird dann gemeledet, daß die Bewegung vollzogen ist.

Die einzelnen Komponenten des Bewegungsablaufs werden von verschiedenen Bereichen des Gehirns gesteuert, und die Interaktion der verschiedenen Komponenten muß von einer

Überwachungsinstanz, vermutlich dem motorischen Cortex, gewährleistet werden. Einblick in die Komplexität dieser so einfachen Bewegung bekommt man durch Patienten, die an Bewegungsstörungen leiden. Wenn es Störungen an einer bestimmten Stelle des Kleinhirns, des Cerebellums, gibt, dann ist die erste Bewegungskomponente ruckhaft zerstückelt, d. h. der Patient ist nicht in der Lage, eine schnelle, kontinuierliche Bewegung bis kurz vor die Nasenspitze durchzuführen. Wenn an einer anderen Stelle des Kleinhirns, in tieferliegenden Strukturen, eine Störung vorliegt, dann hat der Patient Schwierigkeiten, nach Vollendung der ersten schnellen Bewegung seinen Finger stillzuhalten; der Finger pendelt hin und her. Dies weist darauf hin, daß auch Stillhalten eine aktive Leistung im Gehirn ist. Wenn schließlich wiederum an einer anderen Stelle, nämlich an den Basalganglien, eine Störung vorliegt, dann hat der Patient Schwierigkeiten mit der langsamen Bewegung, mit der zum Abschluß des ganzen Bewegungskomplexes der Finger an die Nasenspitze geführt wird. Wiederum andere Störungen bedingen, daß der ganze Bewegungskomplex überhaupt nicht begonnen werden kann. Eine kontrollierte Interaktion verschiedener Hirnbereiche ist also erforderlich, um solche einfachen Bewegungen durchzuführen, wie mit seinem Finger die Nase zu berühren.

Aus Störungen des Gehirns lernen wir also, wie der Normalfall aussieht. Ein anderer Störungskomplex bei Bewegungen wird als Apraxie bezeichnet. Solche Bewegungseinschränkungen treten besonders dann auf, wenn Verletzungen des Großhirns und weniger des Kleinhirns oder der Tiefenstrukturen des Gehirns vorliegen. Ein Patient mit einer Apraxie hat Probleme damit, einmal gelernte Bewegungen durchzuführen. Er kann sich seine Schuhe nicht mehr zubinden, sein Hemd nicht mehr zuknöpfen, seine Krawatte nicht mehr binden. Derartige Ausfälle weisen darauf hin, daß gelernte Bewegungen mit eigenständigen neuronalen Programmen im Gehirn repräsentiert sind. Aber wie?

Gibt es jeweils eng umschriebene Modelle an bestimmten

Stellen des Gehirns, in denen solche gelernten Bewegungen aufbewahrt werden, oder ist die Repräsentation gespeicherter Bewegungsmuster räumlich verteilt? Aufgrund neuer Beobachtungen muß man das letztere annehmen. Im technischen Sinn sprechen wir von einer Repräsentation von Bewegungsmustern in einem neuronalen Netz (vgl. Kap. 11). Einzelne Nervenzellen stellen jeweils Komponenten für Bewegungsmuster zur Verfügung, wobei diese Komponenten Teile verschiedener Bewegungsmuster sein können. Dies bedeutet, daß in einer Population von Nervenzellen verschiedene Bewegungsabläufe, die wir gelernt haben, gespeichert sind und daß durch die spezifische Interaktion einzelner Nervenzellen jeweils unterschiedliche Abläufe repräsentiert sind.

Wie werden aber nun solche Bewegungsprogramme aufgerufen? Dies ist eine der vielen rätselhaften Fragen, mit denen sich die Hirnforschung beschäftigt. Wir werden auf sie keine endgültige Antwort geben können, kommen der Beantwortung jedoch näher, wenn wir auf eine weitere experimentelle Beobachtung eingehen. Seit langem weiß man, daß unspezifische Reizungen zu komplexen Bewegungsabläufen führen können. Man kann beispielsweise eine Elektrode in das Gehirn eines Versuchstieres einführen und durch einen leichten elektrischen Impuls einen koordinierten Ablauf einer komplizierten Bewegung auslösen. Diese experimentellen Befunde beziehen sich allerdings im wesentlichen auf Ausdrucksbewegungen, die vermutlich genetisch im Gehirn verankert sind, also nicht auf gelernte Bewegungen. Wesentlich bei diesen Beobachtungen ist in unserem Zusammenhang, daß eine globale Veränderung des neuronalen Erregungszustandes das Bewegungsmuster auslöst. Dies weist darauf hin, daß – vermutlich dann, wenn der Organismus sich in Erwartung einer bestimmten Bedürfnisbefriedigung befindet – ein unspezifischer Anstoß, gleichsam ein Tritt, komplexes Verhalten auslösen kann. Der Aufruf eines hochdifferenzierten Bewegungsablaufs kann also außerordentlich einfach sein; dies trifft möglicherweise auch für gelernte Bewegungsmuster zu. Die Absicht, eine Bewegung durchzuführen, führt zu einer Veränderung des neuronalen Erregungszustandes, so daß ein komplexer Bewegungsablauf initiiert wird; Absichten sind stets in Bedürfnisbefriedigungen eingebettet, und der Befriedigung der Bedürfnisse dienen spezifische motorische Abläufe. Die Bedürfnislage des Organismus bestimmt somit die neuronale Kanalisation des richtigen Aufrufs von Bewegungsmustern.

Bei der zeitlichen Strukturierung willentlicher Bewegungen ist auffällig, daß diese in ein Zeitfenster von jeweils nur wenigen Sekunden eingebettet sind (vgl. Kap. 9): Bewegungen können jeweils nur für etwa drei Sekunden antizipiert werden. Die zeitliche Organisation definiert also formale Randbedingungen für die Möglichkeit der Ausführung von willentlichen Bewegungen.

Wenn wir gesund sind, dann denken wir meist nicht darüber nach, daß es kompliziert sein könnte, eine Bewegung überhaupt zu beginnen. Es ist für uns selbstverständlich, dies jederzeit tun zu können. Alle täglichen Verrichtungen setzen voraus, daß wir eine Bewegung auch beginnen können. Nur so können wir uns zum Essen hinsetzen, das Besteck beim Essen benutzen, nach dem Essen aufstehen, uns in einen anderen Raum begeben. Für Patienten mit der Parkinsonschen Erkrankung, der sogenannten Schüttellähmung, ist all dies jedoch nicht selbstverständlich. Ihnen fällt der Beginn einer Bewegung zunehmend schwer, bis es sogar dazu kommen kann, daß ein Patient trotz aller Willensanstrengung eine Bewegung nicht mehr beginnen kann. Die Erkrankung beruht darauf, daß ein bestimmter chemischer Botenstoff, das Dopamin, an einer bestimmten Stelle des Gehirns nicht mehr produziert wird. Da dieser chemische Botenstoff fehlt, kann gleichsam die Tür zu dem Bereich nicht mehr geöffnet werden, in dem Bewegungsprogramme gespeichert sind, so daß die Bewegungen sich nicht mehr entfalten können (vgl. Kap. 3). Die Parkinson-Patienten verlieren im Fortgang ihrer Erkrankung auch zunehmend die Gewalt über ihre Mimik. Ihre Gesichtszüge sind wie erstarrt. Da viele unserer Bewegungsabläufe auch unsere Gefühle ausdrücken, führt diese Erkrankung dazu, daß die Kommunikation mit anderen Menschen eingeschränkt ist. Viele Parkinson-Patienten leiden darunter, daß bei anderen der Eindruck entsteht, ihre Gefühle seien erstorben, während in Wirklichkeit nur die motorischen Ausführungsorgane blockiert sind.

Auch wenn uns die Gründe für das Entstehen der Parkinsonschen Erkrankung noch unbekannt sind, so gibt es, wie bereits erwähnt, doch einige therapeutische Möglichkeiten, den Patienten zu helfen (vgl. Kap. 3). Mit verschiedenen Methoden versucht man, den fehlenden chemischen Botenstoff, das Dopamin, dorthin zu bringen, wo es benötigt wird, wobei neben medikamentösen Behandlungsmethoden auch die Transplantation von embryonalem Gewebe erprobt wird. Wir sind der Meinung, daß dies keine gute Option für die Therapie dieser Patienten ist und daß alle Kraft darauf verwendet werden muß, den Wirkungsmechanismus der Erkrankung zu verstehen, um dann mit pharmakologischen Maßnahmen helfen zu können.

Die Tatsache, daß wir Menschen auf zwei Beinen gehen und nicht wie unsere evolutionären Vorfahren vier Beine zur Fortbewegung benutzen, hat zur Entfaltung vielfältiger Bewegungsmöglichkeiten unserer Hände geführt. Die Freiheit der Hand als die Folge der bipedalen (zweibeinigen) Fortbewegung unterscheidet uns in ganz wesentlicher Weise von anderen Lebewesen. Künstlerisches Schaffen, Schreiben, aber auch die vielen sportlichen Aktivitäten, die Menschen für sich erfunden haben, machen deutlich, wie groß unser Bewegungsreichtum durch die Freiheit der Hand ist. Betrachten wir zunächst das Schreiben. Schreiben zu können ist in der Evolution sicher nicht vorgesehen gewesen, aber die Komplexität und Plastizität unseres Gehirns hat Möglichkeiten eröffnet, Sprachliches schriftlich zu fixieren. In den verschiedenen Kulturen sind zahlreiche Schriftsysteme entwickelt worden; interessanterweise hat sich bis heute eine einheitliche Schrift noch nicht durchgesetzt.

Unsere Buchstabenschrift erfordert das Erlernen komplizierter Bewegungsabläufe. Beim Schreiben muß die Hand dauernd beschleunigt und abgebremst werden, wenn sich die Richtung der Schreibbewegung ändert. Sorgfältige Untersuchungen von Norbert Mai aus München haben einen Einblick in den Kraftaufwand und den Rhythmus beim Schreiben geliefert. Diese Untersuchungen zeigen u. a., daß die in der Schule gelernte Schreibschrift für den Menschen außerordentlich unökonomisch ist. Offenbar haben ästhetische Prinzipien die Form der Schreibschrift beeinflußt und weniger physiologische Bedingungen, wie mit möglichst wenig Kraftaufwand etwas zu Papier zu bringen ist. Es wäre überlegenswert – sofern das Schreiben in unserer Kultur überhaupt noch eine Zukunft hat –, die Schreibschrift den physiologischen Gegebenheiten anzupassen.

Die Frage ist in der Tat erlaubt, ob in unserer Kultur in Zukunft eine wohlgeformte Schreibschrift Bestand haben wird. Durch die Computerisierung unserer Welt spielt das Schreiben mit der Hand gegenüber dem Schreiben mit der Maschine eine immer geringere Rolle. Kinder lernen mit Tastaturen umzugehen, und sie lernen immer weniger, den Federhalter zu führen.

Die neuronalen Abläufe, die im Gehirn benötigt werden, sind im übrigen beim Schreiben mit der Hand nicht dieselben wie beim Schreiben auf der Tastatur. Auf der Tastatur werden einzelne Buchstaben mit Fingern der beiden Hände angeschlagen, was bedeutet, daß die beiden Gehirnhälften koordiniert werden müssen, denn die linke Hand wird ja im wesentlichen von der rechten Gehirnhälfte und die rechte Hand von der linken Gehirnhälfte gesteuert. Beim Schreiben mit der Hand ist nur eine Hand beteiligt, d. h. die dominante Kontrolle des Schreibens erfolgt aus einer Gehirnhälfte, beim Schreiben mit rechts von der linken Gehirnhälfte. Bei der Schreibschrift werden einzelne Buchstaben üblicherweise kontinuierlich miteinander verbunden, während beim Tastaturschreiben einzelne Buchstabenelemente diskret auf der Grundlage sequentiell programmierter ballistischer Bewegungen aneinandergereiht werden. Beim Tastaturschreiben beruht jede Bewegung auf einem identischen motorischen Programm; beim Schreiben mit der Hand ist jeder Buchstabe durch ein mehr oder weniger unterschiedliches motorisches Programm charakterisiert.

Diese Bemerkungen machen hinreichend deutlich, daß wir bereits heute in unserer Kultur mindestens zwei verschiedene Schriftsysteme haben, die durch unterschiedliche neuronale Programme gekennzeichnet sind. Der Unterschied besteht nun aber nicht nur in der Ausführung von Bewegungen, es leiten sich daraus vielmehr weiterreichende Konsequenzen ab. Da im Nervensystem alle neuronalen Elemente funktional nahe sind (wir erinnern daran, daß der maximale Abstand zwischen beliebigen Nervenzellen im Gehirn nur vier ist), ist auch die Ankopplung des Gedankens an die Ausführung, also an das Schreiben mit der Hand oder das Schreiben mit der Maschine, nicht identisch. Einen Brief mit der Hand oder mit der Maschine zu schreiben ist auch ein unterschiedliches intellektuelles Ereignis und Erlebnis. Es gibt manche Autoren, für die es unmöglich ist, vom Schreiben mit der Hand auf das Schreiben mit der Maschine umzusteigen, weil sie dann nicht mehr kreativ denken können. Das Medium des Ausdrucks hat also auch Konsequenzen darauf, wie wir denken. Da wir eine Veränderung der Nutzung der Schrift in unserer Kultur in der Hinsicht erwarten müssen, daß die handgeschriebene Schrift eine immer geringere Bedeutung erhält, müssen wir somit auch annehmen, daß unsere geistige Welt sich entsprechend verändern wird.

Daß die handgeschriebene Schrift in einer komplizierten Weise an die sprachverarbeitenden Systeme unseres Gehirns angekoppelt ist, zeigt sich bei Patienten, die aufgrund einer Hirnverletzung an einer Schreibstörung, einer Agraphie, leiden. Bei diesen Patienten mag es vorkommen, daß aufgrund einer Unterbrechung bestimmter Leitungsbahnen oder der Zerstörung von bestimmtem Hirngewebe das gehörte oder gedachte Wort nicht mehr seinen Weg in die Schrift findet. Bei der Therapie solcher Patienten muß darauf geachtet werden, daß physiologisch einfache Bewegungsabläufe geübt werden, bevor man zu komplexen Bewegungsmustern schreitet. Therapeutische Bemühungen bei Patienten mit Hirnschädigung sind häufig dadurch gekennzeichnet, daß die ersten Aufgaben, mit denen man die zu therapierenden Patienten konfrontiert, eine zu hohe Komplexität haben. Wie bei der Therapie von Störungen der Sprache zunächst die zeitliche Verarbeitung von akustischen Reizen sichergestellt werden mußt (vgl. Kap. 6), ist es bei Patienten mit Bewegungsstörungen erforderlich, zunächst einfachste rhythmische Bewegungselemente zu konstituieren. Wenn man hier eine richtige Abfolge einhält, ist die Therapie für den Patienten weniger frustrierend und der Erfolg meist deutlicher, als wenn man gleich den komplexen Bewegungsablauf zurückgewinnen will.

Bei der Therapie von Bewegungsstörungen, insbesondere aber beim Sport, spielt auch das mentale Training eine außerordentlich große Rolle. Bewegungen lernt man nicht nur dadurch, daß man sie tatsächlich ausführt, Bewegungen kann man auch dadurch in ihrem Ablauf verbessern, daß man sie sich immer wieder vorstellt. Man könnte gleichsam sagen, Ski fahren lernt man im Sommer und Golf spielen im Winter. Zum mentalen Training gehört die geistige Versenkung in den vorgestellten Bewegungsablauf, wobei entscheidend ist, daß die zeitliche Struktur des vorgestellten Bewegungsablaufes jenem in der Wirklichkeit entspricht. Untersuchungen an australischen Olympia-Schwimmern haben beispielsweise gezeigt, daß die Verbesserung der Leistung beim Startsprung vor allem durch mentales Training möglich ist. Die bloße körperliche Durchführung einer Bewegung ohne die Ausbildung eines Vorstellungsmusters des Bewegungsablaufes ist wenig wirksam. Die Selbstversenkung des Hochleistungssportlers vor dem Wettkampf dient u. a. dem Zweck, immer wiederkehrende Bewegungsmuster vorwegzunehmen, sie vor dem geistigen Auge ablaufen zu lassen. Ein Tennisspieler z. B. spielt sich so quasi geistig ein: Das As, das er tatsächlich schlägt, hat er sich vor dem Wettkampf wiederholt vorgestellt.

Um eine neue Bewegungsweise zu lernen, wird eine ganz bestimmte Lernform eingesetzt; diese Lernform bezeichnen wir als psychomotorisches Lernen, und sie beruht, wie bereits angedeutet, auf prinzipiell anderen Mechanismen als etwa das Lernen nach dem Modell des bedingten Reflexes oder der Habituation (vgl. Kap. 6). Beim psychomotorischen Lernen wird nicht ein begriffliches Wissen aufgebaut, sondern eben ein Bewegungsablauf eingeübt. Beherrscht wird ein solcher Bewegungsablauf erst dann, wenn er ohne bewußte Kontrolle durchgeführt werden kann: Der Bewegungsablauf wird gleichsam automatisiert. Jedem ist bekannt, daß man neue Bewegungen sehr viel leichter lernen kann, wenn man noch sehr jung ist, wenn das Gehirn also noch eine hohe Plastizität aufweist.

Zu den wohl kompliziertesten sportlichen Bewegungen gehört der Golfschwung. Dies mag für den Laien erstaunlich klingen, wird aber durch viele Sachverständige bestätigt. Wie erfahrene Golfspieler immer wieder sagen, spielt man Golf »zwischen den Ohren«, also im Gehirn. Die kleinste Störung im Bewegungsablauf führt dazu, daß der Ball nicht mehr mit jener Präzision getroffen wird, die für ein erfolgreiches Spiel erforderlich ist. Das mehrmalige Versagen beim Schlagen eines Golfballes führt dann zur Verkrampfung – ein Teufelskreis, der bewirkt, daß der betroffene Spieler immer schlechter wird. Solche Einbrüche kommen auch bei den besten Golfspielern vor und sind Ausdruck der Tatsache, daß der Mensch hier einen Bewegungsablauf erfunden hat, der bis an die Grenzen der motorischen Möglichkeiten geht. Da der Golfschlag außerordentlich kompliziert und gerade für den Anfänger mit extremen Frustrationen verbunden ist, muß man sich fragen, warum von dieser Sportart eine solche Faszination ausgeht. Nun, auch beim Anfänger kommt es immer wieder vor, daß er einen Ball so trifft, daß der Bewegungsablauf mit einer inneren Befriedigung verbunden ist. Solche seltenen Ereignisse sind Ursache genug, es immer wieder zu versuchen.

Ein Kennzeichen der geglückten Bewegung, wie sie in allen Sportarten vorkommt, ist, daß Geist und Körper engstens miteinander verbunden sind. Kommt es zu einer Spaltung, ist die rationale Kontrolle vom körperlichen Bewegungsablauf abgetrennt – das geschieht etwa, wenn man eine Bewegung erzwingen will –, dann zerfällt die Bewegung, sie wirkt holprig und wird als unbefriedigend erlebt. Alle Kulturen haben seit alters Bewebungsabläufe benutzt, um Körper und Geist als Einheit erlebbar zu machen. Die asiatischen Kampfsportarten, die von Mönchen entwickelt wurden, sind Ausdruck dieses Bestrebens, die Einheit des leiblichen und seelischen Seins herzustellen. Hier wird deutlich, daß der geglückten Bewegung sogar eine religiöse Bedeutung zukommt.

Wir haben mehrfach betont, daß verschiedene Bereiche des Gehirns für die Ausführung bestimmter Bewegungen verantwortlich sind, doch vom motorischen Cortex war bisher noch nicht die Rede. Diese zentrale Schaltstation ist vermutlich für den koordinierten Ablauf von Bewegungen zuständig. Wenn man diese Struktur der Großhirnrinde untersucht, dann stellt man eine Besonderheit fest: Verschiedene Teile des Körpers beanspruchen unterschiedlich viel Platz darin. Den Beinen und dem Bauch sind relativ wenig Nervenzellen zugeordnet, den Händen und der Zunge dagegen überproportional viel. Es werden also um so mehr Nervenzellen bereitgestellt, je reichhaltiger die Bewegungsmöglichkeiten eines Organs sind. Die Sprechorgane und die Hand lassen sich sehr viel differenzierter bewegen als der Rumpf oder die Beine, und diese Tatsache spiegelt sich direkt in der räumlichen Repräsentation von Bewegungen im Gehirn wider. Kommt es zu Durchblutungsstörungen in Teilbereichen dieses Repräsentationssystems, etwa nach einem Schlaganfall, dann fallen die Bewegungen aus, die in diesem Bereich repräsentiert sind. Bei einer Störung in der vorderen linken Gehirnhälfte kommt es aufgrund der strukturellen Nähe einer Sprachregion und der Handregion zu der relativ häufigen Kombination von Sprechstörungen und Bewegungsstörungen der rechten Hand. Man beobachtet nach solchen Ausfällen aber häufig, daß die Funktionen wiedererweckt bzw. verbessert werden können. Ein Grund hierfür ist vermutlich, daß durch das Training die Leistung einzelner Nervenzellen gesteigert und ihre Verbindung mit anderen effizienter gemacht werden kann.

Die strukturelle Grundlage für die mögliche Rehabilitation von Bewegungen nach Hirnausfällen ist jedoch auch, daß Bewegungen räumlich ausgedehnt repräsentiert sind. Im Experiment mit Affen hat man z. B. folgendes beobachtet: Trägt man jenen Bereich ab, der für die Bewegungen des Daumens verantwortlich ist, dann kann das Versuchstier zunächst den Daumen nicht bewegen. Im Laufe der Zeit gewinnt es jedoch diese Fähigkeit zurück, wenn auch die Bewegungen etwas gröber geworden sind. Die Steuerung dieser Bewegungen wird nun von Nervenzellen übernommen, die vorher für die Bewegung der Finger verantwortlich waren. Man rückt gleichsam zusammen, um Platz zu schaffen für die Bewegungskontrolle des Daumens. Es kommt zu einer funktionellen Umorganisation innerhalb eines neuronalen Netzes. Diese Beobachtung belegt auch, daß die Repräsentation von Bewegungen nicht Punkt zu Punkt bestimmten Muskeln zugeordnet ist, sondern daß es jeweils einander überlappende neuronale Strukturen sind, die Bewegungen repräsentieren, wobei neuronale Programme dafür sorgen, daß diskrete Bewegungen möglich sind, daß man z. B. einzelne Finger unabhängig voneinander bewegen kann. Diese tierexperimentellen Untersuchungen haben die Grundlage dafür geliefert, daß man nun therapeutische Programme für Patienten mit Hirnschädigungen entwickeln kann.

Durch neueste Untersuchungen ist deutlich geworden, daß die aktive Ausübung bestimmter Bewegungen, wie sie z. B. zum Klavierspielen dazugehören, zu einer funktionellen Ausdehnung der neuronalen Bereiche führt, die für die einzelnen Bewegungen verantwortlich sind. Ein Pianist hat insofern ein anderes Gehirn als ein Sänger. Größere Bereiche des Gehirns widmen sich der speziellen Aufgabe, diskrete Fingerbewegungen zu steuern, wie sie für das Klavierspiel typisch sind.

Aufgrund der prinzipiellen Struktur unseres Gehirns müssen wir davon ausgehen, daß dieses natürlich nicht nur für Pianisten gilt. Die wiederholte Ausübung von Bewegungen, gleichgültig welcher Körperteile, führt immer auch zu einer reicheren neuronalen Repräsentation. Wer sich auf *einen* Bewegungsablauf konzentriert, kultiviert auch nur eine neuronale Population. Der Zehnkämpfer, der zahlreiche verschiedene Bewegungsmuster erlernen muß, versucht, hochkomplexe Bewegungsmuster in dem engen Raum des Gehirns unterzubringen.

Auch wenn grundlegende Erkenntnisse über die neuronalen Grundlagen menschlicher Bewegungen erst in den letzten Jahren erarbeitet wurden, so gibt es doch auch Überlegungen aus der Vergangenheit, die ein tiefes Verständnis für die Natur von Bewegungen erkennen lassen. Einer der schönsten Beiträge zu diesem Thema stammt von Heinrich v. Kleist. In seiner Abhandlung »Über das Marionetten-Theater« beschreibt er zwei prinzipiell verschiedene Formen des Sichbewegens. Es gibt zum einen jene geglückte Form der Bewegung, die ohne bewußte Kontrolle abläuft und die wir alle erstreben, wenn wir ein neues Bewegungsmuster lernen. Und dann gibt es jenen Bewegungsablauf, bei dem bewußte Kontrolle eingreift; dadurch wird die harmonische Bewegung in ihrem Ablauf zerstört, und sie wirkt dann nicht mehr wie aus einem Guß. Kleist beschreibt eine Fechtsituation zwischen einem Fechter und einem Bären. Der Bär repräsentiert die Einheit von Geist und Körper. Er behält stets die Oberhand.

Kapitel 9

Organisation des Erlebens: Im Sog der Zeit

Der Lauf der Zeit ist für uns etwas Selbstverständliches. Wie aber wird uns Zeit in unserer Anschauung verfügbar? Woher wissen wir, was Zeit ist? Wie ist es möglich, daß wir einen Begriff von Zeit haben? Wie nehmen wir die Zeit wahr? Wie ist es möglich, daß wir uns, ohne darüber nachdenken zu müssen, in der Zeit orientieren können? Dies sind Fragen grundsätzlicher Art, denen man sich im Hinblick auf menschliches Erleben stellen muß. Sie mögen beim ersten Hinschauen als sehr einfache Fragen erscheinen.

Daß dieser Eindruck täuscht, belegt ein berühmter Ausspruch des Kirchenvaters und Philosophen Augustinus, der im 11. Buch seiner »Bekenntnisse« (Confessiones) im Jahre 397 geschrieben hat: »Was also ist Zeit? Wenn mich niemand danach fragt, weiß ich es; will ich einem Fragenden es erklären, weiß ich es nicht.« Trotz dieser Schwierigkeiten wollen wir aber dennoch Fragen stellen. Allerdings fragen wir nicht, was Zeit ist, sondern wie wir ein Wissen von Zeit erwerben, wie Zeit in unser Bewußtsein, in unser Gehirn hineinkommt.

Beginnen wir damit, jene Erlebnisse zu beschreiben, die unsere Zeiterfahrung kennzeichnen. Das Ergebnis dieser Beschreibung sei schon einmal vorweggenommen: Menschliches Zeiterleben läßt sich durch fünf elementare Phänomene beschreiben; es handelt sich um die Erlebnisse von Gleichzeitigkeit, Ungleichzeitigkeit, Aufeinanderfolge, Gegenwart und Dauer.

Was mit diesen Zeitphänomenen gemeint ist und wie sie

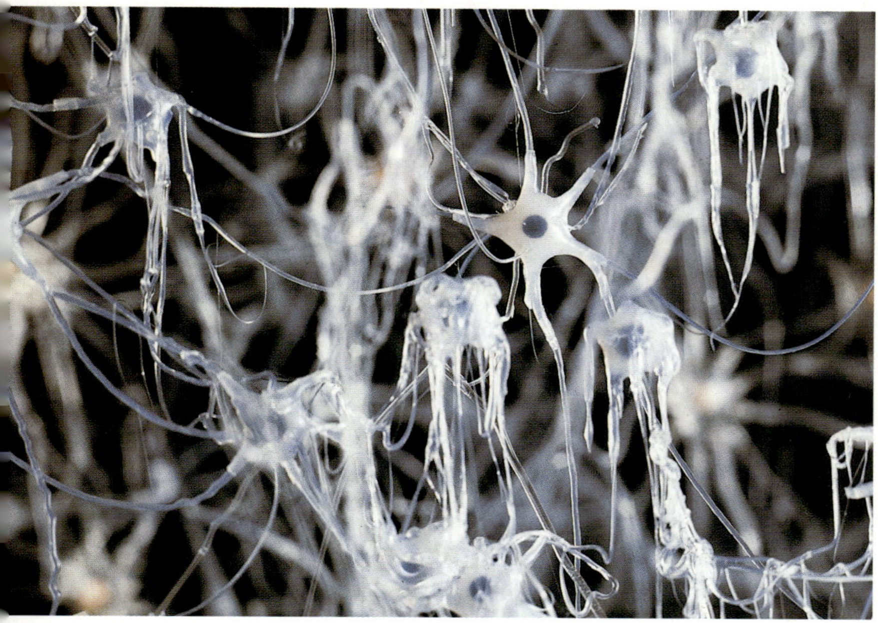

; Wenn Nervenzellen zugrunde gehen, bricht auch jene Funktion zusammen, die ›rmalerweise durch die betroffenen Nervenzellen bereitgestellt wird. Bis zu einem :wissen Grade können aber übriggebliebene Nervenzellen Funktionen aufrechterhal-n bzw. übernehmen.

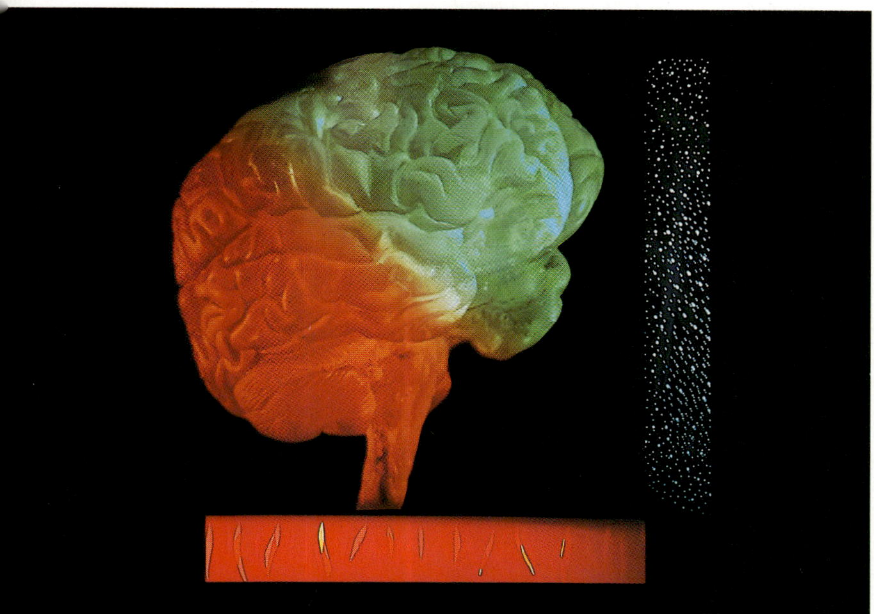

' Lust und Schmerz sind Grundpfeiler unseres Lebens und Erlebens. Das Bild soll ırstellen, daß Lust und Schmerz in unserem Gehirn immer gleichzeitig gegeben sind. ie aufsteigende Säule symbolisiert den Lustanteil, der rote Balken den Schmerzanteil :s Erlebens.

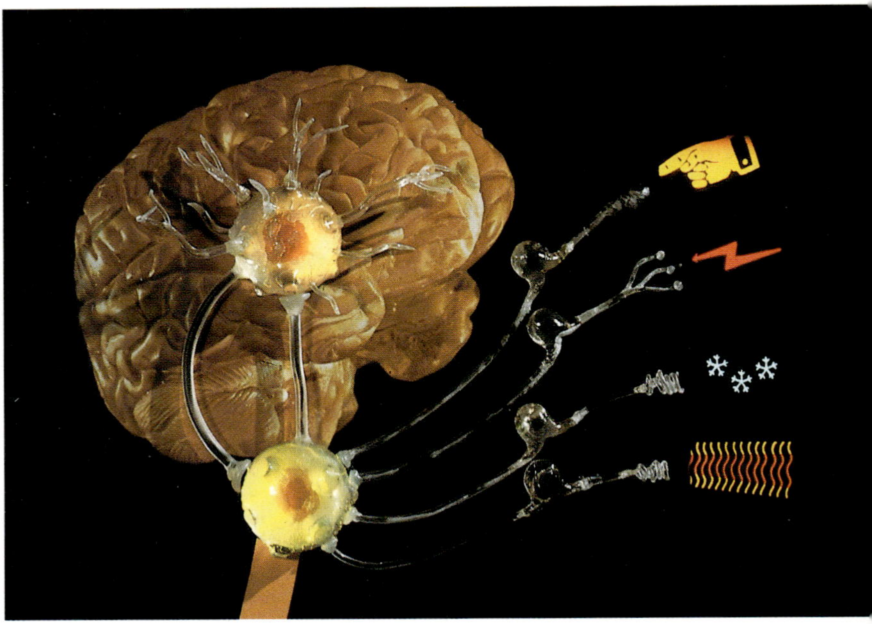

18 Schmerz wird nicht nur durch Sinneszellen ausgelöst, die auf Schmerzreize spezial siert sind. Aufgrund der besonderen Verschaltung im Gehirn können auch zahlreich andere Reize schmerzhaft sein. Manchmal lösen auch ein Lichtreiz, eine leich Berührung oder nur ein Hauch qualvollen Schmerz aus.

19 Bewegungen einzelner Körperteile sind an verschiedenen Stellen der Gehirnobe fläche repräsentiert. Je reichhaltiger die Bewegungsmöglichkeiten sind, um so meh Nervenzellen stellt das Gehirn zur Verfügung. So kommt eine Verzerrung des Körpe zustande, die man »Homunkulus« nennt.

Dieser »Würfel der Gegenwart« symbolisiert, wie in unserem Bewußtsein einzelne eignisse aufgereiht werden und daß unser Gegenwartserleben zeitlich begrenzt ist. nzelne Ereignisse, die bestenfalls 30 Millisekunden auseinanderliegen können, wern aufgereiht und bis zu etwa drei Sekunden automatisch zusammengestellt.

Die Abfolge von Ereignissen, wie wir sie mit unseren Sinnen aufnehmen (symbolirt hier durch Zahlen), muß nicht der Reihenfolge von Ereignissen im Gehirn tsprechen. Dies trifft nur im Durchschnitt zu. Innenzeit und Außenzeit können anchmal gegenläufig sein.

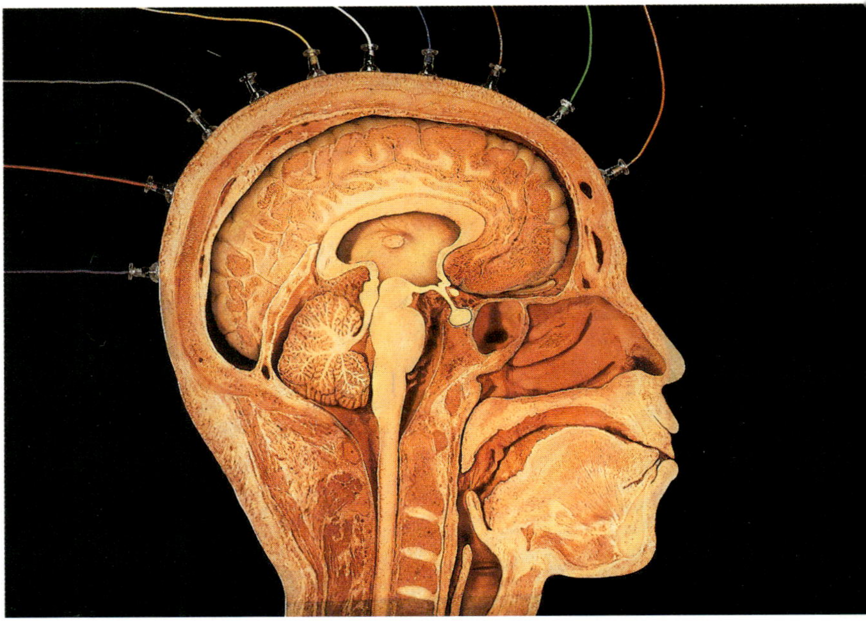

22 Bewußtseinsprozesse versucht man seit langem mit verschiedenen Verfahren z beobachten. Beispielsweise werden – wie bei der Elektroenzephalographie (EEG) – a der Kopfhaut Elektroden angebracht, mit denen man elektrische Veränderungen i Gehirn beobachten kann, die auf bestimmte Bewußtseinsprozesse schließen lassen.

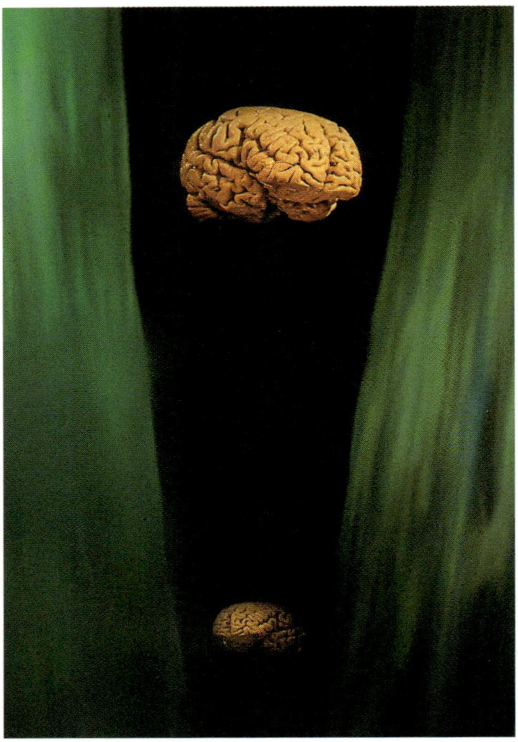

23 Der Zustand der Bewußtlosigkeit gleicht dem Versinken in einen schwarzen Tunnel, in dem nichts erlebt, nichts wahrgenommen und nichts erinnert wird. Ist der Tunnel endlos, versinken wir im Tod.

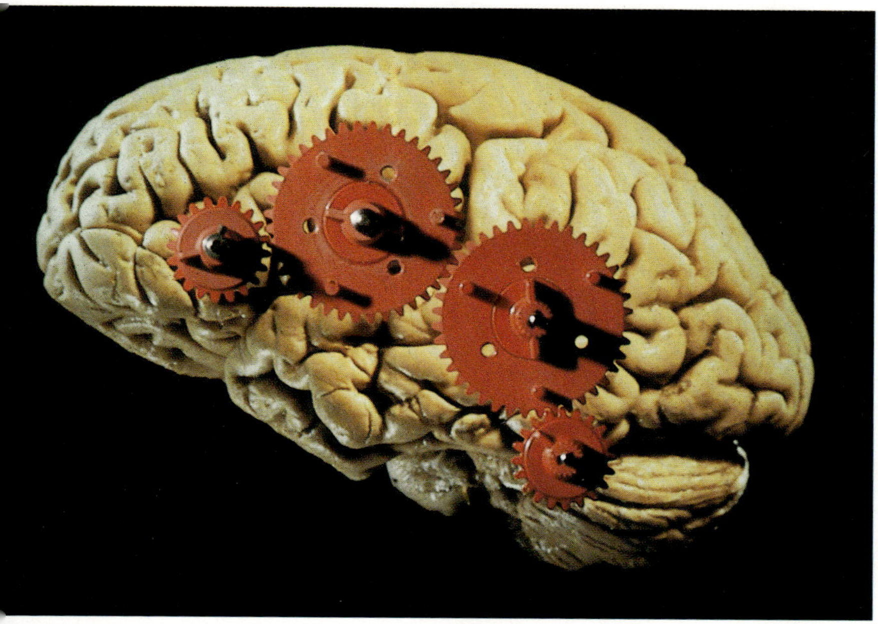

4 Wir machen uns Bilder darüber, wie das Gehirn funktioniert, und häufig orientieren ir uns hierbei an den technischen Möglichkeiten einer Zeit. Früher meinte man, das ehirn funktioniere wie eine Maschine, bei der gleichsam Zahnräder ineinandergreifen, m die Funktion des Gehirns aufrechtzuerhalten.

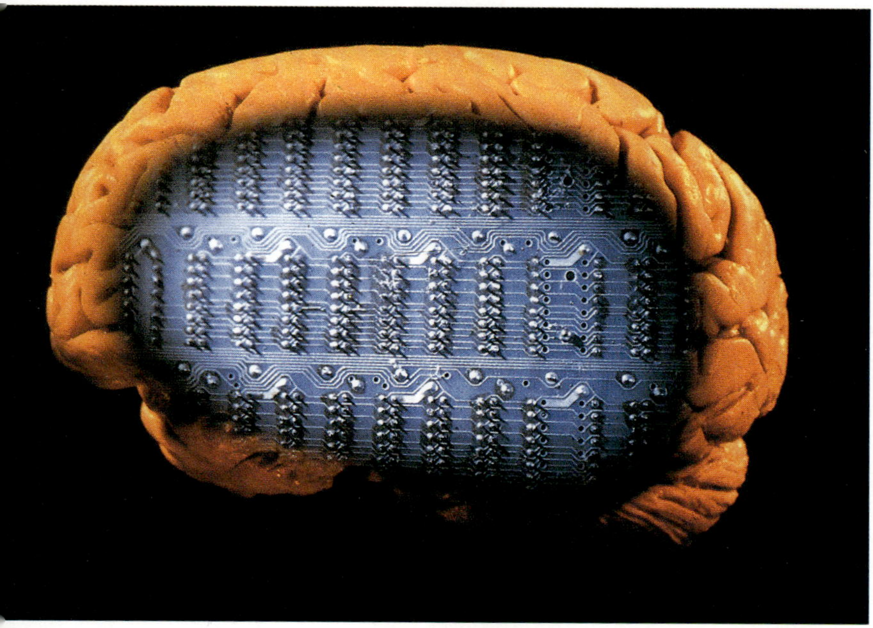

5 Heute glauben viele, das Gehirn funktioniere wie ein Computer, wobei die ervenzellen die einzelnen Schaltelemente repräsentieren. Tatsächlich ist es aber so, daß e Verarbeitungsprinzipien von Informationen im Gehirn und im Computer nur ıtfernt Ähnlichkeit haben.

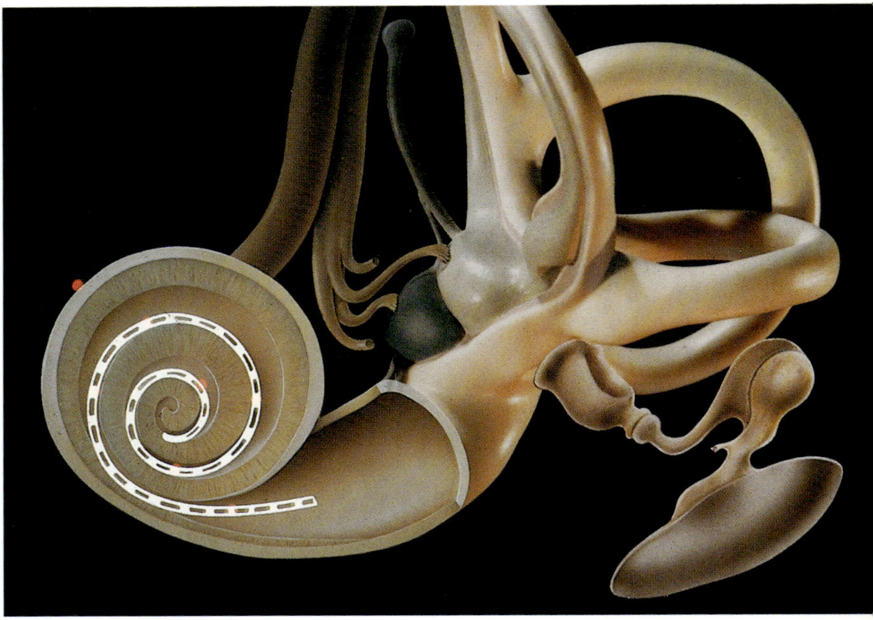

26 Die Hörschnecke (Cochlea) im Innenohr ist mit etwa 30 000 Sinneszellen ausgesta tet. Verschiedene Tonhöhen führen zur Erregung der Sinneszellen an verschiedene Stellen. An der Basis werden hohe Töne, in die Hörschnecke hineinlaufend immer tiefe Töne verarbeitet.

27/28 Wenn wir hören, sind wir normalerweise von einer Vielzahl akustischer Information umgeben. Gleichzeitig werden akustische Reize mit unterschiedlichen Tonhöhen (die unterschiedlichen Wellen) im Gehirn repräsentiert. Wir können aber unsere Aufmerksamkeit auf bestimmte Ereignisse richten, z. B. auf das Geräusch der fliegenden Libelle.

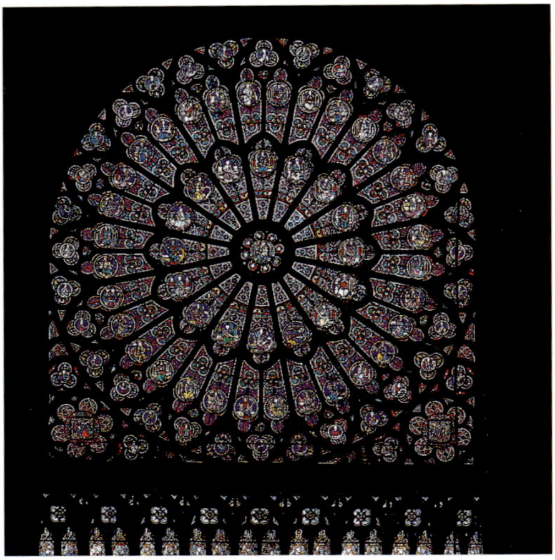

29/30/31 Die Ähnlichkeit von Kunstwerken (dem Kirchenfenster) und natürlich gewachsenen Formen (dem Tannenzapfen) ist manchmal erstaunlich, wie die Überlagerung zeigt. Weist dies darauf hin, daß es grundlegende Prinzipien gibt, die allgemeingültig sind für Wachstumsprozesse in der Natur und in der künstlerischen Gestaltung?

miteinander in Beziehung stehen, läßt sich durch einfache Beobachtungen aus Experimenten verdeutlichen.

Zunächst seien einige Befunde über das Phänomen der Gleichzeitigkeit und Ungleichzeitigkeit beschrieben. Dabei geht es zunächst um das Klickexperiment, von dem bereits im Zusammenhang mit Franz S. die Rede war (vgl. Kap. 6). Wenn man über einen Kopfhörer in beide Ohren kurze Reize (sogenannte Klicks) gibt, die etwa eine Tausendstelsekunde (eine Millisekunde) dauern, und wenn die beiden Reize gleichzeitig gegeben werden, dann hört man einen einzigen Ton, und zwar mitten im Kopf. Wird zwischen die beiden Klicks eine zeitliche Verzögerung, z. B. von zwei Tausendstelsekunden, eingeschaltet, so hört man ebenfalls nur einen Ton, das heißt, die zwei Klicks werden beim Hören miteinander verschmolzen, obwohl sie objektiv betrachtet ungleichzeitig sind.

Objektive Ungleichzeitigkeit ist also nicht hinreichend, um Ungleichzeitigkeit beim Hören zu ermöglichen. Erst dann, wenn die zeitliche Differenz zwischen den beiden Klicks etwa drei Millisekunden beträgt (bei manchen Versuchspersonen auch vier oder fünf), ist die Schwelle zur Ungleichzeitigkeit erreicht; man hört dann getrennt in jedem Ohr einen Klick.

Führt man einen analogen Versuch über die zeitliche Verschmelzung von aufeinanderfolgenden Reizen im Sehsystem durch, dann stellt man fest, daß die Verschmelzungsgrenze beim Sehen etwa bei 20 bis 30 Millisekunden liegt. Wenn man also Hören und Sehen miteinander vergleicht, so fällt auf, daß der Übergang von Ungleichzeitigkeit zu Gleichzeitigkeit in den beiden Sinnessystemen bei unterschiedlichen Zeiten liegt. Die beste zeitliche Auflösung hat das Hören, die schlechteste das Sehen.

Aus diesen Beobachtungen halten wir fest, daß subjektive Gleichzeitigkeit der objektiven nicht entsprechen muß. Wenn man das Wort »gleichzeitig« verwendet, muß man sich erst einmal klarmachen, in welchem Sinn man es gebraucht. Es kommt leicht zu vermeidbaren Mißverständnissen, wenn das Wort »gleichzeitig« in einem unterschiedlichen Sinnzusammenhang verwendet wird. Einmal gibt es »Gleichzeitigkeit« in der Welt da draußen, und dann gibt es »Gleichzeitigkeit« in unserem Kopf; einmal kann man »Gleichzeitigkeit« mit Instrumenten exakt zu messen versuchen, indem man Ereignisse der physikalischen Welt aufeinander bezieht, und dann mißt man Gleichzeitigkeit mit dem Gehirn als Meßinstrument. Diese Messungen führen nicht nur zu quantitativ verschiedenen Ergebnissen, sondern sie verwenden qualitativ verschiedene Bezugssysteme, wobei die »Hirnmessung« sich unmittelbar im Erleben abbildet, die physikalische Messung dagegen mittelbar, da man Geräte einsetzen muß, deren Ergebnisse man abliest.

Bei den Untersuchungen über die Grenze zwischen Gleichzeitigkeit und Ungleichzeitigkeit haben wir uns gefragt, ob wir jeweils einen oder zwei Klicks hören. Im nächsten Experiment fragen wir nicht mehr, ob ein oder zwei Reize wahrgenommen werden, sondern ob wahrgenommen wird, welches der erste und welches der zweite Reiz war. Die Frage zielt also auf die Reihenfolge der Reize, auf ihre zeitliche Ordnung. Durch die neue Frage wird die Aufmerksamkeit auf einen anderen Gesichtspunkt gelenkt.

Die Änderung der Frage führt zu einem anderen Ergebnis: Während die Schwelle zur Ungleichzeitigkeit beim Hören bei wenigen Millisekunden liegt, beobachtet man für das Erkennen der zeitlichen Ordnung, daß dieser Wert bei etwa 30 bis 40 Millisekunden liegt. Wir nennen diese Schwelle die Ordnungsschwelle. Offensichtlich wird durch die andere Frage ein Mechanismus des Gehirns angesprochen und abgefragt, der sich für die Abfolge von Ereignissen interessiert.

Es ist nun auffällig, daß die Ordnungsschwellen in den verschiedenen Sinnesbereichen – also beim Hören und Sehen, aber auch beim Tasten – gleich hoch sind, während der Übergang von der Gleichzeitigkeit zur Ungleichzeitigkeit in den einzelnen Sinnesbereichen verschieden ist. Diese Beobachtung legt die Annahme nahe, daß für die Erkennung einer zeitlichen Ordnung ein einheitlicher Mechanismus des Gehirns in Anspruch genommen wird, der den drei Sinnessystemen in gleicher Weise zur Verfügung steht, während für das Erkennen von Ungleichzeitigkeit andere verantwortlich sind.

Aus diesen Beobachtungen leitet sich eine allgemeine Aussage ab: Die Tatsache, daß zwei Reize als zeitlich getrennt wahrgenommen werden können, heißt nicht, daß sie eine zeitliche Aufeinanderfolge definieren. Die subjektive Ungleichzeitigkeit von gehörten, gesehenen oder auch gefühlten Reizen ist eine notwendige, aber keine hinreichende Bedingung dafür, daß ihre Aufeinanderfolge angegeben werden kann. Unser Wissen, daß etwas zeitlich verschieden ist, reicht nicht aus, um sagen zu können, in welche Richtung es läuft. Diese Beobachtung widerspricht unserer alltäglichen Erwartung; wir gehen eigentlich davon aus, daß für Reize, die als ungleichzeitig erlebt werden, auch ihre Reihenfolge mitbestimmt ist.

Wir merken zwar, daß zwei Reize nicht gleichzeitig sind, können aber nicht sagen, welcher der erste und welcher der zweite Reiz war. Das können wir erst jenseits der zeitlichen Grenze von etwa 30 Millisekunden; hier werden ungeordnete Reize zu Ereignissen mit Eigenständigkeit; sie erhalten eine eigene Identität und sind dadurch elementare Bausteine für unsere Bewußtseinstätigkeit.

Daß unser Gehirn etwa 30 Millisekunden benötigt, um eine zeitliche Ordnung von Ereignissen herzustellen, läßt sich durch eine Vielzahl von Experimenten belegen. Wenn man sich beispielsweise möglichst schnell zwischen zwei Alternativen entscheiden muß, dann erfolgt der zugrundeliegende Entscheidungsprozeß ebenfalls in Schritten von etwa 30 Millisekunden. Das Gehirn arbeitet also nicht kontinuierlich, sondern mit einem zeitlichen Takt, wobei der Abstand aufeinanderfolgender Taktsignale bei etwa 30 Millisekunden liegt. Deutlich läßt sich das bei Augenbewegungen beobachten (vgl. Kap. 4). Wenn sich ein Gegenstand zu bewegen beginnt und wir ihn mit unseren Augen verfolgen, dann starten die Augen bevorzugt nach bestimmten Intervallen, wobei der Abstand zwischen den Intervallen etwa 30 Millisekunden beträgt, wie Nikos Logothetis aus Houston/Texas entdeckt hat. Das früheste Intervall mag 120 Millisekunden sein, das nächste liegt dann bei 150 Millisekunden, gefolgt von einem bei 180 Millisekunden.

Theoretisch gehen wir davon aus, daß durch einen Reizauftritt im Gehirn ein periodischer Prozeß in Gang gesetzt wird. Ein optischer oder akustischer Reiz führt zu periodischen Entladungen in den angesprochenen Nervenzellen. Mit einem solchen periodischen Nervenprozeß besitzen wir gleichsam eine Uhr im Gehirn, die die Takte liefert, um Ereignisse zu identifizieren und zeitliche Ordnung herzustellen.

Der hier angesprochene periodische Prozeß läßt sich auch sichtbar machen. Bietet man einer Versuchsperson eine Serie von akustischen Reizen an und zeichnet die dadurch ausgelöste elektrische Aktivität des Gehirns in einem Elektroenzephalogramm (EEG) auf, so beobachtet man durch die Reize ausgelöste Wellen mit einer Periode von etwa 30 Millisekunden.

Der beschriebene Taktmechanismus des Gehirns ist vermutlich auch dafür verantwortlich, daß wir Bewegungen in einem regelmäßigen Tempo ablaufen lassen können, also mit gleichbleibendem Tempo sprechen, gehen oder auch musizieren können. Gleichbleibendes Tempo beim Sprechen und Gehen mag für uns selbstverständlich sein; wir vermuten vielleicht gar nicht, daß komplizierte Hirnmechanismen erforderlich sind, um konstantes Tempo zu garantieren. Es leuchtet jedem ein, daß dies beim Musizieren ein Problem ist, vor allem, wenn man anfängt, ein Musikinstrument spielen zu lernen. Aber auch für den geübten Musiker ist Finden und Einhalten eines Tempos eine der schwierigsten Aufgaben; Richard Wagner hat einmal gesagt, daß man ein Musikstück erst dann verstanden habe, wenn man sein Tempo verstanden habe.

Wir können nun zu unserer Klassifikation des subjektiven Zeiterlebens zurückkehren. Über die Phänomene der Gleichzeitigkeit, der Ungleichzeitigkeit und der zeitlichen Ordnung sind wir zu einer Ebene gelangt, bei der wir uns fragen müssen, ob diese drei Phänomene schon hinreichend sind für das, was wir allgemein unter Zeiterleben verstehen.

Eine kurze Überlegung zeigt, daß für das menschliche Zeiterleben ein weiterer Mechanismus angenommen werden muß. Jedem ist aus seinem eigenen Erleben deutlich, daß Ereignisse nicht für sich allein stehend wahrgenommen, sondern aufeinander bezogen werden und daß aufeinanderfolgende Ereignisse jeweils eine Wahrnehmungsgestalt bilden. Dies ist nur möglich, weil das Gehirn einen zeitlichen Integrationsmechanismus bereitstellt, der dafür sorgt, daß Wahrnehmungsgestalten gebildet werden. Dieser Integrationsmechanismus läßt sich durch verschiedene Beispiele veranschaulichen.

Nimmt man etwa ein Metronom und läßt es im Sekundentakt schlagen, so ist es jedem leicht möglich, eine subjektive Akzentuierung vorzunehmen; wir können etwa jedem zweiten Metronomschlag einen subjektiven Akzent geben, so daß wir das Gefühl haben, er sei etwas lauter als der nicht-akzentuierte Schlag.

Es ist für viele auch möglich, drei aufeinanderfolgende Schläge zu einer Gestalt zusammenzuschließen, indem wir jedem dritten Schlag ein stärkeres subjektives Gewicht geben. Versuchen wir nun aber, vier oder gar fünf aufeinanderfolgende Schläge subjektiv zu einer Gestalt zusammenzufassen, so fällt dies äußerst schwer, und für die meisten ist es unmöglich. Dieser einfache Versuch zeigt, daß die Integration aufeinanderfolgender Ereignisse zu Wahrnehmungsgestalten eine zeitliche Grenze hat, die bei einigen Sekunden liegt. Nur wenn zwei aufeinanderfolgende Ereignisse in einen zeitlichen Rahmen fallen, kann eine Beziehung zwischen ihnen hergestellt werden, und erst dann ist es möglich, eines der Ereignisse subjektiv hervorzuheben.

Zahlreiche Versuche, insbesondere auch aus dem Bereich des Sehens, machen deutlich, daß etwa drei Sekunden die Grenze darstellen, über die hinaus wir Information nicht mehr zu Wahrnehmungsgestalten zusammenbinden können. Der Neckersche Würfel ist ein Beispiel hierfür (vgl. Abb. 9). Ein anderes Beispiel aus dem Bereich »doppeldeutiger« Figuren zeigt die zeitliche Begrenztheit dieses Integrationsmechanismus auch für akustische Ereignisse. Bei der regelmäßigen Folge der Silben »KU« und »BA« hört man entweder »KUBA« oder »BAKU«. Es zeigt sich, daß automatisch nach etwa drei Sekunden ein Wechsel in der Wahrnehmung stattfindet, also beispielsweise »KUBA« sich in »BAKU« verwandelt.

Wir deuten dieses Phänomen so, daß zentrale Mechanismen des Gehirns eine Wahrnehmungsgestalt nur etwa drei Sekunden festhalten können und daß die Integrationsfähigkeit nach dieser Zeit gleichsam »erschöpft« ist. Bietet eine Reizkonfiguration die Möglichkeit, in zwei Weisen gesehen oder gehört zu werden, dann kommt automatisch nach etwa drei Sekunden die jeweils andere »Sehweise« oder »Hörweise« zur Geltung.

Aus einem ganz anderen Experiment läßt sich ebenfalls ableiten, daß es einen automatischen zeitlichen Verknüpfungsprozeß gibt, der auf wenige Sekunden begrenzt ist. Es handelt sich hierbei um die Reproduktion von vorgegebenen Zeitstrekken. Ein typischer Befund solcher Versuche ist, daß eine Versuchsperson die Dauer eines vorgegebenen Reizes nur bis zu etwa drei Sekunden recht genau reproduzieren kann und daß längere Zeitstrecken zu sehr ungenauen Wiederholungen führen. Dieser Befund kann so gedeutet werden, daß ein Reiz nur innerhalb einer bestimmten Zeitstrecke als Ganzes überblickt werden kann.

Analoge Experimente gibt es aus dem Bereich der sogenannten Psychophysik, wenn Reize hinsichtlich ihrer Intensität miteinander verglichen werden sollen. Man interessiert sich beispielsweise dafür, ob zwei Töne gleich laut oder zwei Lichter gleich hell sind. In allen diesen Experimenten beobachtet man folgendes: Nur wenn die beiden Reize innerhalb eines zeitlichen Fensters von etwa drei Sekunden gegeben werden, ist ein sachgerechter Vergleich möglich. Ist der Zeitabstand zwischen den beiden Reizen größer, so kommt es zum Verblassen des ersten Reizes und damit zu einer Überschätzung des zweiten Reizes.

Eine wichtige Frage ist, ob der auf etwa drei Sekunden begrenzte zeitliche Integrationsmechanismus nur für die

Wahrnehmung gilt oder ob er auch für andere Bereiche unseres Erlebens und Verhaltens zutrifft. Untersuchungen über die Dauer von geplanten Bewegungen haben ergeben, daß auch hier eine deutliche zeitliche Strukturierung vorliegt. Eine solche Bewegung ist etwa dann gegeben, wenn man einem anderen zur Begrüßung die Hand reicht. Auch hier gibt es die hervorgehobene Zeitstrecke, d. h., Bewegungsabläufe werden bevorzugt für drei Sekunden programmiert. Interessanterweise hat ein Vergleich von ähnlichen Bewegungsweisen bei verschiedenen Kulturen ergeben, daß die Dauer der Bewegungen überall gleich ist; das spricht dafür, daß es sich hier um einen grundlegenden Mechanismus des Gehirns handelt, der der Planung und Ausführung von Bewegungen zugrunde liegt.

Einen sehr guten Einblick in die Steuerung von Bewegungen und ihre Einbettung in ein Zeitfenster von etwa drei Sekunden bekommt man auch durch Experimente, in denen die Synchronisation von Sinnesreizen mit Bewegungen überprüft wird. Solche Versuche wurden von Jirka Mates aus Prag durchgeführt. Ein solches Experiment sieht etwa so aus: Eine Versuchsperson erhält den Auftrag, eine Serie von akustischen Reizen mit Fingerklopfen zu synchronisieren. Hierbei zeigt sich, daß bei kurzen Reizintervallen die Reize durch die Bewegung antizipiert werden; bevor der Reiz erscheint, erfolgt also bereits eine Reaktion. Offenbar kann das Nervensystem einen Reizauftritt vorwegnehmen. Verlängert man nun den Reizabstand, ist die Versuchsperson jenseits einer Grenze von etwa drei Sekunden nicht mehr in der Lage, den Reiz durch eine Bewegung zu antizipieren.

Eine Synchronisation erfolgt bei dem langen Reizabstand üblicherweise durch eine Reaktion auf den Reiz. Wenn man dennoch versucht, den Reiz zeitlich durch eine Klopfbewegung vorwegzunehmen, macht man große Fehler. Dieses Ergebnis belegt, daß eine Antizipation von Reizen, eine Vorausplanung willentlich kontrollierter Bewegungen, nur für wenige Sekunden möglich ist.

Vieles weist somit darauf hin, daß ein zeitlicher Integrationsmechanismus in unserem Gehirn auf nur etwa drei Sekunden beschränkt ist. Die Tatsache, daß sich in vielen verschiedenen Bereichen unseres Erlebens immer wieder ein gleiches Zeitintervall von etwa drei Sekunden aufspüren läßt, spricht dafür, daß das Gehirn mit einem elementaren Mechanismus ausgestattet ist, der überall gestaltend eingreift.

Man kann nun versuchen, das Phänomen der zeitlichen Integration bis etwa drei Sekunden zur Definition des Bewußtseins heranzuziehen. Was uns in unserem Erleben jeweils verfügbar wird, worauf sich unsere Aufmerksamkeit richtet, bleibt bewußt nur für etwa drei Sekunden. Die Verfügbarkeit eines Bewußtseinsinhalts für nur wenige Sekunden ist durch die zeitliche Begrenztheit eines zentralen Integrationsmechanismus bedingt.

Mit diesen Überlegungen sind wir in der hierarchischen Klassifikation der subjektiven Zeit auf der nächsten Stufe angelangt. Erläutert wurden bisher die elementaren Zeiterlebnisse Gleichzeitigkeit, Ungleichzeitigkeit, Aufeinanderfolge und subjektive Gegenwart. Spricht man vom Zeiterleben, so hat man aber noch ein anderes Phänomen im Blick, nämlich das der Dauer. Welche Mechanismen werden wirksam, damit wir bestimmte Zeitintervalle als unterschiedlich lange empfinden?

Ein wesentlicher Befund ist, daß der »geistige Inhalt«, wieviel wir also erleben, die Dauer vorbeigegangener Zeit bestimmt. Wird viel verarbeitet, dann wird im Rückblick die Zeit als lang beurteilt. Wird hingegen in einem gegebenen Zeitintervall wenig verarbeitet, geht also wenig Information oder Erlebnisgehalt durch das Bewußtsein, dann erscheint die vorbeigegangene Zeit im Rückblick eher kurz.

Hier wird ein Integrationsmechanismus ganz anderer Art angesprochen, nämlich ein Gedächtnis, in dem Information gespeichert wird, wobei dann später die gespeicherte Information im Hinblick auf Zeitdauer abgefragt werden kann. Gedächtnis ist also eine notwendige Voraussetzung dafür, daß wir unterschiedliche Dauern erleben können.

In diesem Zusammenhang wollen wir auf das sogenannte zeitliche Paradox eingehen. Wir sagten, daß dann, wenn viel Information verarbeitet wird, im Rückblick ein Zeitintervall als lang erscheint, während das Fehlen von verarbeiteter Information die Zeit rückblickend schrumpfen läßt. Befinden wir uns jedoch in einer Situation, in der viel Information verarbeitet wird, scheint die Zeit wie im Fluge vorüberzugehen; wir spüren überhaupt nicht, daß die Zeit vergeht. Dies ist das angesprochene Paradox: Obwohl die Zeit zu fliegen scheint, wird sie rückblickend als lang erlebt.

Im Gegensatz dazu ist ein durch wenig Information gekennzeichnetes Geschehen langweilig. Die Zeit scheint dann dahinzukriechen. Im Rückblick erscheint die Zeit dagegen geschrumpft. Dies ist der zweite Teil des Paradoxes: Während des Erlebens vergeht die Zeit langsam, im Rückblick erscheint sie kurz. Dieses Erlebnis erklärt sich aus der Tatsache, daß beim Erleben selbst die Aufmerksamkeit einmal auf das Geschehen (Kurzweil), im anderen Fall auf den Ablauf der Zeit (Langeweile) gerichtet wird; rückblickend wird das Zeiterleben dagegen über den Erlebnisreichtum beurteilt.

Wie kommt es nun, daß wir trotz der zeitlichen Segmentierung ein kontinuierliches Erleben haben? Sinnesinformationen werden zu Drei-Sekunden-Segmenten vereinigt, so daß herausgehobene »Gegenwartsfenster« entstehen. Wie ist es trotz einer solchen »Zerstückelung« möglich, daß wir auch Kontinuität im Erleben empfinden, daß die Zeit zu fließen scheint?

Hier wird ein weiterer Mechanismus unseres Gehirns wirksam. Was jeweils ins Bewußtsein gelangt, ist nicht unabhängig von den vorhergegangenen Bewußtseinsinhalten, d. h., aufeinanderfolgende Bewußtseinssegmente enthalten voneinander abhängige Bewußtseinsinhalte. Entscheidend für unser zeitliches Erleben ist die inhaltliche Vernetzung aufeinanderfolgender Bewußtseinsinhalte.

Der subjektive Eindruck einer zeitlichen Kontinuität ist also eine Illusion. Die Basis unseres Erlebens ist zeitlich zerstückelt; nur weil wir über die zeitlichen Grenzen von drei Sekunden hinaus an dasselbe denken, kommt es zum Eindruck einer kontinuierlichen Zeit.

Daß hier in der Tat eine aktive Leistung des Gehirns vorliegt, zeigt sich, wenn man Patienten mit bestimmten Denkstörungen untersucht. Ein schizophrener Patient ist im Extremfall nicht mehr in der Lage, aufeinanderfolgende Bewußtseinsinhalte so miteinander in Beziehung zu setzen, daß die Bedeutung der einzelnen Bewußtseinsinhalte eine sinnvolle Gedankenkette ergibt. Für einen solchen Patienten gehen die Kontinuität des Erlebens und der subjektive Eindruck eines zeitlichen Stroms verloren.

Beim Fluß der Zeit kann es auch noch zu anderen Störungen kommen, die fast jeder bei sich selber schon einmal erlebt hat. Das Erleben des »déjà-vu« gehört hierher. Es erklärt sich folgendermaßen: Die Abfolge von Ereignissen in der Welt (die Zahlenfolge von 1 bis 24 in Abb. 21) muß nicht der Abfolge von Ereignissen in unserem Gehirn entsprechen. Im Normalfall ist dies zwar richtig, im Einzelfall kann es aber Abweichungen geben: Eine Sache kann als »früher« empfunden werden, als sie es objektiv tatsächlich war. Das Gefühl, schon einmal in der identischen Situation gewesen zu sein (déjà-vu), kann man sich so erklären, daß ein Fehler in der zeitlichen Programmierung im Gehirn vorliegt. Dasselbe Ereignis wird im Gehirn zweimal kurz nacheinander repräsentiert, was dann zu dem befremdenden Eindruck führt, etwas »schon einmal erlebt« zu haben.

Zeit scheint nicht nur zu fließen; sie hat auch eine Richtung. Von der Gegenwart ausgehend, sind Vergangenheit und Zukunft im Erleben nicht gleichwertig; sie sind daher nicht spiegelbildlich. Man kann den Unterschied von Vergangenheit und Zukunft mit einem Gedanken von Carl Friedrich von Weizsäkker verdeutlichen: Die Zukunft ist gekennzeichnet durch Potentialität, die Vergangenheit durch Faktizität. Die Zukunft ist also offen, Verschiedenes kann eintreffen; die Vergangenheit ist geschlossen, d. h. es kann nichts mehr verändert werden; was geschehen ist, das ist geschehen.

Dieser Eindruck, Zeit habe eine Richtung, scheint eine Urerfahrung des Menschen zu sein. Wir können uns dies durch ein Bild verdeutlichen. Wenn eine Vase auf den Boden fällt und dabei in Scherben zerspringt, so fällt uns dabei nichts Besonderes auf. Wenn die Scherben sich jedoch wieder vom Boden erheben und sich zu einer ganzen Vase vereinen, dann widerspricht dies jeder Erfahrung, die wir bisher gemacht haben. Ein anderes Beispiel: Wenn wir zwei Farben vermischen, dann entmischen sie sich nie wieder von allein.

In einem »geschlossenen System« strebt alles zum Zustand der Unordnung, also zu einer guten Durchmischung aller Partikel in diesem System. Manche meinen, daß unser Gefühl, die Zeit habe eine Richtung, ein direktes Abbild dieses physikalischen Prinzips sei, des zweiten Hauptsatzes der Thermodynamik. Wir haben da unsere Zweifel. In einem geschlossenen System, für das die Aussage gilt, gibt es nie wieder einen Zustand wie früher. Alles strebt nahezu gleichförmig einem Endzustand, einer guten Durchmischung entgegen. Wenn es aber nie wieder einen Zustand wie früher gibt, dann kann sich in einem solchen System kein Gedächtnis entwickeln. Der Selektionsdruck für die Entwicklung eines Gedächtnisses ist von der Art, daß Situationen von jetzt gespeichert werden, damit sie später einmal genutzt werden können. Wenn aber dieselbe Situation prinzipiell nicht noch einmal auftreten kann, dann gibt es auch keinen Selektionsdruck für die Entwicklung eines Gedächtnisses. Wie wir gesehen haben, gäbe es dann aber auch kein Zeiterleben, denn das Zeiterleben, insbesondere das Gefühl der Dauer, ist vom Gedächtnis abhängig. Die Tatsache, daß wir ein Gedächtnis haben, beweist, daß wir nicht in einem geschlossenen System leben. Der prinzipielle Unterschied von Vergangenheit und Zukunft, der Unterschied zwischen Faktizität und Potentialität, ist der entscheidende Grund dafür, daß in unserem Erleben die Zeit eine Richtung hat. Wir haben also mindestens zwei Zeitpfeile, einen, der durch den zweiten Hauptsatz der Thermodynamik vorgegeben wird und der sich auf geschlossene Systeme bezieht, und einen anderen, der sich auf die subjektive Zeit bezieht, die sich in offenen, nicht von der Umwelt abgeschlossenen Systemen gestaltet.

Einen ganz anderen Einblick in den Ablauf der Zeit und die Strukturierung unseres Verhaltens und Erlebens in der Zeit gewinnen wir aus periodischen Veränderungen, die uns von der Umwelt aufgezwungen werden. Der regelmäßige Tag-Nacht-Wechsel ist eine solche Veränderung, die das Verhalten fast aller Organismen in nachhaltiger Weise beeinflußt.

Insgesamt unterscheidet man vier verschiedene geophysikalische Rhythmen, an die sich Organismen im Laufe der Evolution angepaßt haben. Es handelt sich hierbei neben den tagesperiodischen um die jahresperiodischen Veränderungen, die Gezeitenrhythmik und die Mondperiodik. Verschiedene Organismen zeigen in ihrem Verhalten bzw. in ihrer Lebensorganisation charakteristische Veränderungen, jeweils angepaßt an einen oder mehrere dieser geophysikalischen Zyklen. Für den Menschen gilt dies hauptsächlich für die Tages- und Jahresperiodik. Der Menstruationszyklus scheint keine direkte Anpassung an die Mondperiodik zu sein, obwohl seine Dauer relativ ähnlich ist.

Zahlreiche Experimente zeigen, daß praktisch alle physiologischen und psychologischen Funktionen einem tagesperiodischen Wechsel unterliegen. Am bekanntesten ist vielleicht der Verlauf der Körpertemperatur; die Körpertemperatur zeigt beim jungen Erwachsenen ein Minimum zwischen drei bis fünf Uhr in der Nacht und ein Maximum am späten Nachmittag gegen 18 Uhr. Weitere Beispiele für tagesperiodische Veränderungen bei physiologischen Funktionen sind die Ausscheidung von Kalium, Natrium oder Calcium durch die Niere oder auch der Blutdruck.

In der psychologischen Forschung konnte gezeigt werden, daß die Reaktionsschnelligkeit eine Funktion der Tageszeit ist, mit besten Werten am späten Vormittag und deutlich schlechteren Werten am frühen Morgen oder am späten Nachmittag. Eine weitere praktisch interessierende Funktion ist die Merkfähigkeit. Während man Kurzzeitinformation offenbar morgens am besten in das Gedächtnis einspeichern kann, ist die Wirkung des Lernens, also die Einspeicherung in das Langzeitgedächtnis, dann am günstigsten, wenn nachmittags gelernt wird.

Interessanterweise ist auch das Schätzen von Zeitstrecken eine Funktion der Tageszeit. Hat jemand die Aufgabe, ein zehn Sekunden dauerndes Intervall herzustellen, so fällt dies Intervall am späten Vormittag deutlich kürzer aus als am Morgen oder am Nachmittag, wobei der Unterschied bis zu zwei Sekunden betragen kann.

Die Bedeutung von Hirnstrukturen für tagesperiodische Regulationen ist durch Studien deutlich gemacht worden, in denen ein Kerngebiet des Hypothalamus genauer untersucht wurde. Es handelt sich hierbei um den sogenannten Nucleus suprachiasmaticus. Störungen in dieser neuronalen Struktur bewirken aperiodische Verhaltensabläufe, was darauf hinweist, daß diese Struktur für die rhythmische Verhaltensorganisation maßgebend ist.

Die Bedeutung von Strukturen des Gehirns, die an der tagesperiodischen Organisation unseres Verhaltens beteiligt sind, wird indirekt durch Beobachtungen bei schwer depressiven Patienten gestützt. Es ist ein bekanntes Phänomen, daß bei schwer Depressiven die tagesperiodische Zeitstruktur des Erlebens stark verändert ist. Typischerweise wacht ein solcher depressiver Patient etwa um drei Uhr nachts auf, wobei er sich seiner trüben Gedanken nicht erwehren kann, die ihn richtiggehend verfolgen. Es ist diesen Patienten praktisch nicht mehr möglich einzuschlafen, allenfalls Stunden später. Schlagartig erfolgt dann um die Mittags- oder Nachmittagszeit ein Umschlag in der Stimmung und im Antrieb, so daß ein solcher Patient plötzlich anderen und auch sich selbst in einer neuen Identität erscheint.

Gelegentlich wird versucht, durch Einflußnahme auf die tagesperiodischen Mechanismen eine depressive Phase zu durchbrechen. Hierzu gehören Schlafentzug und neuerdings Lichttherapie; dabei versucht man, durch intensive Bestrahlung mit hellem Licht, die sich möglicherweise auf neurochemische Prozesse im Gehirn auswirkt, eine therapeutische Wirkung zu erzielen. Ansatzpunkt dieser Überlegung ist die Tatsache, daß viele Patienten saisonbedingte Depressionen erleben, die sich auf den winterlichen Lichtmangel zurückführen lassen können (SAD = *Seasonal Affective Disorders*).

Man kann sich nun fragen, ob die beobachteten tagesperiodischen Veränderungen vom Tag-Nacht-Wechsel und dem auf ihn bezogenen Schlaf-Wach-Wechsel abhängig sind oder ob der Körper die tagesperiodischen Veränderungen durch ein inneres Programm steuert. Um diese Frage zu prüfen, hat man freiwillige Versuchspersonen mehrere Wochen bis Monate in Isolationskammern leben lassen und beobachtet, wie ihre tagesperiodischen Funktionen sich veränderten. Bei diesen Versuchen muß sichergestellt sein, daß die Versuchspersonen nichts über die objektive Tageszeit erfahren; eine solche Kammer muß also gegen Licht, Schall und Information isoliert sein. Aus den zahlreichen Experimenten, die systematisch von Jürgen Aschoff in Andechs begonnen und seither weltweit durchgeführt wurden, hat sich ergeben, daß die tagesperiodischen Veränderungen endogenen Ursprungs sind, d. h. auch wenn kein Anstoß von außen da ist, werden die periodischen Veränderungen weiter beobachtet.

Es sind im übrigen drei voneinander unabhängige Sachverhalte, die für die These sprechen, daß die Tagesrhythmik im Körper selbst gemacht wird:

Man beobachtet erstens, wie gesagt, daß bei Ausschluß aller äußeren Zeitgeber die physiologischen und psychologischen Funktionen weiter einen tagesperiodischen Wechsel zeigen. Damit ist sichergestellt, daß nicht das Vorhandensein eines äußeren, geophysikalisch bestimmten Tag-Nacht-Wechsels für die Veränderungen verantwortlich ist.

Man hat zweitens festgestellt, daß die Spanne der tagesperiodischen Funktion nicht mehr genau 24 Stunden beträgt, sondern im Durchschnitt etwas davon abweicht; der Mittelwert der Perioden liegt bei 25 Stunden. Wäre die Periode exakt

24 Stunden, so müßte man annehmen, daß ein nicht erkannter Zeitgeber weiterhin für die tagesperiodischen Veränderungen verantwortlich ist. Die Tatsache, daß der Mensch »nachgeht«, seine Tagesperiode also länger ist als 24 Stunden, ist somit ein wesentlicher Hinweis auf eine endogene Uhr.

Es ist drittens aber auch wichtig, daß nicht alle Versuchspersonen genau den gleichen Wert von z. B. 25 Stunden haben, sondern daß es eine interindividuelle Streuung gibt; jeder hat also seine bevorzugte Periode, und nur im Mittel über alle Versuchspersonen ergeben sich etwa 25 Stunden. Hätten alle Versuchspersonen in einer solchen Isolationssituation den gleichen Wert, könnte man vermuten, daß ein noch nicht erkannter Zeitgeber für die Steuerung der Funktionen verantwortlich ist. Aufgrund der drei genannten Befunde kann man aber davon ausgehen, daß tagesperiodische Veränderungen endogen gesteuert werden. Da diese innere Uhr nur ungefähr (lat. *circa*) einen Tag (lat. *dies*) anzeigt, spricht man von einem *zirkadianen Rhythmus*.

Die Tatsache, daß der Mensch unter Isolationsbedingungen einen Tag von etwa 25 Stunden hat, drückt sich auch darin aus, daß unser Verhalten an den geophysikalisch definierten Tag so angepaßt ist, daß wir üblicherweise nach Sonnenaufgang aufstehen und auch erst nach Sonnenuntergang zu Bett gehen. Schwingungstheoretisch läßt sich argumentieren, daß der Tag-Nacht-Wechsel ein Zeitgeber ist, der ein biologisches Phänomen synchronisiert. Der Zeitgeber hat eine kürzere Periode als das biologische System, was zu einem Synchronisationszustand führt, bei dem das mitgenommene System dem mitnehmenden nachhinkt. Hätte der Mensch im Durchschnitt eine innere Uhr von etwa 23 Stunden, so würden wir dem Tageslauf, der uns von Hell und Dunkel aufgezwungen wird, nicht nachhinken, sondern wir würden möglicherweise mit Vergnügen jeden Morgen um drei Uhr aufstehen und am Nachmittag schon um fünf Uhr zu Bett gehen. Die typische zeitliche Orientierung aller menschlichen Sozialsysteme wird also von den Eigenheiten der zirkadianen Uhr des Menschen bestimmt.

Wir müssen davon ausgehen, daß endogene Oszillatoren auch für jene Funktionen existieren, die den drei anderen geophysikalischen Rhythmen entsprechen. Die jahresperiodische Organisation menschlichen Verhaltens zeigt sich indirekt in zahlreichen Bereichen, die in unsere Lebenswirklichkeit eingreifen. Hier mag die Anfälligkeit für Erkrankungen eine Rolle spielen; nachgewiesen ist die Jahresperiodik u. a. für die Geburtenhäufigkeit, somit für die Empfängnisbereitschaft, und für Selbstmorde. Dabei ist auffällig, daß die Amplitude der jahresperiodischen Veränderungen bei Empfängnis und Selbstmord mit zunehmender Zivilisation abnimmt. Das zivilisations- und technikbedingte Durchbrechen der von der Natur vorgegebenen Veränderungen während des Tages und während des Jahres führt also zur Abschwächung der jahresperiodischen Organisation unseres Verhaltens. Für die Stabilität der organismischen Systeme hat das möglicherweise Nachteile; insofern war die Erfindung der Glühlampe vielleicht nicht nur nützlich.

Während wir einen Zeitbegriff auf der Grundlage elementarer Zeiterlebnisse erschließen können, indem wir solche grundlegenden Erlebnisse wie Gleichzeitigkeit, Aufeinanderfolge, das Gefühl der Gegenwärtigkeit und das Erleben der Dauer nach ihrem gemeinsamen neurobiologischen Nenner befragen, wird uns durch die periodischen Veränderungen der Umwelt das Vorübergehen der Zeit gleichsam von außen aufgezwungen. Alle 24 Stunden wiederholt sich in unserem Organismus etwas, was sich in Erleben und Verhalten zeigt; aber was sich da wiederholt, ist nicht genau dasselbe; durch geistige Verarbeitungsprozesse sehen wir in diesen Kreisläufen viele Ähnlichkeiten, doch auch ihre Veränderungen über die Zeit hinweg. Das Gedächtnis erlaubt uns somit Vergleiche, und nur über das Gedächtnis wird uns das Bewußtsein des Wechsels in der Zeit und damit letzten Endes auch der Begriff von Zeit ermöglicht.

Kapitel 10

Verbindungen zur Welt: Die verschiedenen Bewußtseinsebenen

»Die Menschen sollen wissen«, lehrte der antike Begründer der Medizin, Hippokrates, »daß unsere Lustempfindungen und unsere Freuden, unser Lachen und Scherzen ebenso wie unsere Sorgen und Schmerzen, unser Kummer und unsere Tränen vom Gehirn und nur vom Gehirn kommen..., weshalb ich behaupte, daß das Gehirn der Dolmetscher des Bewußtseins ist.«

Denker aller Zeiten, Religionsstifter und Philosophen, haben über das nachgedacht, was wir Bewußtsein nennen. Dennoch ist es bis heute ein Geheimnis geblieben, was Bewußtsein ist, ob es überhaupt, und, wenn ja, wie es mit dem Gehirn verbunden ist. Diese Rätselhaftigkeit betrifft aber nicht nur das Bewußtsein; der kürzlich verstorbene Philosoph Karl Popper betont, daß Individualität, Einmaligkeit des Ichs und das Leben überhaupt Themen sind, die für den Menschen geheimnisvoll bleiben. Popper sieht es – wie auch wir in unseren Eingangsüberlegungen zum ersten Kapitel – als eines der größten Wunder an, daß sich ein zur Selbstreflexion fähiges und der Sprache mächtiges Bewußtsein entwickelt hat, das mit dem menschlichen Gehirn in Verbindung zu stehen scheint.

Wenn wir über das Bewußtsein nachdenken, dann werden wir zu jenen Fragen geführt, die in der Geistesgeschichte mit dem sogenannten Leib-Seele-Problem in Verbindung gebracht werden. Die Frage, die sich hier stellt, ist die folgende: Ist das Bewußtsein, der Geist, die Seele, ein untrennbarer Teil unserer körperlichen Existenz, also eine Funktion des Gehirns, oder gehört es zu einem ganz anderen Seinsbereich im Kosmos, in dem wir leben? Erklärt sich Bewußtsein im Rahmen des sogenannten Monismus, oder müssen wir voneinander unabhängige Seinsbereiche annehmen, die im Menschen zusammenkommen? Wir sind die einzige Domäne im Kosmos, von der wir wissen, daß in ihr Körperliches *und* Seelisches repräsentiert ist. Das Problem, das sich für einen Hirnforscher stellt, der im Rahmen des Dualismus unser seelisches Sein erklären möchte, ist, wie Körperliches, also unser Gehirn als Masse, und unser Erleben in Wechselwirkung treten.

Die schärfste Trennung zwischen Körper und Seele hat im 17. Jahrhundert der französische Philosoph René Descartes vollzogen. Er teilte die Welt in zwei substantiell verschiedene Bereiche ein, nämlich jenen der Körperlichkeit und jenen des Denkens. Da Wesensmerkmal des Körperlichen die räumliche Ausdehnung ist, nannte er diesen Substanzbereich *res extensa* (die ausgedehnte Sache); der Substanzbereich, der unser Erleben ausmacht, wurde von ihm als *res cogitans* (die denkende Sache) bezeichnet. Descartes meinte unsere Existenz im übrigen nicht über das Körperliche, sondern über das Seelische beweisen zu können, wie sein berühmter Ausspruch *cogito ergo sum* (ich denke, also bin ich) belegt.

Die Schwierigkeit für Descartes war nun, die Verbindung zwischen den beiden Substanzbereichen herzustellen. Da das seelische Erleben durch Einheitlichkeit und auch durch zeitliche Kontinuität eines mit sich selbst identischen Wesens gekennzeichnet ist, nahm er an, daß es im Körper ein Organ geben müsse, das diese Einheitlichkeit und Geschlossenheit widerspiegle. Als ein solches Zentrum hat Descartes die Zirbeldrüse angenommen, in der seiner Meinung nach die Wechselwirkung zwischen Körper und Geist stattfindet; weil die Zirbeldrüse ein unpaares Organ ist, garantiere sie die Ganzheit des Erlebens.

Obwohl wir heute als Naturforscher eine monistische Auffassung bei der Erklärung des Leib-Seele-Problems vertreten, ist es interessant zu überlegen, wie dualistisches Denken entstanden sein könnte. Ein solches Denken ist ja keine Selbstverständlichkeit. Es gibt zahlreiche Dokumente aus anderen Hochkulturen – und auch aus unserer abendländischen Geistesgeschichte –, vor allem aber aus alten Ethnien (noch heute existierenden Steinzeitkulturen), die belegen, daß in den entsprechenden Gesellschaften eine Trennung zwischen dem Erleben und der körperlichen Existenz nicht vollzogen wird. Historisch mag die Entdeckung des Leib-Seele-Problems mit der Entwicklung der Schriftsprache zusammenhängen. Im Aufschreiben werden Gedanken, die wir geäußert haben, von dem Augenblick des Geäußertwerdens getrennt. Die in der unmittelbaren Kommunikation angestellten Überlegungen werden durch schriftliches Festhalten Menschen an anderem Ort und zu anderer Zeit verfügbar gemacht.

Das schriftliche Dokument ist aber nicht nur ein Speicher des gesagten Wortes. In dem Augenblick des Sichloslösens von der unmittelbaren Kommunikation beginnen die schriftlich fixierten Worte ein Eigenleben zu führen. Der Leser beginnt zu glauben, daß das schriftlich Festgehaltene nicht mehr nur etwas festhält, was in einer zwischenmenschlichen Kommunikation stattgefunden hat, sondern daß das Wort etwas Allgemeingültiges repräsentiert, daß hinter dem Wort eine Idee steht, der eine eigenständige Existenz zukommt.

Solange sich dieser Wortbezug auf Gegenstände richtet, die in unserer sinnlichen Erfahrung vorfindbar sind, solange scheint dieser kategoriale Bezug problemlos zu sein. Jeder kann nachprüfen, daß es einen Stuhl oder ein Buch oder ein Bett tatsächlich gibt, wenn er sitzend oder liegend dieses Buch liest. Problematisch wird dieser kategoriale Bezug aber dann, wenn sich das geschriebene Wort auf abstrakte Konzepte wie Bewußtsein oder Seele bezieht.

Solche Begriffe mit einem abstrakten Bezug sind nur Worthülsen, die der Vereinfachung der Kommunikation dienen. Wir machen einen fundamentalen Fehler, wenn wir meinen, daß das geschriebene Wort darauf hinweist, daß es ein Bewußtsein so wie einen Stuhl oder ein Buch oder ein Bett tatsächlich gibt. Durch die Abtrennung des Begriffs vom gesprochenen Wort und durch seine schriftliche Fixierung wird uns vorgegaukelt, daß es Bewußtsein im eigentlichen Sinn des Wortes gäbe. Die Hirnforschung könnte sich so dazu verführen lassen, nach dem Sitz der Seele zu suchen.

Diese Denkweise geht von falschen Voraussetzungen aus und beruht auf einem Mißverstehen der Funktion der Sprache. Der englische Mathematiker und Philosoph Bertrand Russell hat in seinen Analysen sehr deutlich gemacht, daß man durch den irrigen Gebrauch von Wörtern einer Chimäre nachjagt.

Dies soll nun nicht heißen, daß wir vom Gebrauch des Wortes Bewußtsein ganz abraten wollen. Genausowenig sind wir dagegen, daß man Wörter verwendet, die sich auf andere abstrakte Konzepte beziehen, die in der Psychologie und der Hirnforschung eine große Rolle spielen, wie Intelligenz, Gefühl, Aufmerksamkeit, Lebensqualität oder Liebe. Wenn man diese Wörter verwendet, sollte man dabei aber mitdenken, daß sie Gebrauchswörter sind, die sich auf Abläufe des Lebens beziehen, die aber nicht dazu verführen sollten, anzunehmen, als gäbe es »die Intelligenz« oder »die Liebe« oder »das Bewußtsein«.

In all diesen Fällen, insbesondere aber bei der mißverstandenen Verwendung des Wortes Seele oder Bewußtsein, sind weitreichende Konsequenzen die Folge, die nicht nur unser soziales Leben, sondern auch den Verlauf der Geschichte fundamental prägen und geprägt haben. Wenn wir nämlich Bewußtsein als etwas vom Körper Getrenntes betrachten, dann streben wir danach, daß dieser mit unserem körperlichen Leben verbundene Bereich erhalten bleibt, wenn wir sterben. Wir hoffen, daß unsere individuelle Sterblichkeit (vgl. Kap. 1) durch die Teilhabe am ewig währenden Kosmos des Bewußtseins überwunden werden kann.

Als Naturforscher wird man zwar auch zu solch allgemeinen Gedanken verführt, wie sie soeben versucht wurden; in der praktischen Arbeit wird allerdings in einer sehr viel bescheideneren Weise angestrebt, unser Erleben durch Prozesse des Gehirns zu erklären. Wir analysieren die Bausteine, die das ermöglichen, was wir nun nicht als »Bewußtsein«, sondern als »den Zustand bewußt in diesem Augenblick« bezeichnen. Wir beziehen uns in unseren Untersuchungen nicht auf ein abstraktes Konzept, sondern auf unser ursprüngliches Erleben.

»Der Zustand bewußt« ist begründet in unserer zeitlichen Erfahrung (vgl. Kap. 9). Wie wir festgestellt haben, werden Wahrnehmungen, gefühlsmäßige Bewertungen, Erinnerungen und willentliche Absichten oder Bewegungsmuster in zeitlichen Intervallen zusammengefaßt, die auf wenige Sekunden beschränkt sind. Die in etwa drei Sekunden stattfindende Integration wird als neuronale Grundlage des jeweils einzelnen »Zustandes bewußt« herangezogen. Es handelt sich hierbei um eine rein pragmatische, besser vielleicht: eine experimentelle Definition dessen, was umgangssprachlich mit Bewußtsein assoziiert ist. Psychisch gegeben ist aber jeweils nur das, was in wenigen Sekunden repräsentiert ist, und dieses Erleben ist gekennzeichnet durch das Gefühl der Gegenwärtigkeit. Da die zeitliche Integration von Information sich aus den Bauprinzipien und der Funktionsweise unseres Gehirns ergibt, können wir somit auch sagen, daß »der Zustand bewußt« auf neuronaler Grundlage, also naturwissenschaftlich, definiert ist.

Nun ist es aber fraglos so, und darauf wurde bereits hingewiesen (vgl. Kap. 9), daß unser Erleben auch durch Kontinuität gekennzeichnet ist. Die Kontinuität des Erlebens kommt wahrscheinlich dadurch zustande, daß die Inhalte, die in den einzelnen Gegenwartsinseln enthalten sind, aufeinander bezogen sind, daß also eine semantische Vernetzung stattfindet. Die erlebte Kontinuität ist aber eine Illusion. In Wirklichkeit müssen wir eine zeitliche Segmentierung annehmen, die jeweils auf drei Sekunden bezogen ist, und auf dieser Segmentierung aufbauend werden Wissensmerkmale einzelner zeitlicher Inseln für den jeweils nächsten Schritt der neuronalen Datenverarbeitung herangezogen. Die Konstruktion der Kontinuität scheint offenbar ermöglicht zu werden durch gleichbleibende Bewertungen, die von jenen Modulen des Gehirns gesteuert werden, die für die homöostatische Regulation des Körpers verantwortlich sind. Diese Regulationsmechanismen, die mit unserer Gefühlswelt engstens verknüpft sind, ändern sich nicht so kurzfristig wie Wahrnehmungseindrücke aus der Welt und garantieren so für das ganze Gehirn längerfristige Bewertungszustände, so daß eine Kontinuität des Erlebens aufgebaut werden kann.

Das Wort »Bewußtsein« ist jenes Gebrauchswort, das wir verwenden, um die einzelnen »Zustände« und ihre Verkettung miteinander zu kennzeichnen. Die Tatsache, daß die erlebte Kontinuität von gleichbleibenden gefühlsmäßigen Bewertungen abhängig ist, macht deutlich, daß die umgangssprachliche Verwendung des Wortes Bewußtsein tief in unsere Gefühlswelt eingebettet ist. Ohne gleichbleibende emotionale Bewertungen kann es nach diesen Überlegungen auch nicht das geben, was wir als Bewußtsein bezeichnen.

Für diese Betrachtungsweise gibt es einen unmittelbaren Beleg, wenn wir uns Symptome vor Augen führen, an denen manche Patienten mit einer Schizophrenie leiden. Die Bewußtseinsstörungen dieser Patienten, die mit einem Zerbrechen der Denkabläufe in Zusammenhang stehen, sind begleitet von tiefen emotionalen Störungen. Solche Patienten können gleichsam den Bezug nicht mehr herstellen zwischen ihrer Gefühlswelt und der Welt des Wahrnehmens und Denkens.

Was könnte die funktionelle Bedeutung des Bewußtseins sein, wie wir es hier beschrieben haben? Die Frage ist insofern berechtigt, als es hochkomplexe Abläufe im menschlichen Gehirn gibt, die nicht bewußt werden, also implizit sind, von denen man aber üblicherweise annimmt, daß mit ihnen Bewußtheit verbunden sein müßte. Ein solches Phänomen wurde bereits angesprochen, als wir das Blindsehen erläuterten (vgl. Kap. 4). Komplizierte Abläufe im Gehirn, die zu Entscheidungen bezüglich unseres Verhaltens führen, müssen nicht bewußt sein. Ein typisches Beispiel hierfür ist die plötzliche Idee zur Lösung eines Problems. Hier ist ein Problem zu einem guten Ende geführt worden, doch die einzelnen Schritte, die zur

Lösung des Problems notwendig waren und die durchaus auf logischen Prozessen beruhen, sind selber nicht bewußt. Diese Überlegungen legen die Hypothese nahe, daß im Bewußtsein (also in den jeweils kurzen Zeitsegmenten von wenigen Sekunden) stets nur das repräsentiert wird, was anderen mitgeteilt werden soll. Mitteilungsmöglichkeit wäre dann also konstitutiv für Bewußtsein. In diesem Sinne ist unser menschliches Bewußtsein in einen sozialen Kontext eingebettet. Bewußt wird uns das, was wir anderen mitteilen können.

Nach dieser Definition haben alle sozialen Tiere, die einen zeitlichen Integrationsmechanismus haben und kommunizieren, auch ein Bewußtsein. Die zeitlichen Integrationsmechanismen sind aber möglicherweise anders als bei uns; sie mögen kürzer oder länger sein. Wenn sie aber eine andere Zeitstruktur haben, dann hat auch das Bewußtsein dieser Tiere andere zeitliche Eigenschaften. Es ist ein Kennzeichen vieler Säugetiere, insbesondere der Primaten, daß sie miteinander kommunizieren und Bewegungsabläufe zeigen, in die wir uns hineinfühlen können. Vielleicht ist die Zeitstruktur des Erlebens dieser Tiere anders als bei uns, aber doch nicht so verschieden, daß sie uns völlig fremd wäre. Man könnte vermuten, daß man deswegen das Gefühl haben kann, mit einem Hund oder einer Katze kommunizieren zu können, weil die zeitliche Struktur des Verhaltens und damit die vermutete Bewußtseinsstruktur ähnlich ist. Einem Hering oder einer Spinne gegenüber stellt sich dieses Gefühl wohl kaum ein. Soziale Nähe oder Distanz zu anderen Lebewesen mag auch damit zusammenhängen, daß unterschiedlich ähnliche Mechanismen der neuronalen Integration dem Verhalten dieser Lebewesen zugrunde liegen.

Wir möchten nun auf einige Experimente eingehen, die über das hinaus, was schon erläutert wurde, die Bausteine des Bewußtseins verdeutlichen. Ein solches Experiment wurde von Mitarbeitern der Institute für Anästhesie und Medizinische Psychologie in München durchgeführt. Unter der Leitung von Christian Madler und dann Dierk Schwender wurde überprüft, in welchem Zustand sich ein Gehirn befindet, wenn ein

Patient eine Vollnarkose hat, die es dem Chirurgen erlaubt, Operationen durchzuführen. Es wurde festgestellt (vgl. Kap. 9), daß das Gehirn, um funktionsfähig zu sein, in der Lage sein muß, elementare Ereignisse zu definieren. Wenn elementare Ereignisse nicht mehr aufgebaut werden können, haben wir den Zustand einer Vollnarkose und damit auch die Ausschaltung des Bewußtseins. Den Übergang von der Informationsverarbeitung, die zu elementaren Ereignissen und Bewußtseinsbausteinen führt, zur Ausschaltung dieses Mechanismus kann man im Experiment sichtbar machen.

Der zur Operation vorbereitete Patient erhält einen Kopfhörer aufgesetzt, über den ihm in regelmäßigen Abständen Klickreize präsentiert werden. Der Abstand aufeinanderfolgender Klicks kann recht kurz gewählt werden, etwa zehn Schallreize pro Sekunde. Gleichzeitig werden mit Hilfe von Elektroden die elektrischen Antworten des Gehirns aufgezeichnet. Man muß eine Serie von solchen Klicks geben, damit die Antwort des Gehirns deutlich sichtbar wird. Wenn man die Reaktion des Gehirns auf etwa 1000 Reize überprüft, stellt man fest, daß typische Wellen auftreten, die eine Periode von etwa 30 Millisekunden haben.

Unmittelbar nach dem Reizauftritt werden Mechanismen des Hirnstamms sichtbar, d. h. man kann sehen, in welchen Verarbeitungsschritten der Klick über das Ohr aufgenommen und bis zum Zwischenhirn weitergereicht wird. Danach gibt es zwei bis drei Perioden von jeweils 30 Millisekunden Dauer, die die gleichgeschaltete Aktivität von Nervenzellen vor allem im Cortex, wahrscheinlich aber auch im Zwischenhirn angeben. Diese Wellenformen kennzeichnen den Normalzustand der Informationsverarbeitung im Wachzustand.

Beginnt man nun die Narkose, dann stellt man fest, daß bei der Gabe von allgemein wirkenden Anästhetika diese periodischen Abläufe verschwinden. Zwar wird die Information noch vom Hirn aufgenommen, denn die frühen elektrischen Veränderungen des Gehirns sind noch sichtbar, aber die zeitlich geordnete Aktivität in den neuronalen Verbänden des Großhirns, die sich durch Oszillationen zeigt, ist nicht mehr möglich. Das Narkosemittel beseitigt gleichsam einen funktionellen Klebstoff, der im Wachzustand zwischen den Nervenzellen eine Verbindung und damit einen Gleichklang der Tätigkeit herstellt, womit organisierte Informationsverarbeitung ermöglicht wird.

Kennzeichen dieses Zustandes ist die tiefe Bewußtlosigkeit. Ein Patient, der aus der Narkose erwacht, fragt häufig, wann denn die Operation beginne. Eine solche Frage macht deutlich, daß während der Operation in Narkose tatsächlich nichts registriert wurde. Die periodischen Prozesse sind offenbar der neuronale Ausdruck für jene Mechanismen, die notwendig sind, um elementare Ereignisse zu registrieren. Werden diese Mechanismen ausgeschaltet, indem der neuronale Taktgeber außer Tätigkeit gesetzt wird, dann können keine Ereignisse mehr identifiziert werden. Weil es keine Ereignisse mehr gibt, kann auch kein Bewußtsein mehr aufgebaut werden. Dieses benötigt als Baumaterial die einzelnen Steine. Wir können uns den jeweiligen »Zustand bewußt« als ein Haus vorstellen, während die einzelnen Steine die voneinander unabhängigen Ereignisse repräsentieren, die in wohlgeordnetem Bezug zusammen das Haus ergeben.

Mit diesem Verfahren ist es natürlich auch möglich, Aussagen über jenen Zustand zu machen, bei dem die Narkose einerseits hinreichend tief ist, um eine schmerzfreie, »unbewußte« Operation zu gewährleisten, bei dem aber andererseits die periodischen Prozesse des Gehirns nicht vollständig verschwunden sind. In den hier angesprochenen Studien wurde überprüft, ob in einer solchen Narkose noch Information verarbeitet wird. In diesen Versuchen, die zusammen mit Agnes Kaiser durchgeführt wurden, wurde in der Narkose einer Reihe von Patienten die Geschichte von Robinson Crusoe erzählt. Es wurde dann nach der Operation gefragt, ob die Patienten sich an irgend etwas aus der Zwischenzeit erinnerten. Dies war bei keinem Patienten der Fall. Allerdings war es so, daß bei den Patienten, bei denen die periodischen Prozesse im Gehirn nicht verschwunden waren, eine implizite Erinnerung an die Geschichte von Robinson Crusoe gegeben war. In dieser Geschichte spielt bekanntlich die Person Freytag eine wichtige Rolle. Wenn nach der Operation die Patienten gefragt wurden, was ihnen zu dem Wort »Freitag« einfalle, dann wurde nur von jenen, bei denen während der Narkose noch Oszillationen der Hirnaktivität vorhanden waren, berichtet, daß ihnen auf dieses Stichwort merkwürdigerweise die Robinson-Geschichte einfalle; sonst wurde typischerweise auf den Wochentag Bezug genommen.

Interessant an diesem Experiment ist, daß die Wissensrepräsentation in einer impliziten Weise geschehen ist. Die Patienten haben kein Bewußtsein gehabt (dies soll nicht ausschließen, daß bei manchen Narkosen, die nicht sachgerecht durchgeführt werden, auch eine explizite, also bewußte Erfahrung über den Verlauf der Operation gegeben sein kann). Die Bedeutung des impliziten Wissens ist erst in der letzten Zeit erkannt worden. Auf der Grundlage unserer Definition des Bewußtseins ist nachvollziehbar, daß in unserem Kopf eine hochkomplexe Informationsverarbeitung stattfindet, die nur dann bewußt wird, wenn sie mit einem Ergebnis verbunden ist, das anderen mitgeteilt werden soll. Insbesondere die emotionale Bewertung wird nicht immer explizit, sondern kennzeichnet als implizite Tönung unsere Bewußtseinstätigkeit. Bis vor kurzem war es nahezu ein feststehender Lehrsatz, daß mentales Geschehen auch explizit sein müsse. Wir haben schon eingangs darauf hingewiesen (vgl. Kap. 1), daß aufgrund der Bauweise unseres Gehirns diese durchgängige Klarheit und Deutlichkeit im Denken gar nicht möglich ist.

Der Irrtum, daß es doch so sein könnte oder sollte – das Erbe des Rationalismus –, hat in der klassischen Forschung über künstliche Intelligenz zu einigen Irrläufern geführt. Man hat sich gewundert, warum es eigentlich so schwierig ist, das mentale Geschehen des Menschen zu simulieren. Erst seitdem man weiß, daß wir nicht nur durch explizites, sondern auch durch implizites Wissen gekennzeichnet sind, kommt man dem

Programm näher, menschliches Wissen und Handeln in Automaten abzubilden. Will man beispielsweise Roboter bauen, die sich autonom bewegen, muß man auch das implizite menschliche Wissen repräsentieren. Hierzu eignen sich offenbar neue Konzepte (vgl. Kap. 11), die sich mehr am Handeln als am Reden des Menschen orientieren.

Die Informationsverarbeitung während des Schlafes geschieht auf eine prinzipiell andere Weise als während der Narkose. Während die Narkose ein »zeitloser« Zustand ist, in dem, wie betont wurde, überhaupt keine Information verarbeitet wird, die zu mentalen Ereignissen führt und somit am Aufbau bewußter Zustände beteiligt wäre, ist der Schlaf durch mehrere Ebenen von Informationsverarbeitung gekennzeichnet. Am deutlichsten ist dies natürlich im Traumschlaf mit seiner bizarren Bilderwelt. Doch auch wenn wir nicht träumen, gibt es eine rege Aktivität im Gehirn. Diese neuronale Informationsverarbeitung zeigt sich u. a. darin, daß wir, wenn wir in der Nacht aufwachen, nicht in einem zeitlosen Zustand sind, sondern meist ungefähr angeben können, wie spät es ist. Manche Menschen haben sogar die Fähigkeit, sich abends vorzunehmen, wann sie morgens aufwachen, d. h. eine »Kopfuhr« bestimmt bei ihnen den Übergang vom Schlaf- zum Wachbewußtsein. Dies ist nur möglich, wenn auch während des Schlafens das Gehirn tätig ist und den Ablauf der Zeit, wenn auch auf eine implizite Weise, registriert.

Ist die folgende Frage sinnvoll: Wo ist das Bewußtsein, wenn wir im traumlosen Schlaf versunken sind? Wenn man eine dualistische Auffassung vertritt, muß einem diese Frage Sorge bereiten. Für den Monisten ist diese Frage nicht sinnvoll. Der »Zustand bewußt« wird im Prozeß des Aufwachens erst generiert. Dabei kann es durchaus geschehen – und dies wird von manchen als befremdlich erlebt –, daß das Gefühl der eigenen Identität sich nicht sofort einstellt, wenn man aufwacht. Es kann der Eindruck der Ich-Fremdheit bestehen, und merkwürdigerweise geschieht dies gerade dann, wenn wir in einem fremden Bett aufwachen. In einer fremden Umgebung weiß man manchmal weder, wo man ist, noch wer man eigentlich ist. Diese Ich-Fremdheit weist darauf hin, daß das Gefühl der Ich-Identität nicht etwas Selbstverständliches ist. Unsere Wahrnehmungsvorgänge, unsere Erinnerungen, unsere bewertenden Gefühle und unsere willentlichen Absichten müssen erst miteinander verkoppelt werden, und wenn es bei den neuronalen Modulen, die diesen funktionellen Bereichen unterliegen, zu gewissen Verschaltungsverzögerungen kommt, so mag auch beim Gesunden in der Übergangsphase vom Schlafen zum Wachen kurzfristig ein Intervall auftreten, in dem er eine Distanz zum eigenen Ich erlebt.

Eine quasi-bewußte Tätigkeit ist nahezu allen aus dem Träumen bekannt. Seit langem weiß man, daß alle Menschen träumen, allerdings scheinen sich manche nicht an ihre Träume zu erinnern. In jeder Nacht verbringen Jugendliche etwa 20 Prozent der gesamten Schlafzeit im Traumschlaf. Der Traumschlaf wird aber nicht in einem zeitlichen Paket abgearbeitet. sondern tritt alle 90 Minuten phasenweise hervor und gibt dem Schlaf dadurch eine zeitliche Gestalt. Zum Morgen hin werden diese Traumphasen immer länger. Sie können dann etwa eine halbe Stunde dauern. Diese Phase des Traumschlafs ist begleitet von vielen körperlichen Veränderungen; so atmen wir schwerer, der Pulsschlag ist unregelmäßiger, die Augen beginnen sich ruckartig zu bewegen, die elektrische Aktivität des Gehirns ähnelt der des Wachbewußtseins, und die Sexualorgane werden spontan aktiv.

Interessant ist die Beobachtung, daß der Traumschlaf beim kleinen Kind und vor allem beim Säugling einen sehr viel höheren Anteil am Gesamtschlaf hat als beim Erwachsenen. Mit zunehmendem Alter wird die gesamte Traumzeit dann immer geringer, und sie beträgt beim Erwachsenen schließlich deutlich weniger als 20 Prozent. Besonders faszinierend ist, daß schon das ungeborene Kind regelmäßig Phasen des Traumschlafs zeigt, wie man an seinen ruckartigen Augenbewegungen, die man mit Hilfe sonographischer Methoden sichtbar machen kann, erkennt.

Hier stellt sich die Frage, welche Funktion eigentlich der Traumschlaf hat; insbesondere müssen wir uns fragen, was die Funktion des Traumschlafs vor der Geburt sein könnte. Die folgende These ist naheliegend: Der Traumschlaf repräsentiert Phasen, in denen das Gehirn visuelle Information als virtuelle Information verarbeitet – und die geschieht auch beim Ungeborenen. Es sind bei ihm Zustände des »als ob«, mit denen das Gehirn für die visuelle Informationsverarbeitung sofort nach der Geburt vorbereitet wird.

Dieser rein neurobiologischen Erklärung der Funktion des Träumens steht jene entgegen, die dem Traum eine Funktion bezüglich der psychischen Hygiene zuweist. In einer solchen nichtbiologischen Deutung gibt es einen physiologisch eindeutig definierten Zustand, der im Laufe der Evolution entwickelt wurde, damit in einem anderen Bewußtseinsbereich, eben dem Traumbewußtsein, psychische Realitäten verwirklicht werden können, die auch für das Wachbewußtsein nützlich sind. So hat beispielsweise Carl Gustav Jung gemeint, daß Träume dem Wachbewußtsein melden, welche Defizite im Leben und Erleben des einzelnen vorhanden sind, und daß diese bei der weiteren Lebensgestaltung zu berücksichtigen seien. Dem Traum kommt also eine selbsttherapeutische Funktion zu.

Die berühmte Traumtheorie von Sigmund Freud kann als komplementär zur biologischen Theorie über die Funktion der Träume angesehen werden. Freud betrachtet den Traum als Königsweg zum Unbewußten; im Traum zeigen sich verdrängte Inhalte des Erlebens, wenn auch in einer verdeckten Weise. In dem einmal gegebenen biologischen Zustand des Traumes wird eine Bühne aufgebaut, das Traumbewußtsein, auf der der einzelne als Schauspieler, Regisseur und Zuschauer agiert. Freud nimmt an, daß in dieser Phase reduzierter Ich-Kontrolle üblicherweise verdeckte Motivationen an die Oberfläche kommen. Dieser Zugang zur Oberfläche erklärt sich daraus, daß die mentale Aktivität in diesem physiologischen Zustand von sinnlicher Erfahrung unbeeinflußt bleibt. Das Gehirn hat sich gleichsam undurchlässig gemacht für Reize von außen. Obwohl nun verdrängte Inhalte die Bühne des Traumbewußtseins betreten könnten, so müssen sie dies dennoch, wie gesagt, in einer maskierten Weise tun. Der sogenannte latente Traumgedanke wird mit Hilfe der Traumarbeit, wie Freud es nennt, in den erlebten Traum verwandelt.

Die Maskierung der eigentlichen Traumabsicht geschieht mit Hilfe verschiedener Mechanismen, die jedem Träumer geläufig sind. Der Mechanismus der Verdichtung bewirkt, daß zwei Personen in eine zusammengezogen werden; der Mechanismus der Verschiebung führt dazu, daß ein Spieler auf der Traumbühne für jemand anderen steht, und der Mechanismus der Symbolisierung bedeutet, daß Objekte im Traum einen anderen Gedanken oder einen Wunsch repräsentieren. Für viele ist auffällig, und dies mag in früherer Zeit häufiger der Fall gewesen sein als jetzt, daß sexuelle Symbole die Traumbühne ausstatten. Alles das, was sozial weniger akzeptabel ist, wird in das Unbewußte verdrängt und versucht sich im Traum – einigermaßen mit Erfolg – wieder in das Bewußtsein zu drängen. Da die Wertmaßstäbe in verschiedenen Kulturen und Zeiten voneinander abweichen, werden auch bestimmte Handlungsweisen und die ihnen entsprechenden Erlebnisbereiche mit unterschiedlicher Akzeptanz belegt. Die höhere Akzeptanz der Sexualität in unserer heutigen Zeit mag die Ursache dafür sein, daß die Traumbühne von heute von sexueller Symbolik weitgehend leergeräumt ist.

Wir haben soeben darauf hingewiesen, daß der bizarre Charakter des Träumens damit zusammenhängt, daß die eigene Aktivität des Gehirns von der Einflußnahme der Tätigkeit der Sinnesorgane abgekoppelt ist. Das Gehirn ist sich gleichsam selbst überlassen. Derartige Zustände der Eigenaktivität, bei denen die Realitätskontrolle durch die Sinnesorgane fehlt, gibt es auch bei anderen seelischen Zuständen. Im Krankheitsfall wie bei der Schizophrenie kann es geschehen, daß Sinneserfahrung nicht mehr auf die Eigenaktivität des Gehirns bezogen werden kann; die Eigenaktivität führt dann zu Halluzinationen. Diese Entkopplung der zentralnervösen Aktivität ist in

Experimenten über »sinnliche Deprivation« deutlich geworden. Wenn man eine Versuchsperson in eine Umgebung bringt, in der sie nichts mehr hört oder sieht, verliert sie nach kurzer Zeit das Gefühl für Raum und Zeit; sie beginnt aufgrund der sich selbst überlassenen Aktivität zu halluzinieren.

Diese Beobachtungen machen deutlich, daß unser Bewußtsein eingebettet ist in die Welterfahrung, die sichergestellt wird über die Tätigkeit unserer Sinne. Wahrnehmung ist ein konstitutives Element jedes einzelnen Bewußtseinszustandes. Nur über die Verkopplung unserer Gehirntätigkeit mit der Außenwelt ist Bewußtsein möglich.

Kapitel 11

Künstliche Intelligenz: Konkurrent Computer?

Wenn man sich mit der modernen Hirnforschung befaßt, spielen Computer in zweifacher Hinsicht eine sehr wichtige Rolle. Zum einen ist Hirnforschung gar nicht vorstellbar ohne den Einsatz von Computern, zum anderen kann ein Computer aber auch als ein Modell für unsere geistigen Fähigkeiten angesehen werden, zumindest für manche von ihnen. Befassen wir uns zunächst mit dem Computer als einem notwendigen Instrument in der Hirnforschung. Um dies tun zu können, wollen wir kurz in die Vergangenheit schauen.

Wir haben uns bereits mehrfach gefragt, was den Menschen eigentlich zum Menschen macht, und wir haben dabei mehrere Kriterien genannt. So wurde z. B. darauf hingewiesen, daß der Mensch charakterisiert ist durch subjektives Bewußtsein oder durch die besondere Fähigkeit der Selbstkontrolle, die sichert, daß er seinen eigenen Antrieben nicht ausgeliefert ist. Doch der Mensch ist auch durch Werkzeuggebrauch gekennzeichnet. Von vielen Anthropologen wird Werkzeuggebrauch, letzten Endes also Technik, als etwas typisch Menschliches angesehen. Auch wenn dies vielleicht kein qualitatives Unterscheidungsmerkmal ist – nach neuen Forschungen verwenden auch andere Lebewesen Werkzeuge –, so haben wir im Vergleich zu diesen Lebewesen doch den Werkzeuggebrauch in einer unvergleichlichen Weise kultiviert. In einer rudimentären Form gibt es ihn schon bei Schimpansen: Sie verwenden z. B. Stöcke, um sich Nahrung zu verschaffen, und manche Tiere schlagen mit Steinen Nüsse auf.

Werkzeuggebrauch diente ursprünglich der Erweiterung unserer körperlichen Fähigkeiten. In den letzten Jahren ist ein anderer Werkzeuggebrauch hinzugekommen, nämlich der des Computers. Es werden nun auch geistige Leistungen des Menschen verstärkt und nicht mehr nur seine körperlichen. Computer können als selektive »Intelligenzverstärker« angesehen werden, die bestimmte Aufgaben besser als wir selbst erledigen können.

Eine solche selektive Intelligenzverstärkung geschieht beispielsweise beim Umgang mit Zahlen. Mit großen Datenmengen umzugehen, die sich in der gleichen Form immer wiederholen, ist für den Menschen im Grunde eine lästige Tätigkeit. Computer können dies sehr viel genauer und vor allem sehr viel schneller. Das ganze Bankwesen ist umgestellt worden, seitdem es Computer gibt, und wir können uns das nationale oder internationale Bankwesen oder die Börse ohne computergestützte Datenverarbeitung überhaupt nicht mehr vorstellen. Eine andere Aufgabe, die Computer uns abgenommen haben, ist die Organisation des Reiseverkehrs. Es war früher außerordentlich mühsam, internationale Buchungen vorzunehmen. Würden die Computer der Luftlinien und Reisegesellschaften plötzlich abgeschaltet werden, bräche schlagartig der ganze Reiseverkehr zusammen. Nur durch die internationale Vernetzung der Rechner ist moderne Touristik möglich.

Ein weiterer Bereich, in dem die selektive Intelligenz von Computern genutzt wird, ist die Kommunikationstechnologie. Die verschiedenen Medien sind ohne elektronische Datenverarbeitung nicht mehr denkbar. Textverarbeitungssysteme erlauben uns, Zeitungsbeiträge, wissenschaftliche Artikel oder populärwissenschaftliche Bücher effizienter und leichter zu schreiben. Korrekturen können – anders als früher – zügig ausgeführt werden, und man hat den Eindruck, das Verfassen der Texte würde einfacher und die Texte selbst immer besser.

Es bestand wohl auch die Hoffnung, durch den Einsatz von Computern den Papieraufwand zu reduzieren, da man die Texte auf dem Bildschirm bearbeitet und dadurch etwas für unsere Umwelt tun könnte. Merkwürdigerweise ist dies aber nicht der Fall. Wie Josef Weizenbaum vom Massachusetts Institute of Technology, ein bedeutender Kritiker des modernen Computerzeitalters, aber auch einer seiner Mitbegründer, festgestellt hat, wird beim Einsatz von Textverarbeitungssystemen mehr und nicht weniger Papier verbraucht.

Woran mag das liegen? Ein Grund ist vermutlich der, daß sich die Arbeitsweise an Texten durch den Einsatz von Computern in unvorhersehbarer Weise qualitativ verändert hat. Früher schrieb man mit einer sehr viel größeren Konzentration – in der Absicht, gleich beim ersten Anlauf einen endgültigen Text zu verfassen –, denn man wußte, daß schlampiges Arbeiten nur mit viel Aufwand repariert werden konnte, ja daß bei vielen Korrekturen der ganze Text noch einmal geschrieben werden mußte. Da das Korrigieren am Computer überhaupt kein Problem ist, werden die Texte, die man daran verfaßt, in der Erstfassung mit weniger Konzentration geschrieben; sie werden beim Schreiben nicht als der endgültige Text angesehen. Beim Korrigieren dieser Texte wird nun nicht nur am Bildschirm gearbeitet, sondern Zwischenprodukte werden immer wieder ausgedruckt, denn das Lesen eines Textes auf dem Bildschirm ist offenbar nicht dasselbe wie das eines Textes auf dem Papier. So kommt es zu dem erhöhten Papierverbrauch.

Es ist im übrigen eine technische Merkwürdigkeit, daß trotz aller Hochtechnologie bei der Datenverarbeitung, die sich in immer besserer Hardware und Software zeigt, die Bildschirmtechnologie relativ primitiv ist. Aus arbeitsphysiologischen Gründen muß man fordern, daß die Qualität der Bildschirme insbesondere hinsichtlich ihrer optischen Eigenschaften erheblich verbessert wird. Auch wenn das Schriftbild auf dem Bildschirm als homogen erscheint, so ist es nämlich physikalisch gesehen ein nichtkontinuierliches Bild; die hohe Frequenz der Lichtimpulse beeinflußt möglicherweise die Reizverarbeitung im menschlichen Auge und den nachgeschalteten Strukturen. Im übrigen sollten auch Bildschirme in die

Diskussion um den »Elektrosmog« einbezogen werden, da sie einen immer größeren Platz in unserer Arbeitswelt einnehmen.

Kommen wir zurück auf die Disziplin des Schreibens, die nachgelassen hat, seitdem wir mit Textverarbeitungssystemen schreiben. Diese Veränderung der Selbstdisziplin im Umgang mit Texten beobachtet man auch in der Welt der internationalen Datennetze (INTERNET). Bei der Kommunikation mit E-Mail wird kein Wert mehr darauf gelegt, korrekt zu schreiben. In dieser neuen Welt der Kommunikation werden Nachrichten so, wie sie einem aus den Fingern kommen, weltweit verschickt. Es hat sich hier eine eigene »Kultur« entwickelt: Kommunikation per E-Mail. Sie erzwingt beispielsweise, dauernd mit seinem Computer in Kontakt zu bleiben. Es gilt als unhöflich, eine Nachricht per E-Mail nicht innerhalb von 24 Stunden zu beantworten. Ist dies aus bestimmten Gründen, z. B. wegen eines Urlaubs, nicht möglich, muß gewährleistet sein – und dies ist ein Akt der Höflichkeit in der Welt der E-Mails –, daß man den möglichen Kommunikationspartner von seiner Abwesenheit in Kenntnis setzt. Dies bedeutet, daß man an seinen Arbeitsplatz »angebunden« wird. Die sozialen Welten verschiedener Partner werden von allen gemeinsam überwacht, obwohl physisch kein Kontakt bestehen muß und man mit Menschen kommuniziert, die man vielleicht noch nie gesehen hat oder jemals sehen wird. Der Bildschirm ist die Verbindung zur Welt und wird selber zum Sozialpartner.

Durch diese Weise der Kommunikation löst sich die Interaktion mit anderen auch von der Zeit; ein Gespräch findet nicht hier und jetzt statt, sondern es wird ersetzt durch die Interaktion mit dem Bildschirm. Damit wird Kommunikation stärker ich-bezogen, denn ich bestimme mit dem Computer, wann ich interagiere. Manche mögen hierbei den Computer als eine Art Sklave erleben. Daß sich auf diese Weise in der Interaktion zwischen Mensch und Computer archaische Sozialbeziehungen aufbauen können, hat der schon genannte Josef Weizenbaum hervorgehoben. Auch dies ist sicherlich eine nicht vorhergesehene Konsequenz der Verfügbarkeit von Computern.

Neue technische Möglichkeiten haben also weitreichende Konsequenzen auch im Sozialbereich. In der Chaostherapie spricht man gelegentlich vom sogenannten Schmetterlingseffekt. Damit ist gemeint, daß der Flügelschlag eines Schmetterlings in Tokio einen Tornado in der Karibik auslösen könne – kleinste Ursachen können große, unvorhersehbare Konsequenzen haben. Ähnliches gilt für unsere soziale Welt. Die Einführung des Computers, z. B. als Hilfsmittel in der Kommunikation, verändert unser soziales Leben in nachhaltiger Weise.

Es stellt sich hier die prinzipielle Frage, inwieweit Technikfolgeabschätzungen (TA), auf denen ja Zukunftsplanungen basieren sollen, überhaupt möglich sind. Aufgrund der Komplexität unseres wirtschaftlichen, politischen und sozialen Systems sind nämlich auch wir dem Schmetterlingseffekt ausgesetzt. Wir können nicht voraussagen, welche qualitativen Konsequenzen in unserem gesellschaftlichen System bestimmte Maßnahmen haben werden. Dies soll nun nicht heißen, daß man zur Untätigkeit verdammt ist. Die politische Entscheidung ist aber möglicherweise nicht die wesentliche, sondern nur eine von vielen Variablen, die den Fortgang zukünftiger Entwicklungen bestimmt.

Eine Änderung des sozialen Gefüges aufgrund der Verfügbarkeit moderner Datenverarbeitung ist auch im medizinischen Bereich erkennbar. Durch die computergesteuerte Blutanalyse beispielsweise wird nicht mehr nur das im Blut bestimmt, was aufgrund der ärztlichen Vermutung bezüglich einer Erkrankung als wesentlich angesehen wird, sondern es werden viele zusätzliche klinisch-chemische Untersuchungen durchgeführt. Damit wird ein Screening des Gesundheitszustandes von Patienten möglich, der in dieser Form bisher nicht gegeben war. Diesem positiven Aspekt steht aber auch ein negativer gegenüber. Wir geraten in ein Fahrwasser hinein, das unter dem Stichwort des »gläsernen Patienten« die Menschen beunruhigt. Müssen wir eigentlich alles über uns wissen, was wir wissen können? Die Möglichkeit der Verfügbarkeit von Information führt dazu, daß wir die Information auch bereitstellen. Damit entsteht auch ein völlig neues Selbstbild. Uns als Patienten werden Sachverhalte bewußt gemacht, die früher implizit blieben. Für viele Menschen ist diese zusätzliche Information nicht nur positiv; sie bedeutet auch eine Belastung.

Der Einsatz des Computers ist bei modernen diagnostischen Verfahren in der Hirnforschung eine Notwendigkeit. Wenn wir mit bildgebenden Verfahren überprüfen wollen, wo im Gehirn besonders viel Energie verbraucht wird (PET), wenn wir die genaue Struktur des Gehirns beschreiben wollen (NMR) oder wenn wir Quellen elektrischer Aktivitäten im Gehirn suchen (MEG), so ist all dies nur möglich mit leistungsfähigen Computern. Die Positronen-Emissions-Tomographie (PET) ermöglicht, beim Gesunden und Kranken festzustellen, welche verschiedenen Areale des Gehirns z. B. beim Lesen oder Schreiben aktiviert sind. Die hierbei auftretende Datenflut zu bewältigen und diese Daten zu anschaulichen Bildern zusammenzustellen – das kann nur ein Computer leisten. Gleiches gilt für die Kernspin-Tomographie (NMR), die in den letzten Jahren weiterentwickelt wurde, um anhand von Durchblutungsveränderungen im Gehirn auch funktionelle Abläufe bei geistiger Tätigkeit zu beschreiben. Erst durch spezielle Rechenprogramme geben die bei der NMR aufgezeichneten dreidimensionalen Muster dem Arzt oder Wissenschaftler Einblick in die Struktur und Funktion des Gehirns. Bei der Magnetenzephalographie (MEG) ist die Entwicklung neuer mathematischer Algorithmen eine besondere Herausforderung an Informatiker. Hierbei muß insbesondere das sogenannte Inversionsproblem gelöst werden, also das Problem, aus der gemessenen Information auf die Quellen der elektrischen Aktivität im Gehirn zu schließen. In Zukunft muß überdies versucht werden, die mit den verschiedenen Verfahren aufgezeichneten Bilder in Beziehung zu setzen. Hierzu sind besondere Verfahren der Bildverarbeitung erforderlich, und auch hierbei müssen gewaltige Datenmengen vom Computer bearbeitet werden.

Ein ganz anderer Bereich, in dem der selektive Intelligenzverstärker Computer seinen Einzug gehalten hat, ist die Grundlagenforschung, und es haben sich aufgrund der Verfügbarkeit schneller Datenverarbeitung neue wissenschaftliche Konzepte ergeben. Große physikalische Experimente, wie sie etwa an einem Beschleuniger durchgeführt werden, um die kleinsten Bausteine der Materie zu untersuchen, werden natürlich heute mit Computern gesteuert und ausgewertet. Die Reise zum Mond ist technisch im Prinzip schon früher möglich gewesen; tatsächlich hat man sie aber erst durchgeführt, als die entsprechenden Computer zur Verfügung standen, die die Flugbahnen der Raketen genau berechnen konnten.

Seit Beginn der Neuzeit ist wissenschaftliches Arbeiten dadurch gekennzeichnet, daß sich Experiment und Theorie gegenseitig ergänzen. Der Naturwissenschaftler hat über ein bestimmtes Phänomen eine Hypothese, und auf der Grundlage dieser Hypothese wird ein Experiment durchgeführt, das dann zusammen mit anderen die Hypothese bestätigt oder widerlegt. Da wir heute große Datenmengen manipulieren können, hat sich als drittes Standbein des wissenschaftlichen Arbeitens die Simulation entwickelt. Insbesondere in jenen Bereichen, bei denen Experimente im Prinzip nicht möglich sind, spielen Simulationen eine herausragende Rolle bei der Prüfung wissenschaftlicher Theorien. Als Beispiel sei die Simulation des Wettergeschehens genannt. Die Entwicklung des Wetters ist von einer so hohen Komplexität, daß es langfristig nicht vorausgesagt werden kann. Durch Simulation möglicher Wetterszenarien ist es aber möglich, sich ein Bild über die Wahrscheinlichkeit des Wetters in den nächsten Tagen zu machen. Nicht umsonst werden die größten Rechenanlagen zur Voraussage des Wetters eingesetzt. Gelingt es, eine Voraussage nur um einen Tag zu verlängern, indem bessere Simulationsprogramme eingesetzt werden, so hat dies bereits erhebliche wirtschaftliche Konsequenzen, weil dadurch die Planung von Abläufen mit einer größeren Zukunftsperspektive vorgenommen werden kann. Bei der längerfristigen Wettervoraussage kann das z. B.

heißen, daß Menschenleben gerettet werden, wenn beispielsweise ein aufkommender Tornado früher erkannt wird.

Die Simulation spielt auch in der Hirnforschung eine herausragende Rolle. Die Komplexität des Gehirns ist so groß, daß wir nicht in der Lage sind, präzise zu erkennen und zu beschreiben, wie die einzelnen Abläufe zwischen den Nervenzellen unser Verhalten und Erleben steuern. Deshalb hat man angefangen, in »neuronalen Netzen«, die Teilfunktionen des Gehirns repräsentieren, mit Hilfe von Simulation zu überprüfen, welche Systemeigenschaften diese Netze bei definierten Randbedingungen haben. Diese Forschung steht erst am Anfang und erfordert nicht nur den Einsatz von Höchstleistungsrechnern, sondern auch die Entwicklung neuer Simulationsalgorithmen; denn selbstverständlich ist es so, daß bei einer Simulation eines Prozesses formale Randbedingungen vorgegeben werden müssen, innerhalb derer die Simulation stattfindet. Hirntheorien müssen zunächst formale Theorien sein, die das Prinzip der Abläufe neuronaler Prozesse erfassen; im Rahmen einer solchen Theorie können dann Simulationen durchgeführt werden.

Erinnern wir uns noch einmal daran, wie die Informationsverarbeitung im menschlichen Gehirn abläuft. Wir nehmen über die Sinnessysteme in unterschiedlicher Weise Informationen auf; wir speichern die Information in unserem Gedächtnis; wir bewerten die aufgenommene Information im Hinblick auf ihre Bedeutung für unser Wohlergehen; wir reagieren auf die aufgenommene, gewertete und gespeicherte Information durch Handlung, indem wir beispielsweise unseren Körper woanders hinbewegen, um zu essen oder mit jemandem zu kommunizieren.

Für welchen dieser Bereiche ist eigentlich selektive Intelligenzverstärkung möglich? Unsere sinnliche Erfahrung kann durch den Einsatz von Computern verbessert werden, wenn wir zum Beispiel an die Kommunikationstechnologie denken. Mit Hilfe des Computers lassen sich z. B. Prothesen entwickeln, die Sehen und Hören (z. B. Retina- oder Cochlea-Implantationen) nach Ausfällen des Gehirns wieder bereitzustellen versprechen. Eine sehr viel größere Rolle spielt der Computer allerdings im Bereich der technischen Bildverarbeitung und der automatischen Spracherkennung.

Auch Speicherung von Information, wie unser Gehirn sie als typische Leistung vollbringt, kann von einem Computer übernommen werden. Das Gedächtnis kann also technisch erweitert werden. Wie sieht es nun bei der emotionalen Bewertung aus, gibt es auch hier einen Ersatz durch den Computer? Schon die Frage läßt manchem wohl die Haare zu Berge stehen. Gefühle und gefühlsmäßige Bewertungen sind etwas dem Menschen eigenes, und alles wehrt sich in uns (zumindest bei den meisten Menschen) gegen die Vorstellung, man könnte Gefühle durch Computerprogramme simulieren oder ersetzen. Auch wenn wir mit Betroffenheit darauf reagieren, bleibt doch die prinzipielle Frage, ob in einem komplexen System, wie es ein unserem Gehirn nachgebildeter Computer nun einmal ist, nicht dennoch die Möglichkeit besteht, Algorithmen zu entwickeln, die Gefühle repräsentieren würden. Man kann die Frage nicht von vornherein verneinen.

Wie ist es nun in dem vierten Bereich, der das mentale Geschehen charakterisiert, nämlich dem der motorischen Ausführung, der Handlung, der Bewegungskoordination? Wir kommen hier zum Bereich der Roboter.

Die Robotik hat sich in den letzten Jahren sprunghaft entwickelt. Moderne Fabriken sind ohne den Einsatz von Industrierobotern nicht mehr vorstellbar, und die Bewegungen der Industrieroboter werden natürlich von Computern gesteuert. Intelligente Sensoren melden verschiedene Positionen der Komponenten eines Roboters und erlauben so eine sachgerechte Steuerung. Es gibt Fabriken, die menschenleer sind und allein mit dem Einsatz eines oder mehrerer Computer gefahren werden können. In ähnlicher Weise werden in Weltraumkapseln oder in Kernkraftwerken Roboter zum Einsatz gebracht.

Dieses Szenario einer Roboterwelt ist aber bescheiden gegenüber jenen Hoffnungen, die manche Robotikwissenschaftler hegen. Man möchte Roboter entwickeln, die sich sozial in unserer Welt bewegen. Solche Roboter sollten sinnvollerweise so gebaut sein, daß sie sich an unser Verhalten angepaßt bewegen. Es wäre wohl nicht wünschenswert zu erwarten, daß menschliches Verhalten sich an Roboterverhalten anpassen müßte. Falls es allerdings dazu kommen sollte, daß sich Roboter in unserer sozialen Welt aufhalten, wird es wohl nicht zu vermeiden sein, daß auch wir uns ein wenig anpassen. Daß wir dies erfolgreich tun könnten, zeigt ein Blick auf die Straße. Was wir beobachten, ist die Interaktion zwischen Menschen und Autos und nicht zwischen Menschen und Menschen *in* Autos. Ein fahrendes Auto wird als ein Objekt/Subjekt gesehen, dem wir ausweichen oder auf das wir warten. Wir passen uns in unserem Verhalten also an den Verkehr an, indem wir Verkehrsgegenstände wie Autos oder Busse »vermenschlichen«.

Stellen wir uns einmal vor, daß sich auf dem Bürgersteig Roboter bewegen würden. Wir würden von ihnen erwarten, daß sie uns beim Gehen ausweichen wie wir ihnen und daß nicht immerzu die Situation entsteht, die jeder kennt, daß zwei aufeinander zugehen und keiner weiß, ob er nach rechts oder nach links gehen soll, und man dann hin- und herpendelt.

Bewegungstrajektorien eines Roboters müssen so vorprogrammiert werden, daß sie uns im Ausweichverhalten kaum nachstehen. Um dies zu erreichen, muß den Robotern eine Intelligenz mitgegeben werden, die vielleicht nicht unbedingt an unsere eigene heranreichen muß. Ihre »künstliche Intelligenz« muß aber erheblich größer sein als das, was heute im Rahmen der künstlichen Intelligenzforschung bereitgestellt werden kann.

Die kognitive Robotik, also jenes Gebiet, das sich die Aufgabe gestellt hat, höhere Intelligenz in Roboter hineinzubringen, muß eine Art von Weltwissen im Roboter repräsentieren. Außerdem muß ein solcher Automat Sensoren haben, die ihn darüber informieren, wo und in welche Richtung sich ein Mensch oder ein anderer Roboter bewegt. Als Information müssen hierbei in jedem Fall akustische und optische Reize und für die Reaktion auf Menschen vielleicht auch Geruchsreize verarbeitet werden. Der Roboter braucht also eine zentrale Informationsverarbeitung, in der Reize aus den verschiedenen Domänen integriert werden, um auf dieser Grundlage seine Bewegung auszurichten. Doch die Reize aus verschiedenen sensorischen Domänen müssen nicht nur zusammengesetzt, sie müssen auch daraufhin bewertet werden, ob sie relevant sind im Hinblick auf die Bewegungssteuerung. Ein solcher Roboter braucht also ein gutes Gedächtnis, auf dessen Grundlage eine derartige Bewertung möglich ist.

In einem besonders ehrgeizigen Projekt der kognitiven Robotik versucht Thomas Christaller aus St. Augustin Roboter zu entwickeln, die in einer eigenen sozialen Umwelt leben können. Für bestimmte technische Aufgaben, die in Zukunft gelöst werden müssen, ist der gemeinsame Einsatz unabhängig arbeitender Roboter erforderlich. Damit Roboter gemeinsam arbeiten können, müssen sie mit einem Minimum an sozialer Kompetenz ausgestattet sein. Sinnvollerweise sollte ihre soziale Kompetenz im Umgang mit anderen gelernt werden, und hierzu eignen sich spezifische neuronale Netze, deren Programmstruktur eine Bewertungskomponente enthält.

Jedes autonome Wesen hat, wie wir gesehen haben, eine Bewertungsinstanz; wenn miteinander interagierende Roboter entwickelt werden, die sich autonom verhalten, aber sich gegenseitig berücksichtigen, muß ihnen ebenfalls eine derartige Bewertungsinstanz eingepflanzt werden. Sie müssen in jedem Augenblick wissen, was gut und was schlecht für sie ist. In diesem Sinne müssen autonom sich bewegende Roboter auch Gefühle haben, selbst wenn ihnen diese nicht bewußt sind; Bewertung ohne Bewußtsein gibt es aber auch bei Lebewesen, selbst beim Einzeller. Insofern wären derartige Roboter keine Besonderheit.

Dieses Szenario über noch nicht existierende, aber vielleicht einmal unsere soziale Welt bevölkernde Roboter läßt sich nicht so einfach als Zukunftsmusik abtun, wenn man sich einen

Mechanismus vor Augen führt, der für den Menschen charakteristisch ist. Dieser Mechanismus der Attribution verführt dazu, Gegenstände als belebt zu empfinden. Wenn wir ein sich bewegendes Objekt sehen, dann schreiben wir diesem Objekt, und sei es auch ganz offensichtlich nur eine Maschine, Leben zu. Wir können offenbar gar nicht anders, als sich bewegende Maschinen als belebt wahrzunehmen. Dieser Attributionsmechanismus beschränkt sich aber nicht auf sich bewegende Objekte. Viele Gegenstände unseres täglichen Lebens werden von uns oft als lebend eingestuft, auch wenn wir natürlich wissen, daß sie nicht leben.

Die meisten, die mit einem Computer arbeiten, betrachten ihr Gegenüber nicht nur als einen toten Apparat. Dies zeigt sich z. B. daran, daß Geräte häufig mit persönlichen Namen versehen werden. Diese menschliche Eigenart hat zur Konsequenz, daß in technische Artefakte alle die Eigenschaften hineinempfunden werden, die auch uns kennzeichnen. Wir bevölkern somit unsere soziale Welt auch mit Unbelebtem.

Die Tatsache der Attribution menschlicher Eigenschaften auf Automaten hat eine interessante Konsequenz hinsichtlich eines berühmten Tests in der Computerwissenschaft. Der bedeutende englische Mathematiker Alan Turing, der wesentlich zur Entwicklung der Computer beitrug, hat einen Test entwikkelt, mit dem man Automaten von Menschen unterscheiden soll. Er basiert auf der Annahme, daß ein Automat, der an ihn gestellte Fragen so beantwortet, wie ein Mensch es täte, menschlich *wäre*. Wenn die Antworten aber so gegeben würden, wie es ein Mensch nicht täte, wäre dies die klare Unterscheidung eines Computers von einem Menschen.

Der Turing-Test hat seine Bedeutung wohl nur für eine sehr kleine Gruppe hauptsächlich formal und logisch denkender Wissenschaftler. Für alle anderen wäre diese intellektuelle Herausforderung, einem Automaten intelligente Fragen zu stellen, völlig überflüssig. Man bräuchte dem Automaten nur einen künstlichen Körper zu verpassen, der sich bewegt, und würde diesem sofort ohne eine Frage Leben und Erleben zuerkennen. Die uns kennzeichnende Attribution psychischer Phänomene bei sich bewegenden Automaten, deren Vermenschlichung, führt damit vielleicht zu einer vorzeitigen Bevölkerung unserer Welt durch Roboter. Sie wären schon da, bevor sie wirklich da sind. Wir haben somit nicht nur ein reales Bevölkerungsproblem, sondern auch ein psychologisches, das sich auf die Welt von technischen Artefakten bezieht.

Auch im Rahmen der Philosophie ist dieser Attributionsmechanismus von Bedeutung. Eine Grundfrage der Philosophie lautet, wie man eigentlich wissen könne, ob ein anderer Mensch beseelt sei. Aufgrund der Subjektivität der Erfahrung sei man gleichsam in sich eingeschlossen und könne deshalb nur vermuten, nicht aber wissen, ob ein anderer über dieselben oder ähnliche Erlebnisse verfüge wie man selbst. Der von uns angesprochene Attributionsmechanismus der Vermenschlichung führt automatisch dazu, anderen Menschen Leben und Erleben zuzuerkennen. Man sieht sie also von vornherein als Menschen und muß nicht erst darüber nachdenken. Für den Normalsterblichen ist die Frage nach der möglichen Existenz einer Seele bei anderen deshalb auch schwer zu verstehen. Erst durch die Abtrennung der Rationalität von anderen mentalen Prozessen, insbesondere von der emotionalen Bewertung des Erlebens, kann es zu solchen Irrläufern der Analyse des menschlichen Verhaltens kommen.

Die Eigenart, von uns selbst Geschaffenes als belebt und beseelt anzusehen, läßt sich als Pygmalion-Effekt bezeichnen – nach der aus der griechischen Mythologie bekannten Figur des Künstlers, der sich in das von ihm geschaffene Werk verliebte und die Götter anflehte, es mit Leben zu versehen. Der Pygmalion-Effekt wird es uns wohl auch möglich machen, virtuelle Realitäten zu akzeptieren, von denen so viel die Rede ist. Mit Hilfe des Computers können wir auf dem Bildschirm Umgebungen schaffen, die der Wirklichkeit enthoben sind, und wir können uns in einer solchen virtuellen Realität nach unseren Wünschen bewegen. Virtuelle Realitäten haben nicht nur einen Unterhaltungswert, sondern ihnen wird in Zukunft sicher auch eine große praktische Bedeutung zukommen. Schon heute ist es möglich, auf Distanz Manipulationen an Gegenständen oder Operationen durchzuführen, indem in der virtuellen Realität gehandelt und an einem anderen Ort ohne direktes menschliches Beisein das Handeln umgesetzt wird. Man kann sich für die Zukunft vorstellen, daß nach diesem Modell Menschen ihre Wirkung an Orten entfalten können, die sie selber nicht betreten können, sei es der Weltraum, die Tiefsee oder ein Kernkraftwerk.

Ein wesentliches Moment der virtuellen Realität ist die aktive Interaktion mit der computergenerierten Umgebung. Eine derartige Interaktion wird in Zukunft in einer bescheideneren Weise vermutlich auch unser Bildungssystem beeinflussen, wenn wir interaktiv mit bildhaft gespeicherter Information umgehen. Information, die für uns interessant ist, kann interaktiv abgefragt werden, und wir lernen unser Wissen zu erweitern, indem wir uns beispielsweise durch Bildgeschichten hindurchfragen oder uns eigene Geschichten erzählen, die als mögliche Alternativen vorprogrammiert sind. Das Bild als Informationsträger wird in Zukunft somit eine immer größere Bedeutung bekommen.

Im Hinblick auf unsere Bildung hat die Hinwendung zum Bild eine wesentliche Bedeutung. Wissen ist, wie schon erwähnt, in unserem Gehirn in zweifacher Weise gespeichert, einmal als semantisches Wissen, zum anderen als episodisches oder bildhaftes Wissen. Wenn wir das Wort Wissen verwenden, dann meinen wir üblicherweise damit nur das semantische Wissen und nicht die bildhaften Vorstellungen, die durch das episodische Wissen bereitgestellt werden. Beide Arten des Wissens werden unterschiedlich erworben und sind mit verschiedenen neuronalen Programmen im Gehirn repräsentiert. Zur Zeit ist es noch so, daß wir unser Wissen im wesentlichen als semantisches, nicht als bildhaftes Wissen repräsentieren. Beim Wissenserwerb spielt nämlich das Lesen eine ganz entscheidende Rolle. Wenn wir lesen, bilden wir semantische Kategorien und ordnen das Wissen nach abstrakten Prinzipien. Erst in zweiter Linie wird das semantische Wissen mit einem bildhaften Wissen assoziiert.

Die Hinwendung zur Bildinformation, wie sie uns durch bildhaft gespeicherte Informationen und vor allem bei virtuellen Realitäten in Zukunft ermöglicht wird, führt auch zu einer Veränderung des Aufbaus unseres Wissens. Wir werden vermutlich Wissen über die Welt in sehr viel stärkerem Maße als bildhaftes Wissen repräsentieren. Da wir Menschen aufgrund unserer Gehirnorganisation in erster Linie »visuelle Tiere« sind – etwa die Hälfte des gesamten Gehirns befaßt sich mit dem Sehen –, entspricht die Hinwendung zum Bildwissen durchaus unseren primären sinnlichen Bedürfnissen. Vielleicht ist dies auch der Grund dafür, daß optische Medien so vorbehaltlos akzeptiert werden.

Es kann jedoch vermutet werden, daß diese Hinwendung zum Bildwissen auch mit einem Verlust verbunden ist. Bildwissen hat die Eigenart, weniger logisch strukturiert zu sein; Bilder werden häufig ohne Bezug zueinander in unserem Gedächtnis abgelegt. Ganz anders strukturiert ist hingegen das semantische Wissen; hier werden semantische Kategorien gemäß ihrer Bedeutung miteinander verbunden. Die stärkere Hinwendung zum Bild kann somit auch einen Verlust der Fähigkeit mit sich bringen, Bedeutungszusammenhänge zu erkennen.

Wir haben eingangs darauf hingewiesen, daß der Computer in zweifacher Hinsicht bei der Hirnforschung eine Rolle spielt, nämlich einmal als Instrument und einmal als Modell. Wie aus dem vorausgegangenen deutlich geworden ist, ist eine scharfe Trennung zwischen diesen beiden Kategorien nicht immer möglich. Wir haben mehrfach die Frage angesprochen, inwieweit Datenverarbeitung im Computer der Datenverarbeitung des Menschen entspricht. In diesem Fall denken wir also an den Computer als Modell; wenn wir jedoch von einem Roboter sprechen, so ist dieser auch ein Instrument und nicht nur ein Modell. Wir wollen nun zum Abschluß auf zwei weitere Themen eingehen, in denen es ebenfalls um Instrument und Modell geht, nämlich auf Expertensysteme (die neuerdings als wissensbasierte Systeme bezeichnet werden) und auf die Unterscheidung von sequentieller und paralleler Informationsverarbeitung.

Traditionelle Computer verarbeiten ihre Information in einer sequentiellen Weise, d. h. ein Verarbeitungsschritt folgt auf den nächsten. Man bezeichnet dieses Prinzip auch als den »von Neumannschen Flaschenhals«, da diese Weise der Informationsverarbeitung auf den Mathematiker von Neumann zurückgeht. Eine Operation nach der anderen muß sich wie durch einen Flaschenhals drängen. Schon seit langem versucht man jedoch Rechner zu entwickeln, bei denen Information parallel verarbeitet wird, in denen also mehrere Operationen gleichzeitig verlaufen. Trotz großer Bemühungen ist es jedoch bisher nicht gelungen, Algorithmen zu entwickeln, die eigenständig beliebige sequentielle Programmabläufe in parallele transformieren.

Man erhofft sich nun durch das Studium der Informationsverarbeitung im Gehirn Anregungen, um die für Parallelrechner erforderlichen Algorithmen zu entwickeln. Die Informationsverarbeitung im Gehirn erfolgt nämlich zum großen Teil parallel. In diesem Fall dient also das Gehirn als Modell für den Computer und nicht, wie üblicherweise, der Computer als Modell für den Menschen.

Es ist im übrigen eine erstaunliche Tatsache, daß die neueste Technologie stets auch das Modell bereitstellt für die Funktionsweise des menschlichen Gehirns. Bevor Computer ihren Siegeszug antraten, war das technische Modell für die Informationsverarbeitung in Gehirnen die Telefonzentrale, in der Information zusammenlief und wieder verteilt wurde. Da nun das Gehirn zum Modell für Computer wird, haben wir in unserem Denken wohl einen wesentlichen Fortschritt gemacht.

Das menschliche Gehirn bzw. das Gehirn überhaupt ist aber nicht nur ein Modell für technische Artefakte, weil es Information parallel verarbeitet; es verarbeitet wie klassische Computer Information auch sequentiell. Beide Weisen der Informationsverarbeitung kennzeichnen die Gehirntätigkeit. Dies bedeutet für die Welt der Computer, daß man versuchen sollte, Algorithmen zu entwickeln, die nicht nur eine parallele Informationsverarbeitung besorgen, sondern die beides bewerkstelligen, wobei sicher eine besondere Schwierigkeit ist, die Schnittstelle zu erarbeiten, bei der Parallelität und Sequentialität der Informationsverarbeitung in Kontakt treten.

Ein einfaches Beispiel mag die beiden Weisen der Informationsverarbeitung verdeutlichen. Wenn wir lesen, dann wird bei einem Blick – wenn sich also das Auge auf ein Wort heftet – in paralleler Weise, d. h. gleichzeitig an verschiedenen Stellen, Information verarbeitet. Sie wird ins Gehirn weitergeschickt, und die Weiterverarbeitung bewirkt, daß wir ein Wort oder mehrere erkennen. Wenn sich dann der Blick zum nächsten Wort wendet, geschieht dasselbe. Gelesene Wörter, die jeweils etwas bedeuten, folgen aufeinander. Das heißt, für sie gilt die sequentielle Informationsverarbeitung, und über sie erschließen wir den Sinn des Gelesenen. Die Wörter selber aber werden parallel erarbeitet.

Was für das Lesen gilt, gilt in gleicher Weise natürlich auch für die Sprache. Auf einer rudimentären Ebene, die wir auch als präsemantisch bezeichnen können, ist Informationsverarbeitung parallel. Auf der Ebene einmal geformter Kategorien, gelesener oder gehörter Worte, erfolgt dann eine sequentielle Informationsverarbeitung.

Kommen wir nun abschließend zu den bereits erwähnten Expertensystemen. Diese Systeme sind u. a. in der Medizin entwickelt worden, um das Fachwissen eines Experten in einem Computer einzufangen. Ausgangspunkt der Überlegungen zu Beginn der Forschung über künstliche Intelligenz war, daß menschliches Wissen sich eindeutig in mentalen Kategorien abbilden lasse. Im Englischen wird hierfür der Begriff *physical symbols* verwendet. Es bestand die Auffassung, daß alles in unserem Bewußtsein klar und deutlich verfügbar sei, so wie es in der Tradition des Rationalismus seit Descartes (vgl.

Kap. 1) gefordert wird. Wenn sich für alle mentalen Operationen Symbole bilden ließen, so daß unsere gesamte geistige Tätigkeit damit erfaßt wäre, dann könnte der menschliche Geist formal beschrieben werden. Er wäre mathematisierbar, d. h. es könnten Algorithmen angegeben werden, die geistige Prozesse beschreiben.

Eine solche Auffassung hat die Forschung über die künstliche Intelligenz seit den sechziger Jahren beherrscht. Überraschenderweise stellte sich heraus, daß sich geistige Prozesse auf diese Weise nicht simulieren lassen. Die Forschungsrichtung, die wir jetzt als klassische KI (künstliche Intelligenzforschung) bezeichnen, war offenbar in eine Sackgasse geraten. Der Grund hierfür dürfte dem Leser nach den Ausführungen in den vorausgegangenen Kapiteln klar sein: Menschliches Wissen ist zum großen Teil implizit, d. h. explizite Algorithmen über unsere mentale Tätigkeit lassen sich nicht angeben. Wenn man dies dennoch versucht, erfaßt man nur eine Teilmenge des menschlichen Denkens, und diese Teilmenge kann manchmal einen Sachverhalt nicht nur nicht hinreichend, sondern sogar falsch repräsentieren.

Eine Reaktion auf die klassische KI war die Besinnung auf das bereits erwähnte neuronale Netz. Die sich mit ihm befassende Forschungsrichtung der KI, die in den letzten 15 Jahren einen gewaltigen Aufschwung erlebte, ist dadurch gekennzeichnet, daß menschliches Wissen nicht mehr explizit repräsentiert wird. Damit kommt man dem Modell der Informationsverarbeitung in Gehirnen erheblich näher. Ein wesentliches Problem hierbei ist, daß aufgrund der impliziten Repräsentation des menschlichen Wissens im neuronalen Netz dieses Wissen auch implizit bleibt; nur über die Feststellung des Verhaltens, das das neuronale Netz steuert, kann indirekt die Repräsentation erschlossen werden, wobei die Details der Repräsentation unbekannt bleiben.

Will man menschliches Wissen in Expertensystemen erfassen, muß man sicherstellen, daß nicht nur explizites Wissen des Experten repräsentiert wird, sondern auch sein implizites Wissen. Zum Aufbau einer Wissensbasis in einem Expertensystem ist es deshalb notwendig, nicht nur aufzuzeichnen, was ein Experte über sein Tun sagt, sondern was er wirklich macht. Reden und Handeln sind zwei verschiedene Aspekte unseres Seins, ein Sachverhalt, auf den vor allem die moderne Technikphilosophie hinweist, die, basierend auf der Philosophie Martin Heideggers, eine Fundamentalkritik an der Computertechnologie und ihren Ansprüchen entwickelt hat.

Stellt man aber sicher, daß die Wissensbasis eines Expertensystems nicht nur das Reden, sondern auch das Handeln repräsentiert, daß man menschliches Wissen also in einer angemessenen Weise repräsentiert hat, so ist der nächste Schritt die Bestimmung eines Algorithmus, wie man mit dem Wissen umgeht. Hier hat Kerstin Schill aus München ein interessantes System entwickelt. In ihrem Expertensystem (IBIG) simuliert sie die diagnostische Tätigkeit z. B. eines Arztes, indem sie nicht nur nach von Hypothesen gesteuerten, sondern auch nach pragmatischen Gesichtspunkten vorgeht. Ein Arzt stellt bei einer Diagnose nur jene Fragen, die ihm mehr Wissen über den Patienten bringen, auch wenn diese Fragen nicht in einem logischen Zusammenhang stehen. Genau diese pragmatische Einstellung hat Kerstin Schill in ihrem Programm implementiert. Das Expertensystem bestimmt jeweils auf der Grundlage eines gegebenen Kenntnisstandes, welche Frage gestellt werden muß, um einen maximalen Informationszuwachs zu bekommen. Mit diesem System kann in einer sehr effizienten Weise Information gewonnen werden, d. h. man hat so auch einen Zeitgewinn. Ein weiteres entscheidendes Merkmal dieses Expertensystems ist, daß es abhängig vom aktuellen Kenntnisstand selbst unterschiedlichste Suchstrategien bestimmt, die den Wissensgewinn optimieren.

Dennoch sollte man nicht erwarten, daß medizinische Expertensysteme den Arzt überflüssig machen. Diese Systeme haben allerdings ihre Bedeutung für die Diagnose seltener Erkrankungen. Der Arzt in seiner Routinetätigkeit kann manchmal einen Hinweis auf eine eher seltene Erkrankung übersehen. Da ein Expertensystem vorurteilsfrei agiert, kann es den Arzt bei der Diagnostik unterstützen.

Warum sind eigentlich viele Menschen so fasziniert davon, den menschlichen Geist in Computerprogrammen abzubilden? Warum sucht man überhaupt nach Algorithmen des Mentalen, um damit unser Denken formal zu beschreiben? Dahinter verbirgt sich möglicherweise der Wunsch nach Unsterblichkeit. Unser Leben und Erleben ist gebunden an die Funktionsfähigkeit des Gehirns. Wenn man aber mathematische Programme entwickeln kann, die unseren Geist repräsentieren, dann kann man im Prinzip auch eine Kopie unseres geistigen Lebens herstellen. Diese Kopie kann man dann in Materie einbetten, die eine längere physische Existenz hat als unser körperliches Leben, z. B. einen Computer.

Kapitel 12

Kommunikation: Wenn man die Welt nicht mehr versteht

Es ist immer ein großes Ereignis, wenn ein Kind zu sprechen beginnt. Wir machen uns normalerweise gar nicht klar, wie viele verschiedene Funktionen ausgebildet sein müssen, was ein Kind also alles können muß, damit es zu sprechen vermag. Die menschliche Sprache setzt sich aus voneinander relativ unabhängigen Teilkompetenzen zusammen. Wir können mindestens fünf, vielleicht sogar sieben Teilbereiche unterscheiden, die unsere Sprache möglich machen.

Zunächst einmal benötigen wir einen Wortvorrat, also ein Lexikon; wir bezeichnen dies als lexikalische Kompetenz. Wenn wir in der Schule eine Fremdsprache lernen, dann wird zunächst besonderes Augenmerk auf die lexikalische Kompetenz gerichtet. Um miteinander sprechen zu können, benötigt man ein paar tausend Wörter, obwohl man gelegentlich auch mit weniger auskommen mag; der sogenannte Gebildete hat meist einen größeren Wortvorrat. (Merkwürdigerweise wird manchmal jemandem Bildung unterstellt, nur weil er einen großen Wortschatz hat.)

Offensichtlich sind es nicht allein die Wörter, die unsere Sprache ausmachen; beim Reden müssen Wörter in einer bestimmten Abfolge hervorgebracht und aufeinander abgestimmt werden, damit Sprache Sinn hat und von anderen verstanden wird. Die Fähigkeit, Wörter in eine geordnete Reihenfolge zu bringen, so daß Sätze entstehen, bezeichnen wir als syntaktische Kompetenz. Diese Kompetenz ermöglicht es also, Regeln der Grammatik anzuwenden. Die Anwendung der

Grammatik ist wesentlich davon abhängig, daß zwei verschiedene Wortkategorien in eine geordnete Abfolge gebracht werden. Dies sind einmal die inhaltstragenden Wörter, die einen Gegenstand oder eine Handlung bezeichnen (also Substantive und Verben), und die Funktionswörter, die Beziehungen zwischen den inhaltstragenden Wörtern herstellen.

Sprache dient dem Zweck, anderen Inhalte zu vermitteln, Sprache hat also Bedeutung bzw. sollte sie zumindest haben. Wir bezeichnen die Fähigkeit, Sprache mit Bedeutung zu sprechen, als semantische Kompetenz.

Dem unbefangenen Leser mag es als künstlich erscheinen, wenn man Lexikon, Grammatik und Bedeutung der Sprache voneinander trennt und unterschiedlichen Kompetenzen zuordnet. Diese Trennung ist aber gerechtfertigt, da Beobachtungen belegen, daß die einzelnen Kompetenzen selektiv verlorengehen können. Patienten mit einem Schlaganfall oder einer anderen Hirnschädigung verlieren manchmal die Fähigkeit zur Grammatik, oder sie können ihrer Sprache keine Bedeutung mehr verleihen, oder ihr Wortvorrat geht ganz oder teilweise verloren. Alle diese Verluste können für sich allein auftreten. Die Tatsache einer solchen Dissoziation, also einer Abtrennung von einzelnen Kompetenzen, besagt, daß es für sie im Gehirn jeweils besondere Mechanismen geben muß, denn sonst könnten sie nicht getrennt voneinander verlorengehen.

Bevor wir auf die anderen linguistischen Kompetenzen eingehen (die sprachlautliche, prosodische, soziale und kognitive Kompetenz), wollen wir einen Blick werfen auf Hirnstrukturen, die insbesondere der syntaktischen und semantischen Kompetenz zugrunde liegen.

In den meisten Fällen treten Einschränkungen der Sprache bei Verletzungen der linken Gehirnhälfte auf. Wenn solche Schädigungen eher im vorderen Bereich, im Frontalhirn, liegen, dann beobachtet man häufig den Verlust der syntaktischen Kompetenz. Solche Patienten reden in einem telegrammartigen Stil; sie können die Funktionswörter nicht mehr so nutzen, daß flüssige und geordnete Sätze artikuliert werden.

Aufgrund dieser Einschränkung spricht man in einem solchen Fall auch vom Krankheitsbild des Agrammatismus.

Liegt die Schädigung weiter hinten, aber ebenfalls auf der linken Seite des Gehirns, dann kann der Patient noch flüssig sprechen, seine Sprache klingt aber manchmal bedeutungsleer. Die semantische Kompetenz scheint also an die Funktionsfähigkeit von Strukturen im linken Schläfenlappen des Gehirns gebunden zu sein. Das Lexikon geht bei großflächigeren Ausfällen der linken Gehirnhälfte verloren.

Die Beobachtung, daß Funktionen an bestimmte Regionen im Gehirn gekoppelt sind, wurde erstmals für Sprachfunktionen gemacht. Der französische Arzt Paul Broca beschrieb, wie bereits erwähnt, im Jahre 1865 einen Patienten mit einer Schädigung in der linken vorderen Gehirnhälfte, und dieser Patient konnte nur noch die Silben »tan tan« sagen. Etwas später beschrieb der deutsche Nervenarzt Carl Wernicke den Ausfall der semantischen Kompetenz bei Schädigungen des linken Schläfenlappens. Um diese Entdeckungen zu ehren, bezeichnet man deshalb manchmal die Bereiche des Gehirns, die zum einen die syntaktische, zum anderen die semantische Kompetenz beherbergen, auch als Broca-Zentrum bzw. als Wernicke-Zentrum.

Schädigungen des Gehirns führen interessanterweise bei Männern zu stärkeren Ausfällen als bei Frauen, genauer: Es sind erwachsene rechtshändige Männer, die nach Schädigungen einer Gehirnhälfte besonders beeinträchtigt sind. Linkshändige Männer sowie Frauen oder Kinder leiden weniger, wenn an einer Stelle des Gehirns ein Schaden auftritt. Hierfür gibt es vermutlich die folgenden Gründe: Bei Kindern ist das Gehirn durch eine höhere neuronale Plastizität gekennzeichnet. Dies bedeutet, daß nach einem frühkindlichen Hirnschaden die andere Gehirnhälfte Funktionen übernehmen bzw. ausbilden kann. Die Gründe dafür, daß Funktionsausfälle bei Linkshändern und bei Frauen nach Hirnschädigungen geringer ausfallen, sind noch nicht hinreichend geklärt, doch es gibt die Vermutung, daß in diesen Fällen die einzelnen Funktionen stärker auf die beiden Gehirnhälften verteilt sind. Bei Frauen drückt sich dies darin aus, daß die Verbindungen zwischen den beiden Gehirnhälften sehr viel intensiver ausgeprägt sind als bei Männern. Eine einseitige Schädigung des Gehirns bewirkt dann, daß die ungeschädigte andere Gehirnhälfte den Funktionsverlust zumindest teilweise kompensiert.

Daß bei Frauen die Funktionen zwischen den beiden Gehirnhälften stärker miteinander vernetzt sind, äußert sich möglicherweise in einem engeren Bezug der in den beiden Gehirnhälften repräsentierten Funktionen. Welches diese Funktionen u. a. sind, soll gleich erläutert werden. Bei Männern sind die Funktionen stärker lokalisiert, was sich in einer geringeren Integration verteilter Funktionen zeigt. Vielbeschworene Unterschiede zwischen Mann und Frau haben ihre Ursache auch in strukturellen Unterschieden des Gehirns.

Die Funktionsweise der beiden Gehirnhälften ist in einem bedeutenden Experiment des amerikanischen Forschers Roger Sperry deutlich gemacht worden. Sperry hat mit Patienten gearbeitet, bei denen die beiden Gehirnhälften chirurgisch voneinander getrennt worden waren. Diese Operation wurde früher bei einigen Patienten angewandt, um bei diesen eine schwere Epilepsie zu kontrollieren: Es wurde unterbunden, daß ein sogenannter epileptischer Herd in einer Gehirnhälfte sich auf die andere Gehirnhälfte ausbreitete. Mit solchen Patienten war es möglich zu prüfen, welche Leistungen eine Gehirnhälfte für sich allein erbringen kann.

Um Sperrys Experimente zu verstehen, müssen wir uns daran erinnern, wie die Welt um uns über unsere Augen im Gehirn repräsentiert ist (vgl. Kap. 4). Wenn wir geradeaus schauen, dann ist alles, was auf der linken Seite der Blicklinie zu sehen ist, in der rechten Gehirnhälfte abgebildet – und dies gilt für beide Augen. Alles, was rechts im Gesichtsfeld liegt, wird in die linke Gehirnhälfte geschickt – und dies gilt wiederum für beide Augen. Wenn nun ein Patient, bei dem die beiden Gehirnhälften durch einen Eingriff voneinander getrennt worden sind, geradeaus schaut, dann besteht für ihn nicht die Möglichkeit, das, was links und rechts von der Blicklinie gezeigt wird, im Gehirn miteinander zu verbinden. Für ihn gibt es kein geschlossenes Gesichtsfeld, das in der Mitte gleichsam wie mit einem Reißverschluß aus zwei Halbgesichtsfeldern zusammengezogen ist, sondern nur zwei Halbgesichtsfelder, die ohne Brücke aneinanderstoßen.

Aufgrund dieser Sachlage konnte Sperry seine Untersuchungen durchführen. Er bot Reizmaterial an – sogenannte Chimärenreize –, die links und rechts von der Blicklinie jeweils etwas Unterschiedliches darstellten. Er verwendete z. B. zwei Hälften von Gesichtern verschiedener Personen, so daß unterschiedliche Halbgesichter in den beiden Gehirnhälften repräsentiert wurden.

Zunächst ist bemerkenswert, daß die Patienten in keiner Weise befremdet reagierten, wenn diese Bilder gezeigt wurden. Die eigentliche Frage ist aber, was sie bei diesen ungewöhnlichen Reizkonfigurationen sahen und was sie darüber berichten. Interessanterweise unterschieden sich ihre Berichte, je nachdem, ob sie sprachlich oder nicht sprachlich gegeben wurden. Wenn die Patienten *sagen* mußten, was sie sahen, wenn also ihre Sprache aktiviert wurde, dann sahen sie das, was in der linken Gehirnhälfte repräsentiert war, also in jener Gehirnhälfte, die für die Sprache dominant ist. Das bedeutet, daß sie das Halbgesicht erkannten, das auf der rechten Seite der Blicklinie lag. Erstaunlich ist, daß die Patienten nicht von einem halben Gesicht sprachen, sondern daß das Halbgesicht offensichtlich hinreichend Information bot, um daraus ein ganzes Gesicht zu konstruieren. Wenn hingegen die Patienten nicht gefragt wurden, sondern *zeigen* mußten, welches Bild sie gesehen hatten, wobei ihnen verschiedene Antwortmöglichkeiten vorgegeben wurden, dann erkannten sie das Halbgesicht in der linken Gesichtsfeldhälfte, das also in ihrer rechten Gehirnhälfte repräsentiert war. Das nichtverbale Antwortverhalten löste also eine Aktivität der rechten Gehirnhälfte aus.

Aus solchen Versuchen und zahlreichen anderen ist deutlich geworden, daß die linke Gehirnhälfte – insbesondere beim erwachsenen rechtshändigen Mann – dominant für sprachliche Leistungen und die rechte Gehirnhälfte dominant für das räumliche Vorstellungsvermögen und vor allem auch für die emotionale Bewertung ist (vgl. Kap. 7). Wenn wir sagen, daß bei Frauen eine stärkere Vernetzung zwischen den beiden Gehirnhälften stattfindet, so ist damit mitgesagt, daß verbale Fähigkeiten auf der einen sowie emotionale Bewertung und Sichorientieren im Raum auf der anderen Seite bei Frauen stärker miteinander verbunden sind als bei Männern.

Es sei hier noch einmal betont, daß diese Feststellungen über Unterschiede zwischen Mann und Frau statistische Aussagen sind, die durchaus nicht auf den Einzelfall übertragbar sind. Kein einzelner Mann oder keine einzelne Frau kann, wenn er/sie sich mit einem gegengeschlechtlichen Partner vergleicht, argumentieren, daß er/sie nur aufgrund der Geschlechtszugehörigkeit in einer bestimmten Weise zu charakterisieren sei. Eine vorschnelle Kategorisierung auf der Grundlage von nur statistischen Beobachtungen führt zu den immer wieder zu beobachtenden Stigmatisierungen, die im wesentlichen ein Ausdruck unserer Denkfaulheit sind.

Kommen wir nun zu den linguistischen Kompetenzen, über die wir neben der lexikalischen, syntaktischen und semantischen verfügen. Menschliche Sprache ist gekennzeichnet durch die Verwendung einer relativ geringen Zahl von Sprachlauten. Alle Sprachen der Welt – und es gibt vermutlich z. Zt. über 5000 – setzen sich aus nur etwa 100 verschiedenen Sprachlauten zusammen. Die Fähigkeit zum Verstehen und Produzieren von Sprachlauten bezeichnen wir als sprachlautliche oder phonetische Kompetenz; sie ist uns von Natur aus mitgegeben. Wenn wir Sprache lernen, dann geschieht dies nach dem Prinzip der Prägung. Genetisch vorgegebene Programme, die jeweils zuständig sind für einzelne Sprachlaute, werden in einer frühkindlichen Phase durch gehörte Sprache bestätigt und dadurch endgültig im Gehirn festgeschrieben. Die sensible Phase für die Prägung von Sprache endet mit etwa zehn Jahren, d. h. nur bis zu diesem Zeitpunkt lernen wir Sprache in einer Weise, die sie als Muttersprache in unserem Gehirn verankert. Natürlich können wir auch später noch neue Sprachen lernen, doch dies geschieht nach einem anderen Lernprinzip, und üblicherweise lernen wir diese Sprachen nicht mehr akzentfrei. Die neuronale Plastizität für die Prägung der Sprache ist dann bereits beendet.

Verschiedene Sprachen sind durch Teilmengen von Sprachlauten gekennzeichnet; dadurch stimmen die Prägungen für Sprachlaute in den verschiedenen Kulturen nicht überein – Chinesisch klingt anders als Bayerisch. Trotz aller Unterschiede ist es aber wichtig, auf die Ähnlichkeit hinzuweisen; es gibt stets eine größere Anzahl von Sprachlauten, die in allen Sprachen dieselben sind. Wenn dies nicht so wäre, könnte man vermutlich eine andere Sprache sprachlautlich nicht lernen, weil sie zu fremd wäre.

Es wird viel darüber gestritten, ob man in der frühen Kindheit eine oder mehrere Sprachen lernen sollte, wobei von manchen behauptet wird, daß frühkindliches Lernen von mehreren Sprachen psychologische Probleme zur Folge habe; gelegentlich wird das Auftreten von Stottern damit in Verbindung gebracht, daß das kindliche Gehirn durch die Konfrontation mit verschiedenen Sprachen überfordert sei. Wir sind anderer Meinung. Indem wir verschiedene Sprachen lernen, die durch ein unterschiedliches sprachlautliches Repertoire gekennzeichnet sind, erweitern wir für das spätere Sprachenlernen die Basis derart, daß es dann gelingen kann, auch im Erwachsenenalter neue Sprachen akzentfrei zu lernen. Nur wenn man mit einem einzigen phonetischen Repertoire groß geworden ist, scheint es schwierig zu sein, die Laute einer neuen Sprache präzise aufzunehmen.

Gerade für das Zusammenwachsen verschiedener Kulturen, die in erster Linie gekennzeichnet sind durch unterschiedliche Sprachen, ist es wichtig, schon in frühester Kindheit verschiedenen Sprachumgebungen ausgesetzt zu sein. Die Tatsache, daß es manchmal zu psychologischen Problemen kommt, wenn Kinder verschiedene Sprachen lernen, hat nichts mit den

Sprachen selber, sondern mit den sozialen Umgebungen zu tun. Eine Sprache kennzeichnet immer auch einen sozialen Raum, und wenn die sozialen Räume nicht miteinander in Verbindung stehen, kommt es zu Identifikationsschwierigkeiten für das Kind, die sich dann auch in der Sprache äußern können. Es sind also eher die durch unterschiedliche Sprachen gekennzeichneten Vorurteile zwischen sozialen Gruppen, die zu den angesprochenen Problemen führen.

Unsere Gefühle werden in der Sprache mit Hilfe der prosodischen Kompetenz zum Ausdruck gebracht. Eine Sprache ohne Intonation klingt wie eine tote Sprache, und der Versuch, ohne gefühlsmäßige Beteiligung zu sprechen, alle Gestik und Mimik und alle Sprachmelodie beim Sprechen zu unterdrücken, macht jedem deutlich, daß zum Sprechen automatisch die gefühlsmäßige Beteiligung gehört. In der Prosodie zeigt sich auch die zeitliche Struktur des Sprechens, daß also Äußerungseinheiten mit einer vorprogrammierten syntaktischen Struktur, von einer bestimmten Gefühlsnote begleitet, zum Ausdruck gebracht werden.

Während die zuvor genannten linguistischen Kompetenzen eine Leistung der linken Gehirnhälfte sind, ist die prosodische Kompetenz in der rechten Gehirnhälfte beheimatet. Viele Patienten mit Störungen der rechten Gehirnhälfte verlieren ihre Fähigkeit zur Prosodie; dies entspricht dem Verlust der gefühlsmäßigen Bewertung des Erlebens (vgl. Kap. 7). Ansatzpunkte der Schauspielkunst liegen natürlich in der Kultivierung der prosodischen Kompetenz (vgl. Kap. 13).

Wir haben nun fünf linguistische Kompetenzen genannt, die das normale Gespräch kennzeichnen: Wir verwenden Wörter, bauen diese in Sätze ein, verwenden Sprachlaute, geben unserer Sprache Bedeutung und sprechen mit gefühlsmäßiger Beteiligung. Es gibt noch zwei weitere Kompetenzen, die uns als Sprecher und Hörer auszeichnen, nämlich die soziale und die kognitive Kompetenz.

Soziale Kompetenz macht es überhaupt erst möglich, zu anderen in Beziehung zu treten. Ein Gespräch ist gekennzeichnet durch eine bestimmte Distanz, die Menschen zueinander haben, und vor allem auch durch Blickkontakte, die erkennbar machen, daß man sich zuhört. Für ein intimes Gespräch gilt eine andere körperliche Distanz als für eine Diskussion über ein abstraktes Thema. In einem Gespräch blickt der Zuhörer den Sprecher sehr viel mehr an als der Sprecher den Zuhörer. Diese zeitliche Strukturierung von aktivem Blicken und Angeblicktwerden ist bei schwer depressiven Menschen verändert. Der Depressive wagt kaum noch, Blickkontakt aufzunehmen, was für den Gesprächspartner dazu führt, daß er die Beziehung als abgerissen empfindet. Aufgrund dieser Situation geraten Gespräche häufig in einen Teufelskreis. Der sich Abwendende kann vom Sprecher nicht erreicht werden, so daß dieser immer intensiver auf den Depressiven einredet, um ihn auf diese Weise doch noch zu erreichen – mit dem Erfolg, daß dieser sich noch weiter abwendet.

Schließlich beruht unsere Sprachfähigkeit auch auf kognitiver Kompetenz. Wenn wir jemandem zuhören, gehen wir automatisch davon aus, daß das, was der andere sagt, richtig ist. Es gibt so etwas wie ein Urvertrauen in die Sprache. Wenn wir einen Satz eines anderen hören, so wird dieser von uns zunächst nicht daraufhin überprüft, ob er wahr oder falsch sein könnte. Wahrheit ist ein eingebautes Prinzip der Sprache, die Lüge eine späte Erfindung. Lügen zu können erfordert nicht nur ein gutes Gedächtnis, sondern auch geistige Beweglichkeit, denn der natürliche Umgang mit dem Wort muß bewußt verändert werden. Lügen ist auch körperlich anstrengend und bewirkt deshalb auch eine Aktivation von Körperfunktionen, die nicht der willentlichen Kontrolle unterliegen. Dies macht man sich beim Lügendetektor zunutze, der auf dem Prinzip beruht, nicht kontrollierbare Körperfunktionen wie die Veränderung der Hautdurchblutung zur Beurteilung heranzuziehen, ob jemand lügt oder die Wahrheit spricht.

Die kognitive Kompetenz beruht darauf, daß für uns die Dinge so sind, wie sie sind, d. h. ihre einmal definierten Kategorien, ihre Identität über die Zeit hinweg, bewahren (vgl.

Kap. 1). Gilt der Satz der Identität nicht mehr, wie dies bei manchen Patienten mit einer Schizophrenie geschehen kann, dann bricht auch die kognitive Kompetenz zusammen, und einem Gespräch wird die rationale Basis entzogen. Ein Schizophrener ist somit in doppelter Weise in seiner Sprachkompetenz beeinträchtigt. Zum einen fehlt manchen dieser Patienten die Einbettung ihres Denkens in die emotionale Bewertung – und dann entspricht die Prosodie der Sprache nicht mehr dem Gesagten –, zum anderen ändert das Gesagte seine Bedeutung, so daß nicht mehr verläßlich erkennbar ist, was eigentlich gesagt werden soll. So belastend diese Störungen für den einzelnen Patienten sind, so geben sie uns andererseits Einblicke in die Struktur der Sprache, und uns wird deutlich, wie viele Teilfunktionen des Gehirns eingesetzt werden müssen, damit wir einem anderen nur einen einfachen Satz sagen können.

Wie wir gesehen haben (vgl. Kap. 10), kann das menschliche Bewußtsein auf der Grundlage der Kommunikation mit anderen definiert werden. Ich bin mir in diesem Augenblick einer Sache bewußt, weil es andere Menschen gibt. Voraussetzung der intentionalen, also auf Mitteilung ausgerichteten Kommunikation mit anderen ist somit die Kommunikation mit sich selbst. Wenn mentale Prozesse abgerissen sind von der Sprachsphäre unseres Gehirns, dann wird auch die Kommunikation mit anderen unmöglich. Gedanken müssen zuerst an Begriffe angekoppelt werden, die dann sprachlich verfügbar sein müssen, damit wir mit anderen Menschen in einen Wissensaustausch treten können. Diese Weise der Kommunikation ist aber nur eine Form, und sie ist typisch für Menschen.

Für viele Tiere und auch für den Menschen gilt, daß Kommunikation nicht nur verbal, sondern ohne Worte stattfinden kann. Um diese Weise der Kommunikation besser zu verstehen, müssen wir uns an Beobachtungen aus der Verhaltensforschung erinnern. Die Wechselwirkung zwischen verschiedenen Lebewesen ist gekennzeichnet durch einen Signalaustausch, der genetisch vorgegeben ist. Bestimmte Reizkonfigurationen, die auch als Schlüsselreize bezeichnet werden, lösen automatisch beim Empfänger eine Reaktion aus. Diese Reaktion beruht auf einem neuronalen Programm des Gehirns, das als angeborener auslösender Mechanismus bezeichnet wird.

Der Bewegungsablauf, der durch den Schlüsselreiz bewirkt wird, geht bei uns Menschen meist einher mit einem Gefühl. Das menschliche Ausdrucks- und Eindrucksverhalten ist unter diesem Gesichtspunkt zu sehen. Wenn jemand lächelt, dann löst dies automatisch beim anderen eine Reaktion der Zuwendung aus. Flirtverhalten scheint nach Meinung mancher Humanethologen ebenfalls eine angeborene Wurzel zu haben, wobei Signale ausgesendet werden, die beim Empfänger automatisch eine gefühlsmäßige Reaktion bewirken.

Die nonverbale Kommunikation spielt aber nicht nur im Bereich der visuellen Informationsverarbeitung eine Rolle, auch unsere anderen Sinneswelten sind dadurch gekennzeichnet. Bestimmte Gerüche sind Schlüsselreize, die beim Empfänger, ohne daß dieser es verhindern kann, eine gefühlsmäßige Anmutung hervorrufen. Insbesondere der Sexualbereich ist durch geruchliche Kommunikation gekennzeichnet; bestimmte körpereigene Duftstoffe führen beim Partner automatisch zu einer Zuwendereaktion, gelegentlich auch zur zwanghaften Abwendung.

Zu den Grundbedürfnissen des Menschen gehört also die Kommunikation mit anderen. Aus diesem Grunde ist es qualvoll, wenn die dafür erforderlichen Kanäle unterbrochen sind. Wenn man nicht mehr hören oder sehen kann oder wenn sogar beide Sinne ausgefallen sind, dann ist eine normale Kommunikation nicht mehr möglich. Wir Menschen tun alles, uns Hilfsmittel auszudenken, um Kommunikation dann wiederherzustellen. Die Erfindung der Braille-Schrift ermöglicht dem Erblindeten, mit Hilfe seines Tastsinns zu lesen. Der Tastsinn wird auch eingesetzt, wenn Sehen und Hören ausgefallen sind; die Geschichte von Helen Keller ist hierfür ein Beispiel. Mit modernen technischen Methoden, wobei insbesondere die Computertechnologie eine große Rolle spielt, ist es möglich, manche zusammengebrochenen Kanäle wieder zu aktivieren.

Besonders vielversprechend ist die Kombination von Computertechnologie und Operation bei Patienten, die ihre Sinneszellen in der Hörschnecke verloren haben. Mit Hilfe von Implantationen gelingt es, diesen Patienten wieder zu ermöglichen, daß sie Sprache verstehen. Allerdings kann man interessanterweise nur Patienten, die einmal gehört haben, mit Hilfe einer solchen Cochlea-Implantation die Sprache wiedergeben, nicht jedoch von Geburt an Tauben das Sprachverstehen ermöglichen. Dies deutet darauf hin, daß das Gehirn zunächst einmal ausgeprägt werden muß, indem Sprachlaute verarbeitet werden, damit man dann später mit Hilfe technischer Möglichkeiten Sprache ersetzen kann. Ob solche Implantationen in Zukunft auch innerhalb des Auges möglich sind, um die Sinneszellen der Netzhaut technisch zu ersetzen, wird die Forschung zeigen. In jedem Fall ist dieser Bereich der Neurotechnik ein Ausdruck des dringenden menschlichen Bedürfnisses, mit anderen und mit der Welt in Verbindung zu treten.

Warum kommt es eigentlich so häufig zu Mißverständnissen zwischen Gesprächspartnern, obwohl das Bedürfnis nach Kommunikation so stark ist? Insbesondere die Kommunikation zwischen Mann und Frau bzw. Eltern und Kind ist häufig dadurch geprägt, daß Gesprächspartner ihre Aufmerksamkeit in einem Gespräch nicht notwendigerweise auf dieselben Inhalte richten. Der eine mag sich ganz auf das Gemeinte in einem Gespräch konzentrieren (indem er seine semantische Kompetenz aktiviert), der andere hört nur bestimmte Worte, die bei ihm Assoziationen auslösen. Es ist wie auf einer Cocktailparty – man hört, was man hören will, indem man seine Aufmerksamkeit auf bestimmte Aspekte richtet, so wie man in der Natur beim Spazierengehen auf Vogelstimmen oder das Summen von Insekten achtet.

Es ist aber nicht die Steuerung der Aufmerksamkeit allein, die zu Kommunikationsschwierigkeiten führt. Die unterschiedliche Sozialisierung von Mann und Frau, von Eltern und Kind, von Vertretern verschiedener Kulturkreise, die zusammenleben, führt automatisch zu Einstellungen, Erwartungen,

Vorurteilen, die notwendigerweise in das Gespräch einfließen. Daß man einander mißversteht, ist nichts Besonderes; das Erstaunliche ist, daß man sich manchmal tatsächlich zu verstehen scheint.

Jeder Bewußtseinszustand ist eingebettet in ein mentales Bezugssystem. Die Inhalte dieses Bezugssystems sind abhängig von den Erlebnissen, die jemand im Laufe seines Lebens gesammelt hat, und von Ereignissen, die vor einem Gespräch stattgefunden haben. Wenn Mann und Frau von verschiedenen Arbeitsplätzen abends nach Hause kommen und sofort miteinander sprechen wollen – eine durchaus typische Gesprächssituation –, kann die Kommunikation nur glücken, wenn beiden deutlich ist, daß erst eine Brücke zwischen ihnen aufgebaut werden muß. Findet ein Gespräch statt, kommt es häufig dadurch zu Mißverständnissen, daß man unterstellt, der andere wisse, wovon man redet.

In der Psychotherapie wird Wert auf die geglückte Kommunikation zwischen Therapeut und Patient bzw. Klient gelegt. Vom Therapeuten wird z. B. die Fähigkeit zur Verbalisierung bisher vom Patienten nicht verbalisierter Gefühle verlangt, die Fähigkeit zur Einfühlung in den anderen. Es fragt sich, ob man eine solche Forderung, sich in den Gesprächspartner einzufühlen, überhaupt generell aufstellen kann. Es ist nämlich durchaus denkbar und auch häufig der Fall, daß unterschiedliche Prägungen dazu geführt haben, daß bestimmte Komponenten des psychischen Repertoires bei dem einen oder anderen überhaupt nicht vorhanden sind. Diese können, da sie nicht vorhanden sind, auch nicht eingefordert werden.

Wenn Gefühle fehlen, kann man sie nicht erfinden. Versucht man sie dennoch zu demonstrieren, wirken Gespräche gekünstelt und peinlich. Man sollte deswegen eher akzeptieren, daß zum Normalsein gehört, auch Defizite zu haben. Mit diesen soll man sich natürlich nicht brüsten, doch erleichtert es die zwischenmenschliche Kommunikation, insbesondere wenn die »Beziehung« zwischen zwei Menschen das Thema ist, wenn als Tatsache hingenommen wird, daß dem Gesprächspartner bestimmte Erlebnismöglichkeiten nicht gegeben sind, ohne daß er etwas dagegen tun kann.

Eine Untersuchung der Denkwerkzeuge ist für jede praktische und theoretische Tätigkeit notwendig. Wir wollen deshalb auch einen kurzen Blick auf die Funktion der Sprache in der Wissenschaft werfen. Zunächst einmal gibt es die ganz normale Umgangssprache, mit der man sich über wissenschaftliche Probleme unterhält. Häufig ist diese Sprache – gerade in den Naturwissenschaften – nicht präzise genug, und man verwendet ein andere Sprache, nämlich die der Mathematik. Um wissenschaftliche Sachverhalte mathematisch beschreiben zu können, um also die Sprache der Mathematik zu verwenden, müssen die Elemente der Sprache eindeutig definiert sein. Die Definition führt aber zu einer Einschränkung dessen, was in der Umgangssprache ursprünglich gemeint war, und manchmal auch zu einer Veränderung des Gemeinten. Man denkt hier an ein Wort von Goethe: »Die Mathematiker sind eine Art Franzosen; redet man zu ihnen, so übersetzen sie es in ihre Sprache, und dann ist es allsobald ganz etwas anderes.« Die Präzision der mathematischen Beschreibung ist ein Gewinn, aber sie bedeutet auch einen Verlust im Hinblick auf das Ausgangsmaterial, auf das sich das Interesse ursprünglich gerichtet hatte. Die formalhafte Sprache der Mathematik wird aber durch andere »Sprachen« ergänzt. Eine weitere Sprache, die in der Wissenschaft verwendet wird, sind Bilder: Sachverhalte werden bildhaft festgehalten und beschrieben. Im Bild zeigt sich in einem Blick der Befund, der sich einerseits umgangssprachlich, dann mathematisch oder auch durch das Experiment selbst ausdrücken läßt. Wenn alle diese verschiedenen Sprachen über einen Sachverhalt konvergieren, dann besteht eine gute Chance, daß man einem Problem in der Wissenschaft nahegekommen ist.

Jeder kommunikative Akt findet ursprünglich im Hier und Jetzt statt, d. h. die typische Gesprächssituation ist durch physische Nähe gekennzeichnet. Moderne Kommunikationstechnologie und nicht mehr so moderne Techniken haben dazu geführt, daß diese unmittelbare Kommunikation aufgelöst wird (vgl. Kap. 11). Wenn wir lesen, dann identifizieren wir uns mit etwas Aufgeschriebenem, das an einem anderen Ort und zu einer anderen Zeit geschah. Lesen ist insofern ein narzißtischer Akt, bei dem wir uns auf uns selbst zurückziehen und eine virtuelle Welt in unserem Gehirn aufbauen. Gegenüber dem Fernsehen ist das Lesen durch eigene Aktivität gekennzeichnet. Wir bestimmen den Fortgang des Lesens, in unserer Phantasie entstehen unsere eigenen Bilder.

Beim Fernsehen sind wir dem Geschehen passiv ausgeliefert. Die geistigen Prozesse sind eher träge, wir sind nicht aufgefordert, durch unsere eigene Phantasie Bilder entstehen zu lassen. Im wesentlichen wird unsere emotional getönte Vorstellung angerührt, und ein eigentliches Wissen kann meist nur mühsam aufgebaut werden. Deswegen ist es auch so schwer, sich daran zu erinnern, was man im Fernsehen eigentlich gesehen hat. Üblicherweise kann man nur über Episoden berichten, von denen man emotional angerührt war.

In unserer Zeit der weltweiten Vernetzung hat das Fernsehen aber eine hohe soziale Bedeutung. Durch dieses Medium wird uns gleichzeitiges Geschehen in verschiedenen Teilen der Welt zugänglich, und wir können am gesamten Weltgeschehen teilnehmen. Darüber stellt sich eine Verbindung mit anderen Völkern, anderen Kulturen her, die in dieser Weise bisher nicht möglich war. Die moderne Kommunikationstechnologie erfüllt somit nicht nur ein ursprüngliches menschliches Bedürfnis, sondern sie spannt ein weltweites Netz der Nähe auf, das – richtig genutzt – auch friedenstiftend sein kann.

Kapitel 13

Die Künste und das Gehirn: Der Mensch als Schöpfer

Alle Straßen führen nach Rom; und jeder Weg führt zur Kunst, auch wenn er zunächst als ein Umweg erscheinen mag. Einen solchen vermeintlichen Umweg schlagen wir hier ein.

Interdisziplinarität ist zum Schlagwort der letzten Jahre geworden. Hinter diesem Begriff verbirgt sich die Sehnsucht nach der Verbindung der »Teilkulturen«, nach einer Überwindung der Partikularisierung, wie sie für wissenschaftliches Arbeiten mit seinen Spezialisierungen kennzeichnend ist und wie sie in einer ganz allgemeinen Weise das moderne Leben kennzeichnet. Die Politik steht als ein System neben der Wirtschaft; diese ist abgetrennt vom System Wissenschaft; die Medien führen ihr Eigenleben, und die Künstler als »letzte archaische Wesen«, wie Jean-Christophe Ammann aus Frankfurt sie nennt, finden sich, von den anderen abgedrängt, wiederum in einer weiteren Teilkultur. Die Zugehörigkeit zu den einzelnen Teilkulturen sozialisiert in der Weise, daß in der äußerlichen Erscheinung seiner Mitglieder bereits erkennbar ist, wo sie hingehören.

Doch plötzlich bricht – vielleicht im Zusammenhang mit der nahenden Zeitenwende – der Wunsch auf nach Überwindung der Begrenzungen. Beschränkung auf eine Teilkultur bedeutet auch Einschränkung, und diese Verlust. Dieses Aufbrechen ist überall erkennbar, ganz handgreiflich im Tagesgeschäft des Politischen. Da unsere wirtschaftliche Potenz nachzulassen scheint, wird nach einer Infusion aus der Wissenschaft verlangt. Forscher und Ingenieure sind aufgerufen, möglichst schnell Neues zu entdecken, damit wir wirtschaftlich kraftvoll bleiben.

Die Teilkultur Wirtschaft tritt also aus ihrem abgeschlossenen System heraus und umwirbt die Schönheit Wissenschaft. Aber bevor sie die Wissenschaft heiratet, hat die Wirtschaft noch einen Wunsch (kein Ehekontrakt ohne Bedingungen): Die Wissenschaft soll sich anders ankleiden, d. h. den Wünschen der Wirtschaft gerechter werden, indem sie sich mehr um den täglichen Nutzen und die möglichen Anwendungen ihres Nachdenkens kümmert.

Hinter diesem Wunsch nach anderer Kleidung des ersehnten Partners steht der unausgesprochene Anspruch, eigentlich die tragende Säule des ganzen Systems zu sein, und dieser Anspruch wird von jeder der Teilkulturen erhoben. Das Aufgehen einer oder mehrerer Teilkulturen in andere und schließlich in nur eine wäre das Ende jeglicher Dynamik einer Gesellschaft. Ein Dogma würde beherrschend sein.

Interdisziplinarität heißt nicht, daß alle forthin unter einem Schlagwort zusammengebunden werden und dabei ihre Identität aufgeben müssen. Ganz im Gegenteil bedeutet Interdisziplinarität, daß das Besondere der Teilkultur bewahrt und gepflegt, daß ihr Spezifisches aber anderen zugänglich gemacht wird. Zur Kultivierung der Interdisziplinarität gehört neben der Identifikation mit seiner eigenen Teilkultur aber die Identifikation mit der Kultur, die die Teilkulturen umfaßt, also unserer Kultur. Wir stehen auf zwei Beinen, einem speziellen und einem generellen.

Dieses Stehen auf zwei Beinen ist nur möglich, wenn die Tugend der Aufklärung, nämlich Toleranz geübt wird. Doch Toleranz allein genügt nicht; die Aufgeschlossenheit den anderen Teilkulturen gegenüber muß von dem Willen beseelt sein zu wissen, was dort geschieht. Dies verlangt eine weitere Tugend, nämlich Fleiß. Wer sich auf Interdisziplinarität einläßt, muß sich als Spezialist bewähren – und das kostet Arbeit –, und er muß in andere Gebiete eindringen –, und auch das kostet Arbeit. Nur Spezialist zu sein verengt den Blick für das Allgemeine; nur Generalist zu sein macht blind für das Besondere.

Toleranz und Fleiß müssen durch Mut ergänzt werden. Es ist leicht, in einen Diskurs einzutreten mit Mitgliedern seiner eigenen Zunft. Man spricht dieselbe Sprache, und die Themen sind vorgegeben. Sich in eine andere Teilkultur hineinzudenken und in sie hineinzureden verlangt auch Fehlerfreundlichkeit sich selbst gegenüber. Man muß das Risiko auf sich nehmen, sich Blößen zu geben, seinen Dilettantismus zuzugeben.

Interdisziplinäre Kommunikation verlangt also Überwindung sozialer Angst, die uns allen eigen ist, wenn wir uns auf fremdem Terrain bewegen; gemütlicher ist es natürlich, in den vier Wänden der gewachsenen Teilkultur zu verharren.

Fehlerfreundlichkeit sich selbst gegenüber, Toleranz anderen gegenüber, Fleiß, motiviert durch den naiven Drang, wissen zu wollen, was anderswo geschieht, Überwindung der Angst, möglich durch Selbstsicherheit und getragen von Bescheidenheit, Mut und Gelassenheit – das sind einige persönlich Variablen, die zur Entgrenzung der Teilkulturen und zu kreativer Interdisziplinarität führen können.

Die Wissenschaft über das Gehirn ist von vornherein interdisziplinär; sie ist anders gar nicht vorstellbar. Die Beschäftigung mit unserem Forschungsgegenstand hat uns deutlich gemacht, daß ein besseres Verstehen des Gehirns Türen öffnet zu anderen Teilkulturen. Die Teilkultur Hirnforschung der Teilkultur Wissenschaft drängt jenseits der geöffneten Türen Fragen auf, die dort vorher nicht erkennbar oder zumindest nicht deutlich waren. Wir wurden beispielsweise an grundlegende Probleme der Philosophie herangeführt, indem uns klarwurde, daß selbstverständliche Annahmen der Teilkultur Philosophie (eine derartige Charakterisierung der Philosophie wird von vielen Philosophen sicher nicht akzeptiert) durchaus nicht selbstverständlich sind (vgl. Kap. 1). Eine andere Domäne bereichernder Wechselwirkungen zeigt sich zwischen der Hirnforschung und den Computerwissenschaften. Wird es uns gelingen, unser Gehirn besser zu verstehen, wenn wir von uns entwickelte Artefakte – Computer – als Modell zur Selbstbeschreibung heranziehen, oder ist es nicht vielleicht so, daß ein besseres Verständnis unseres Gehirns der Entwicklung der Artefakte – z. B. autonom sich bewegender Roboter – Vorschub leisten wird?

Eine weitere Tür, die wir, von der Hirnforschung kommend, jetzt öffnen wollen, ist jene zu den Künsten. Was können wir aus der Hirnforschung lernen – falls es überhaupt etwas zu lernen gibt –, um die Künste besser zu verstehen – falls dies ein Wunsch sein sollte? Und was können wir von den Künsten für die Hirnforschung lernen – eine zunächst befremdende Anfrage? Es ist uns klar, daß einige der hier vorgetragenen Gedanken kontrovers sind, andere vielleicht auch naiv. Gerne werden von den Kunsttheoretikern, weniger von den Künstlern selbst, Grenzüberschreitungen zurückgewiesen. Man verbittet sich den Kommentar des Dilettanten.

An die zuvor gemachten Bemerkungen über Interdisziplinarität erinnernd, bitten wir den geneigten Leser, unseren Dilettantismus kurzfristig hinzunehmen. Wir glauben, daß es Anregungen zu einem erweiterten Kunstverständnis aus der Hirnforschung gibt, und diese Überlegungen wollen wir nicht zurückhalten. Entscheidend ist aber etwas anderes: In den Künsten zeigt sich in einer unmittelbaren Weise der Reichtum und die Kreativität einer Zeit, und dies gilt, so meinen wir, gerade für unsere Zeit. Was uns in den einzelnen Teilkulturen bewegt, findet seinen Ausdruck in der Kunst, die somit etwas anderes ist als nur eine weitere, danebenstehende Teilkultur. Wir müssen nur in sie hineinschauen.

Um den Weg zu den Künsten zu finden, verweisen wir nochmals auf die elementaren Grundbedürfnisse des Menschen. Wir hatten anfänglich betont, daß es letzten Endes jedem Organismus, auch dem Menschen, nur darum geht, sein homöostatisches Gleichgewicht aufrechtzuerhalten. Um dies zu erreichen, werden zahlreiche Mechanismen eingesetzt, die sich in unserem psychischen Repertoire als Bedürfnisse widerspiegeln. Diese Bedürfnisse seien zusammenfassend noch einmal aufgezählt, ohne daß wir behaupten können, alle genannt zu haben.

Hunger und Durst stehen am Anfang, und Essen und Trinken dienen der Befriedigung dieser ursprünglichen Bedürfnisse. Es folgt die Suche nach Wärme, die sich nicht nur in der Beschaffung von schützender und wärmender Bekleidung zeigt, sondern nicht zuletzt auch in unserer Sorge um eine Geborgenheit und Wärme spendende Behausung. Zu den Grundbedürfnissen gehört auch die Selbstbehauptung, die der Sicherung der eigenen Identität dient. Dieses Bedürfnis äußert sich u. a. in Aggression; man muß sich manchmal anderer erwehren, um sich selbst nicht zu verlieren. Vermeiden von Schmerz und Sehnsucht nach Vereinigung sind weitere Antriebe. Wir sind getrieben vom Verlangen nach Dualität, nach unmittelbarer Kommunikation mit anderen. Uns kennzeichnet die Sorge für andere und um unsere eigene Zukunft; Sorge äußert sich in der Angst um unsere Kinder, im Muttertrieb und im Hegen der uns Liebsten. Aktivität ist ein weiteres unmittelbares Bedürfnis; die rein sessile Lebensweise ist unnatürlich, wir verlangen nach Bewegung. Wir ordnen unsere unmittelbare Umgebung, wir herrschen über andere, manchmal unterwerfen wir uns, und wir suchen die Zeit zu beherrschen. Wir verstecken uns hinter der Angst vor dem Tod; die Neugier treibt uns, das Unbekannte zu entschlüsseln. Und wir genießen in immer neuer Weise, was unsere Sinne uns über die Welt und uns selbst erfahren lassen.

Alle diese Grundbedürfnisse stehen nicht für sich allein. Sie kennzeichnen Leben und Erleben in komplementärer Weise und sind getrennt voneinander zwar zu denken, aber nicht vorzustellen. Alles dient dem Überleben, und alles ist erforderlich zur Gestaltung unseres Lebens.

Mit diesen Grundbedürfnissen haben wir gleichzeitig die zentralen Themen der Künste angesprochen. Letzten Endes ist der Künstler immer zurückgeworfen auf die Grundbedürfnisse des Menschseins. So sieht es auch Jean-Christophe Ammann, der meint, daß es in der Kunst im wesentlichen um solche Themen gehe wie Angst, Tod, Sexualität und Zeit.

Wir führen diese Themen der Kunst auf das menschliche

Maß, d.h. unsere biologischen Bedürfnisse, zurück. Doch in welchem Medium werden diese Themen gestaltet, welche Erscheinungsweise wählen sie? Die Künste leiten sich formal aus den unmittelbaren Erfahrungen der sinnlichen Wahrnehmung ab. Sehen, Hören, Tasten, Fühlen, Riechen, Schmecken, Sichbewegen sind das Medium, der Ausgangspunkt künstlerischen Schaffens. In allen Kulturen und zu allen Zeiten wurden die gleichen Künste »entdeckt«, und vielleicht geschah dies sogar unabhängig voneinander. Auffällig ist nämlich, daß alle Ethnien ähnliche sensorische Kunstformen entwickelten, und dies gilt offenbar auch für Kulturkreise, die miteinander nie in Kontakt standen. Frühester Ausdruck der visuellen Kunst sind die uns heute noch beeindruckenden Höhlenmalereien. Diese Gemeinsamkeiten sprechen für die Universalität des künstlerischen Darstellens und seiner Verwurzelung in grundlegenden Mechanismen der sinnlichen Welterfahrung.

Der unmittelbare Antrieb zum künstlerischen Schaffen, das im sensorischen Medium Grundbedürfnisse artikuliert, erklärt sich aus dem Bemühen, anderen mitzuteilen, was in Sprache nicht gesagt werden kann. Im schöpferischen Prozeß erlebt der Künstler als unmittelbaren Antrieb das Mitteilen selbst; Schreiben, Dichten, Malen, Zeichnen, Formen, Komponieren, Musizieren oder Tanzen sind trotz aller Selbstversenkung auf andere bezogene Tätigkeiten.

Wenden wir uns nun den einzelnen Künsten zu. Das Bild, die Zeichnung folgen aus der Primärerfahrung der visuellen Wahrnehmung. Der Maler und der Zeichner gestalten auf der Grundlage elementarer visueller Erfahrungen, für die das Gehirn spezifische Verarbeitungsmechanismen bereitstellt. Linien, Flächen, Farben, Kontraste und topographische Zuordnungen sind die Grundbausteine dargestellter Objekte, sie werden in verschiedenen Kunstrichtungen unterschiedlich betont, und sie gewinnen in manchen modernen Kunstrichtungen sogar eigenständige Bedeutung, indem nur innerhalb einer Kategorie künstlerische Variationen erlaubt sind oder vorgenommen werden. Die Bausteine werden häufig zum Thema der

Gestaltung, und manchmal ist der Akt des Schaffens selbst zum künstlerischen Thema erhoben; bei letzterem denkt man an das Wort aus Goethes »Faust«: »Am Anfang war die Tat.«

Der Versuch, in gemalten oder gezeichneten Bildern Bewegung darzustellen, muß scheitern, da die unmittelbare Erfahrung gesehener Bewegung umgangen wird. Dies sagt nichts gegen den besonderen Reiz von Bildern, in denen Bewegung nahegelegt wird, wie in jenem berühmten »Akt, die Treppe herabsteigend« von Marcel Duchamp; Bewegung kann im stationären Bild aber nur assoziativ nahegelegt werden. Sich im stationären Bild nur über Kontraste topographisch angeordneter Flächen, durch Linien nahegelegter Konturen oder durch Farben künstlerisch auszudrücken, kann dagegen gelingen, da sinnliche Primärerfahrungen, für die das Gehirn eigene Mechanismen entwickelt hat, unmittelbar angesprochen werden.

Hören und Sprechen als Leistungen des Gehirns sind Ausgangspunkt von Musik und Dichtkunst. Wiederum müssen grundlegende Mechanismen des Gehirns berücksichtigt werden, will man elementare Phänomene dieser Zeitkünste nachvollziehen. Ein Musikstück ist z. B. verstanden, wenn das richtige Tempo gefunden worden ist, da bei einem falschen Tempo musikalische Motive verzerrt erlebt werden oder nicht mehr erkennbar sind. Die Kontrolle des Tempos bei der Musik kann sich nicht aus Traditionen oder gar dem Musikstück selbst ergeben, sondern ist von neuronalen Mechanismen bestimmt, und zwar insbesondere von jenen, die unsere Bewegungsabläufe steuern. Es ist keineswegs selbstverständlich, durch ein Musikstück hindurch ein einmal begonnenes Tempo aufrechtzuerhalten, wie es auch nicht selbstverständlich ist, halbe, Viertel- oder Achtelnoten spielen zu können. Derartige Tempokontrollen oder die ganzzahlig definierten Zeiteinteilungen erfordern spezifische Programme des Gehirns.

Wie in der Malerei werden auch in der Musik der verschiedenen Richtungen unterschiedliche Komponenten besonders hervorgehoben, indem sie bevorzugt variiert werden. Oder es sind nur einzelne Komponenten als künstlerischer Rahmen erlaubt, wenn etwa – wie in mancher afrikanischer Musik – der Rhythmus variiert wird.

Ein Grundphänomen in der Musik ist die Tatsache, daß musikalische Motive häufig eingebunden sind in ein Zeitsegment von etwa drei Sekunden. Wir haben mehrfach darauf hingewiesen (vgl. Kap. 9), daß die Informationsverarbeitung im menschlichen Gehirn dadurch gekennzeichnet ist, daß vor jeder semantischen Analyse einlaufende Information automatisch gebündelt wird. Offenbar haben Künstler ein implizites Wissen dieser neuronalen Prinzipien. In der Tradition der Wiener Klassik, von Joseph Haydn bis zum Spätromantiker Gustav Mahler, finden sich sehr häufig musikalische Motive, die auf dieses Zeitintervall beschränkt sind.

Da wir musikalische Laien sind, haben wir bei Künstlern nachgefragt, ob diese Beobachtung eine Illusion des Hörens ist oder ob ihr ein Wahrheitsgehalt zukommt. Wie nicht anders zu erwarten, löste allein die Anfrage bei manchen Kunstkennern eine mißtrauische Reaktion aus. Es war aber dann beruhigend, zumindest von manchen Künstlern bestätigt zu bekommen, z. B. in sehr nachdrücklicher Weise von Herbert von Karajan, daß die Beobachtung einer zeitlichen Segmentierung in Intervalle von etwa drei Sekunden Dauer der musikalischen Expression gerecht werde.

Die Nutzung eines vom Gehirn vorgegebenen Integrationsintervalles für die musikalische Gestaltung ist sicherlich nicht auf den abendländischen Kulturkreis beschränkt. In japanischen Kunstformen, z. B. beim No-Spiel, findet man ebenfalls auf der Bühne klare zeitliche Strukturierungen auf der Basis von etwa drei Sekunden.

Die vom Gehirn vorgegebene Zeitstruktur führt zu weiteren Überlegungen, die sich auf das Gefühl der Bewegung in der Musik beziehen. Wenn innerhalb eines Dreisekundenintervalles nur ein einziges Klangereignis zu hören ist, dann kann sich ein Gefühl musikalischer Bewegung nicht einstellen. Dem Künstler wird hiermit eine neue Möglichkeit eröffnet, sich bewegende und bewegungslose Musik zu komponieren. Durch das Anhalten eines Tones über etwa drei Sekunden hinweg werden »tonale Flächen« konstruiert, die bewegungslos erlebt werden und durch kurzfristige Klangereignisse, die dann als rasante Bewegungen gehört werden, unterbrochen werden können. Das Gefühl von Bewegung oder Stillstand ist nur möglich, weil dahinter ein neuronaler Mechanismus arbeitet, der die beiden subjektiven Wahrnehmungsphänomene generiert.

Mit diesen Überlegungen werden wir auch zu Randbedingungen unseres ästhetischen Bewertens geführt. Was wir als ästhetisch befriedigend bezeichnen, ist nicht unabhängig von den zugrundeliegenden Hirnmechanismen. Einer dieser Mechanismen in der Musik ist die zeitliche Segmentierung, ein weiterer die Fähigkeit des Gehirns, ein gewähltes Tempo einzuhalten und ganzzahlige Unterteilungen von Notendauern vorzunehmen. Damit zwingt das Gehirn in gewisser Weise dem künstlerischen Ausdruck eine starre Schablone auf.

Wir wollen nun nicht behaupten, daß das Festhalten an diesen Schablonen den ästhetischen Reiz ausmacht. Wir glauben aber, daß unser ästhetisches Gefühl bezogen ist auf die biologisch vorgegebenen Bedingungen, wobei die Grundstruktur noch erkennbar sein, jedoch nicht sklavisch eingehalten werden muß. Es muß zu »Symmetriebrüchen« kommen, wobei sich der Künstler von den vorgegebenen zeitlichen Strukturen entfernt, sie aber noch erahnen läßt. Das Rubato, d. h. das Schwanken des Tempos in der Musik, ist ein Beispiel hierfür: Man spielt gleichsam mit der Zeit, läßt aber das Grundmuster noch erkennen.

Für den experimentellen Forscher ist es interessant zu beobachten, daß der musikalische Ausdruck geradezu zwanghaft eingebunden ist in die genannten Mechanismen des Gehirns. Es ist einem Musiker beispielsweise unmöglich, so zu spielen, daß die Notendauer nicht in ganzzahligen Verhältnissen steht; automatisch wird an der zeitlichen Grundstruktur festgehalten. Erst der Einsatz des Computers ermöglicht völlig neue

Formen der Musik, bei denen neue Tonalitäten und zufällige Zeitdauern angeboten werden können.

Hier stellt sich die Frage, inwieweit ästhetische Prinzipien verändert werden bzw. sich von den biologischen Grundlagen entfernen können, ohne daß in solchen neuen Kunstformen der Genuß verlorengeht. Vermutlich wird dies nur möglich sein, wenn neugewonnene ästhetische Kriterien, die sich von den vom Gehirn vorgegebenen Randbedingungen entfernt haben, in das Bewertungsrepertoire der Hörer als selbstverständlich aufgenommen werden. Dies braucht sicher eine lange Zeit und ist vermutlich nur über Prägungslernen erreichbar.

In der Dichtkunst finden wir ebenfalls einen unmittelbaren Bezug zur zeitlichen Segmentierung der Informationsverarbeitung im Gehirn. Aus unserem Autorenteam hat einer von uns (E. P.) mit dem amerikanischen Dichter Fred Turner eine große Zahl von Gedichten untersucht und dabei festgestellt, daß universell über alle Sprachen hinweg die gleiche Zeitsegmentierung gilt. Bei längeren Verszeilen macht der Sprecher automatisch eine Zäsur, wie es für den Alexandriner oder den Hexameter gilt. Wir wollen hier nicht nur theoretisieren, sondern ein praktisches Beispiel geben; der Leser sei gebeten, sich das folgende Gedicht laut vorzulesen, wobei er feststellen wird, daß jede Verszeile, in normalem Tempo gesprochen, etwa drei Sekunden dauern wird.

»Zu fragmentarisch ist Welt und Leben,
ich will mich zum deutschen Professor begeben;
der weiß das Leben zusammenzusetzen,
und er macht ein verständlich System daraus.
Mit seinen Nachtmützen und Schlafrockfetzen
stopft er die Lücken des Weltenbaus.«

Wenn man dieses Gedicht von Heinrich Heine rezitiert, wird man bestätigt finden, daß jede Verszeile etwa einer Dauer von drei Sekunden entspricht. Die formale Struktur des Gedichtes bestätigt also unsere Behauptung. Wenn der geneigte Leser uns nicht so geneigt ist, dann mag er den Inhalt des Gedichtes als einen Kommentar zu unseren Ausführungen ansehen.

Die Tatsache, daß wir in der Dichtkunst ein Phänomen wiederfinden, das sich aus zeitlichen Integrationsmechanismen des Gehirns ableitet, spricht für die Stabilität des neuronalen Geschehens. Wenn unabhängig von der jeweiligen Sprache Dichter stets den gleichen Segmentierungsprozeß im Gedicht benutzen, bedeutet dies, daß unterschiedliche kulturelle Traditionen oder verschiedene syntaktische Regeln einer Sprache einen Grundmechanismus des Gehirns nicht antasten, der für zeitliche Strukturierung verantwortlich ist.

Neben der zeitlichen Struktur spielt in der Dichtkunst natürlich der Ausdruck eine herausragende Rolle – etwa auf der Bühne. Sprachlicher Ausdruck – verbunden mit ihm entsprechender Bewegung – wird durch verschiedene Mechanismen des Gehirns bestimmt. Der emotionale Ausdruck in der Sprache wird von neuronalen Strukturen der rechten Gehirnhälfte kontrolliert. Kehren wir in diesem Zusammenhang noch einmal zurück zur Musik. Es gibt Beobachtungen, die darauf hinweisen, daß die Modulation der Tonhöhe von der rechten Gehirnhälfte ermöglicht wird. Wenn man vorübergehend die rechte Gehirnhälfte ausschaltet und den untersuchten Patienten bittet zu singen, dann ist die zeitliche Struktur seines Gesanges unverändert, doch das Lied wird nur in einer Tonhöhe gesungen. Derartige Untersuchungen werden manchmal durchgeführt, um vor einer Hirnoperation zu klären, in welcher Gehirnhälfte Sprache lokalisiert ist. Man kann dabei auch überprüfen, in welcher Weise andere Funktionen von der linken oder rechten Gehirnhälfte kontrolliert werden.

Es ist mehrfach darauf hingewiesen worden, daß die rechte Gehirnhälfte dominant ist für die emotionale Bewertung von Erlebnissen. Diese Asymmetrie der Informationsverarbeitung in unserem Gehirn findet sich interessanterweise wieder im asymmetrischen Aufbau vieler Bilder. Wir erinnern uns: Alles, was links von der Blicklinie liegt, wandert in die rechte Gehirnhälfte, und alles, was rechts von der Blicklinie liegt, wandert in die linke Gehirnhälfte. Was links von der Blicklinie liegt, hat somit einen unmittelbaren Zugang zur emotionalen Bewertung. Wenn man den Aufbau von Bildern analysiert, die eine Emotion zum Ausdruck bringen, so stellt man fest, daß der Bildschwerpunkt häufiger auf der linken Seite zu finden ist. Bilder, die hingegen weniger emotional anrührend sind, sind eher symmetrisch komponiert. Die bevorzugte Kompositionsform, den Bildschwerpunkt bei Gefühlsausdrücken eher links anzusiedeln, läßt vermuten, daß der Künstler ein implizites Wissen über die Verarbeitung im Sehsystem besitzt.

Fragt man sich, wie das tiefste ästhetische Erleben erreicht werden kann, liegt die Antwort nahe, daß dies dann geschieht, wenn mehrere oder gar alle Sinnessysteme gleichzeitig und in befriedigender Weise angesprochen werden. Es mag als überraschend erscheinen, wenn uns hier zuerst die Kochkunst einfällt. In unserem Kulturkreis kommt der Kochkunst, verglichen mit den anderen Künsten, leider nur eine geringe Bedeutung zu. In anderen Zeiten und in anderen Kulturkreisen ist dies anders; die Reizung der Eß-Sinne wurde und wird als künstlerische Herausforderung gesehen. Die japanische Teezeremonie ist hierfür ein Beispiel. Das gelungene Speisen zeichnet sich darin aus, daß alle unsere Sinne in einer optimalen Weise gereizt werden. Riechen, Schmecken, Tasten und Sehen bestimmen den Genuß beim Essen; in unserem Kulturkreis wird auf hörbare Ereignisse während des Essens verzichtet. Dies ist nicht immer so gewesen und gilt mit Sicherheit nicht für andere Kulturkreise. Noch Martin Luther hat sich gewünscht, daß der Genuß beim Essen auch hörbar sei.

Neben dem Essen gibt es zwei weitere Bereiche, in denen die Sinnlichkeit in einer umfassenden Weise künstlerisch ausgestaltet wird. In unserem Kulturkreis trifft dies besonders für den sakralen Bereich, also den Gottesdienst, zu; in anderen Kulturkreisen, etwa im Hinduismus, wird die Liebe als künstlerisches Ereignis gestaltet; ein schriftstellerisches Dokument der Liebeskunst aus diesem Kulturkreis, das auch bei uns intensiv rezipiert wird, ist das »Kamasutra«. Sowohl in der

Gottesanbetung wie auch in der liebenden Hingabe werden alle Sinnessysteme aktiviert, und die Gestaltung der ursprünglich sinnlichen Erfahrung kann den Gottesdienst oder den Liebesakt zu einem Kunstereignis werden lassen.

Das unmittelbare ästhetische Bedürfnis des Menschen zeigt sich auch im Wohnen. Die Beschäftigung mit Bauwerken der Kulturgeschichte macht deutlich, daß die Behausung für den Menschen offensichtlich mehr ist als nur Schutz; wir gestalten die Räume, in denen wir leben, so daß sie ästhetisch befriedigend sind. Das Ausschmücken unseres Hauses, z. B. mit Bildern, oder das Gestalten unseres Gartens weist auf ein elementares ästhetisches Bedürfnis hin. Daß ein vom Zweck freies Ausschmücken von Bauwerken auch bei anderen Lebewesen vorkommt, ist nicht bekannt. Die Gestaltung der menschlichen Behausung ist ein deutlicher Hinweis darauf, daß Wohnen mehr bedeutet, als nur Schutz und Wärme zu suchen.

Was für das Wohnen gilt, gilt auch für unsere Kleidung. Wir ziehen uns nicht nur an, um gewärmt zu werden, wir schmükken uns mit unserer Kleidung. Die Mode ist ein Ausdruck des ästhetischen Genusses, den wir mit dem primären Bedürfnis nach körperlicher Wärme verbinden.

Alles dies deutet darauf hin, daß die künstlerische Ausgestaltung mehr ist als eine Tätigkeit, die auf unmittelbare Bedürfnisbefriedigung zielt, wie wir sie bei anderen Lebewesen unterstellen. Gibt es einen prinzipiellen Unterschied zwischen Gehirnen von Menschen und anderen Lebewesen, der dieses »Mehr« erklären könnte? Es gibt ihn tatsächlich, den strukturellen Unterschied, der das menschliche Gehirn von dem anderer Lebewesen unterscheidet, nämlich die Entwicklung des Frontalhirns, das insgesamt etwa 40 Prozent des Gesamtgehirns ausmacht. Das Entscheidende ist, daß es beim Menschen mit jenen Funktionen verbunden ist, die möglicherweise das »typisch Menschliche« ausmachen. Doch was ist typisch menschlich? Einige Merkmale haben wir schon genannt; hier seien noch einmal jene Merkmale hervorgehoben, die uns zur Kunst befähigen.

Zum Menschsein gehört die Fähigkeit der Bewertung unserer Erlebnisse und wahrgenommener Ereignisse; Bewertenkönnen hat fundamentale Bedeutung für menschliches Gestalten. Bewertung betrifft alle Bereiche der Kunst. Würden wir nicht bewerten können, dann könnten wir nicht existieren (vgl. Kap. 1), und in einem weiteren Sinne gäbe es dann auch keine Kunst. Bewertenkönnen ist eine Grundtatsache, die unser natürliches und kulturelles Sein erst möglich macht. Die Fähigkeit zur Bewertung im allgemeinen und zur ästhetischen Bewertung im besonderen ist aber gebunden an die in der Evolution gewordene Struktur des Frontalhirns. Diese Struktur ermöglicht es, zwischen Alternativen wählen und einschätzen zu können, was gut und was schlecht für uns ist.

Zum Menschsein gehört auch das unmittelbare Bedürfnis nach Kommunikation (vgl. Kap. 12). Auch die Kunst ist kommunikativ; in der Kunst sucht der Künstler einen Weg, sich anderen mitzuteilen. Dieser Wille zum Mitteilen ist, wie gesagt, für den Künstler ein wesentlicher Antrieb. Der Künstler gestaltet und bringt etwas zum Ausdruck, was nicht nur ihn angeht; in seiner Kunst möchte er anderen etwas mitteilen. Selbst wenn der Künstler sein Schaffen als eine egozentrische Tätigkeit erlebt, also für sich selbst malt, schreibt oder musiziert, so wird doch der andere, wenn auch vielleicht nur implizit, immer mitgedacht.

Bei gemütskranken Patienten kann es vorkommen, daß sie das, was sie mit Worten nicht sagen können, in Bildern zum Ausdruck bringen, wie z. B. Schmerzen oder Ängste. Obwohl Wort und Sprache für uns Menschen eine elementare Bedeutung haben, reichen sie häufig für die eigentliche Kommunikation nicht aus. Wir können viele unserer Gedanken und Gefühle nicht ausdrücken, nicht benennen, nicht sagen. Deshalb suchen wir nach anderen Ausdrucksmöglichkeiten wie dem Malen, Musizieren, Spielen, Tanzen oder auch dem Kochen.

Trotz aller individuellen Ausprägungen scheint es aber ästhetische Konstanten zu geben, die etwas mit unserem Bedürfnis nach Symmetrie zu tun haben. Der aus der Antike bekannte

Goldene Schnitt ist ein Kriterium dafür, ob wir etwas als »ästhetisch« empfinden. Er ist die Teilung einer Strecke durch einen auf ihr liegenden Punkt in der Weise, daß sich der größere Abschnitt zur Gesamtstrecke verhält wie der kleinere Abschnitt zum größeren. Am einfachsten kann man sich dies mit einem Blatt Papier im DIN-Format veranschaulichen, denn hier wird der Goldene Schnitt praktisch angewandt. Faltet man ein solches Blatt in der Mitte, dann bleiben die Proportionen des gesamten Blatts in den beiden Hälften jeweils erhalten.

Der Goldene Schnitt repräsentiert ein Phänomen der Symmetrie – wir verwenden den Begriff Symmetrie hier in einer allgemeinen Weise –, wie es nicht nur in der Kunst angewandt wird, sondern auch in der Natur vorkommt. Schnecken oder Tannenzapfen sind nach einem Prinzip gebaut, in dem sich ein Bauprinzip widerspiegelt, das einfachen mathematischen Gesetzen gehorcht. Überraschenderweise finden sich also entsprechende Proportionen in Bauprinzipien der Natur und der Kultur wieder. Vielleicht empfinden wir so vieles in der Natur deshalb als schön, weil es einem einfachen mathematischen Gesetz gehorcht, das unserem Symmetriebedürfnis entspricht.

Ästhetische Prinzipien spielen interessanterweise auch in der Wissenschaft eine wichtige Rolle. Wir betrachten eine Lösung als schön, wenn sie einfach ist, wenn sie also in einem allgemeinen Sinne unserem Symmetriebedürfnis entspricht. Wir hatten zu Beginn dieses Buches darauf hingewiesen, daß sich hierin auch ein Problem verbirgt. Ästhetische Kriterien für die Lösung komplexer Probleme mögen uns zwar befriedigen, daß sie aber auch die besten seien, weil sie gemäß des Occamschen Rasiermessers die einfachsten sind, ist eine metaphysische Aussage. Dennoch ist der Wissenschaftler von dem Wunsch getrieben, stets einfachste und ästhetisch befriedigende Lösungen zu finden.

Es wird häufig behauptet, die Kunst des 20. Jahrhunderts sei unübersichtlich. Dies wird dann manchmal sogar so interpretiert, als gäbe es gar keine Kunst mehr, als habe die Kunst uns verlassen. Wir sind ganz anderer Meinung. In der Vielfalt unserer Kunst spiegelt sich der Reichtum unserer Zeit. Wann hat es das jemals gegeben, daß parallel zueinander oder in kürzesten Zeitabschnitten aufeinander folgend die unterschiedlichsten künstlerischen Trajektorien verfolgt wurden? Wir versuchen heute, uns auf die verschiedensten Weisen zu definieren, und die Künstler decken diese verschiedenen Möglichkeiten von Identitäten auf. Das Ende dieses Jahrhunderts, die Dekade des Gehirns, ist gekennzeichnet durch künstlerischen Reichtum, der uns viele Wege der Selbstfindung eröffnet.

In einer metaphorischen Weise möchten wir die Zukunft beschwören, indem wir den ersten Satz dieses Buches wiederholen und ihn den Künstlern als Thema zurufen: Als das Leben erfunden wurde, war der Tod noch nicht dabei.

Anhang

Literaturhinweise

Wer sich in die Grundprobleme der Neurowissenschaften vertiefen will, wer dazu die Zeit und mit Englisch keine Probleme hat, dem sei das folgende Werk empfohlen: Kandel, E. R., Schwartz, J. H., Jessell, T. M.: *Principles of neural science*. Elsevier, New York 1991.

Eine sehr schöne Einführung in die Hirnforschung gibt eine Sammlung von Beiträgen, die im *Spektrum der Wissenschaft* erschienen und mit einer Einführung von Wolf Singer versehen ist: *Gehirn und Bewußtsein*. Spektrum Akademischer Verlag, Heidelberg 1994.

Einblicke in die Struktur des Gehirns und seine Funktionen gewinnt man durch: Nauta, W. J. H., und Feirtag, M.: *Fundamental neuroanatomy*. Freeman, New York 1986.

Wie chemische Botenstoffe die Interaktion von Nervenzellen bestimmen und wie bei Störungen dieser Interaktionen Erkrankungen des Gehirns entstehen, wird erläutert in: Snyder, S. H.: *Drugs and the brain*. Scientific American Library, New York 1986.

Die Grundlagen des Lebens, wie Information in Zellen gespeichert wird und warum wir Gentechnik brauchen, erläutert: Winnacker, E.-L.: *Am Faden des Lebens*. Piper, München 1993.

Warum über 99,9 Prozent aller Lebewesen auf dieser Erde schon wieder ausgestorben sind, erklärt: Raup, D. M.: *Extinction. Bad genes or bad luck?* Norton, New York 1991.

Die Neurowissenschaften sind engstens mit den Kognitionswissenschaften verbunden. Seit Jahren erscheinen auf diesem Sektor wichtige Beiträge bei MIT Press in Cambridge, USA. Eine umfassende Einführung in »Cognitive Science« geben drei Bände: Osherson, D. N., Lasnik, H. (Eds.): *Language.* MIT Press, Cambridge 1990. – Osherson, D. N., Kosslyn, S. M., Hollerbach, J. M. (Eds.): *Visual cognition and action.* MIT Press, Cambridge 1990. – Osherson, D. N., Smith, E. E. (Eds.): *Thinking.* MIT Press, Cambridge 1990.

Neurowissenschaften und Kognitionsforschung stehen in enger Beziehung; hinzu kommen Informatik und Philosophie. Verschiedene Gesichtspunkte der Wechselwirkung dieser Forschungsrichtungen enthalten die folgenden Werke: Graubard, S. R. (Ed.): *The artificial intelligence debate. False starts, real foundations.* MIT Press, Cambridge 1990. – Krämer, S. (Ed.): *Geist – Gehirn – Künstliche Intelligenz.* De Gruyter, Berlin 1994. – Churchland, P. S.; *Neurophilosophy. Toward a unified science of the mind/brain.* MIT Press, Cambridge 1986. – Searle, J. R.: *Die Wiederentdeckung des Geistes.* Artemis und Winkler, München 1993. – Elepfandt, A., Wolters, G. (Eds.): *Denkmaschinen? Interdisziplinäre Perspektiven zum Thema Gehirn und Geist.* Universitätsverlag, Konstanz 1993.

Im Zentrum der neurowissenschaftlichen Forschung steht u. a. die Frage, wie man Bewußtsein erklären kann. Drei Wissenschaftler aus anderen Forschungsrichtungen bieten hierfür verschiedene Antworten an: Crick, F.: *The astonishing hypothesis. The scientific search for the soul.* Scribner's, New York 1994. – Edelman, G. M.: *Bright air, brilliant fire. On the matter of the mind.* Basic Books, New York 1992. – Dennett, D. C.: *Consciousness explained.* Little, Brown & Co., Boston 1991.

Eine interdisziplinäre Diskussion über die Frage, wie Bewußtsein entstehen könnte, enthält auch: Pöppel, E. (Ed.): *Gehirn und Bewußtsein.* VCH, Weinheim 1989.

Vor allem auch Physiker werden vom Gehirn als einem komplexen System angezogen. Überlegungen zu neurowissenschaftlichen Fragen finden sich auch in: Gell-Mann, M.: *The quark and the jaguar. Adventures in the simple and the complex.* Freeman, New York 1994.

Hirnforschung ist gekennzeichnet durch die Untersuchung bestimmter Problembereiche wie der Sprache, des Sehens oder der Gefühle. Einblicke in solche Teilbereiche geben z. B.: Zeki, S.: *A vision of the brain.* Blackwell, London 1993. – Pinker, S.: *The language instinct. How the mind creates language.* Morrow, New York 1994. – Levelt, W. J. M: *Speaking. From intuition to articulation.* MIT Press, Cambridge 1989. – Le Vay, S.: *Keimzellen der Lust. Die Natur der menschlichen Sexualität.* Spektrum Akademischer Verlag, Heidelberg 1993.

Schlafen, Wachen und Träumen sind Zustände, die durch unterschiedliche Vorgänge im Gehirn gekennzeichnet sind. Einblicke in diese Vorgänge gewährt: Hobson, J. A.: *The dreaming brain.* Basic Books, New York 1988.

Aus der Hirnforschung ergeben sich zahlreiche Anregungen zu einem besseren Verständnis der Kunst. Die Offenheit für Fragen der Hirnforschung zeigt sich in folgendem Werk: Ammann, J.-C.: *Bewegung im Kopf. Vom Umgang mit der Kunst.* Lindinger und Schmid, Regensburg 1993.

Biologische Aspekte – oder vielleicht sogar Grundlagen – des Ästhetischen werden in mehreren Beiträgen des folgenden Werkes erörtert: Rentschler, I., Herzberger, B., Epstein, D. (Eds.): *Beauty and the brain. Biological aspects of aesthetics.* Birkhäuser, Basel 1988.

Einen Einblick in Störungen des Gehirns und Vorschläge, was man tun kann, um Patienten mit Hirnschädigung zu helfen, geben mehrere Beiträge des folgenden Werkes: von Steinbüchel, N., von Cramon, D. Y., Pöppel, E. (Eds.): *Neuropsychological rehabilitation.* Springer, Berlin 1992.

In der medizinischen Psychologie, einem Ausbildungsfach der Mediziner im vorklinischen Studienabschnitt, wird versucht, die zukünftigen Ärztinnen und Ärzte mit Problemstellungen vertraut zu machen, die sich aus der Psychologie, der Soziologie und den Neurowissenschaften ergeben. Ein Lehrbuch zu diesem Themenkomplex ist: Pöppel, E., Bullinger, M., Härtel, M. (Eds.): *Medizinische Psychologie und Soziologie.* Chapman Hall, Weinheim, London 1994.

In einem allgemeinverständlichen Buch hat Ernst Pöppel versucht, Einblicke zu geben, wie unser Seelenleben aufgebaut ist. Daß unser Erleben von vornherein durch unsere Gefühlswelt bestimmt wird, findet sich in: Pöppel, E.: *Lust und Schmerz. Über den Ursprung der Welt im Gehirn.* Sammlung Siedler, Berlin, 2. Auflage 1993.

Auf die Begrenztheit unserer Welterkenntnis, die Begrenztheit unserer Selbsterkenntnis, der sich daraus ableitenden Forderung nach Toleranz anderen und uns selbst gegenüber wird eingegangen in: Pöppel, E.: *Grenzen des Bewußtseins. Über Wirklichkeit und Welterfahrung.* Deutsche Verlags-Anstalt, Stuttgart, 2. Auflage 1988.

Register